Frauen, geht in Führung!

Janine Tychsen

Frauen, geht in Führung!

90 Tage Führungsmuskeltraining

UVK Verlag · München

Umschlagabbildung: Thomas Ecke (Foto), Thomas Meyer (Design), Janine Tychsen

Bibliografische Information der Deutschen Nationalbibliothek
Die Deutsche Nationalbibliothek verzeichnet diese Publikation in der Deutschen Nationalbibliografie; detaillierte bibliografische Daten sind im Internet über <http://dnb.dnb.de> abrufbar.

1. Auflage 2022

DOI: https://doi.org/10.24053/9783739881164

– ein Unternehmen der Narr Francke Attempto Verlag GmbH + Co. KG
Dischingerweg 5 · D-72070 Tübingen

Internet: www.narr.de
eMail: info@narr.de

CPI books GmbH, Leck

ISBN 978-3-7398-3116-9 (Print)
ISBN 978-3-7398-8116-4 (ePDF)
ISBN 978-3-7398-0563-4 (ePub)

Für Anita

Ich danke Dir von Herzen, dass Du mich täglich herausforderst und mir den Weg zeigst, den ich lieber nicht gehen soll.

Danke, dass Du mir nicht von der Seite weichst, mich nicht bewertest oder verurteilst und wir gemeinsam wachsen.

Ohne Dich wäre dieses Buch nie entstanden.

Für Dich, liebe Leserin

Ich kann kaum in Worte fassen, wie viel es mir bedeutet, dass Du dieses Buch in Deinen Händen hältst! Du meinst es ernst. Mit diesem Buch entscheidest Du Dich für Dich, Deine persönliche und berufliche Erfüllung und für Erfahrungen, die weit außerhalb Deiner Komfortzone liegen.

Wachstum tut weh – ein süßer Schmerz, der auch wieder vergeht.

Indem Du mit diesem Buch arbeitest, leistest Du einen mir sehr am Herzen liegenden wichtigen Beitrag für viele andere Frauen, die noch nicht den richtigen Weg oder Mut gefunden haben, für ihre Träume, Visionen, Ziele und Werte loszugehen.

Für alle Frauen, die dieses Buch noch lesen werden.

Die Welt braucht jede einzelne von Euch!

Ich habe bewusst durchgehend die Du-Ansprache gewählt, um Nähe in der Distanz herzustellen. Ich hoffe, Du fühlst Dich angesprochen und wohl damit.

Inhalt

Danke

In erster Linie danke ich mir selbst. Vielleicht hört sich dieser Satz für dich seltsam an. Sobald du jedoch die ersten Buchseiten gelesen, durchgearbeitet und reflektiert hast, denkst du anders darüber.

Ich danke mir, den Weg als Autorin endlich eingeschlagen zu haben. Schreiben ist mein Herzschlag, mein Ausdruck, der Zugang zu meinem Sein und zu den Themen dieser Welt. Schon als Kind war es einer meiner größten Träume, sinnvolle Bücher zu schreiben, andere Menschen damit zu erreichen, sie auf diesem Wege zu unterstützen, zu inspirieren und zu ermutigen. Alles braucht seine Zeit. Meine dauerte 44 Jahre, bis die ersten Zeilen durch mich hindurch rauschten auf dieses Papier, das du heute in Form meines ersten Buches in deinen Händen hältst. Behandle es gut und lass es leben.

Mittlerweile bin ich davon überzeugt, dass alles zur richtigen Zeit in unserem Leben passiert. Die Zeit der ernst gemeinten Umsetzung meines ersten Buches kam mit einer Frau. Sie trat nicht ohne Grund in mein Leben, ist selbst Autorin und gehört zu den Frauen, die andere Frauen ausnahmslos unterstützen und mit Kontakten versorgen. Sie teilt alles, was den Weg zum Erfolg verkürzt. Danke, Miriam Engel, für Deine Großzügigkeit. Du hast mir in unkomplizierter und pragmatischer Weise gezeigt, was es heißt, ein Buch zu schreiben. Du hast mir den Kontakt zum UVK-Verlag vermittelt, der mein Thema begeistert angenommen hat. Ich schätze Dein Wissen und den Austausch mit Dir. Meine Reise als Autorin begann mit Dir, wofür ich Dir auf ewig dankbar sein werde.

Ich danke dem UVK-Verlag, der mir alle Freiheiten gegeben hat, die Autorin zu sein, die ich sein möchte. Diese Freiheiten und der sehr empathische Umgang miteinander haben wesentlich zu meiner Entfaltung als Buchautorin beigetragen. Ohne Abgabetermindruck, ohne strenge Vorgaben, sondern in bester Kooperation. Ich durfte sogar mein eigenes Buchcover kreieren und gestalten. Denn ich hatte den Mut, zu fragen und wurde wieder einmal dafür belohnt, dass sich das Fragen immer lohnt. Danke für Ihr Vertrauen, lieber Jürgen Schechler. Unsere vertrauensvolle Zusammenarbeit schätze ich sehr.

Ohne meine wundervollen und inspirierenden Interview-Gästinnen würde diesem Buch eine Herzkammer fehlen. Danke, dass Ihr das Herz des Buches kräftig zum Schlagen gebracht habt: Christina Baier, Antje Boetius, Karin Heinzl, Claudia Kessler, Tatjana Kiel, Fränzi Kühne, Simone Menne, Brigitta Nelte, Verena Pausder und Monika Schulz-Strelow. Danke für Eure Offenheit, Eure Großzügigkeit und das Teilen Eurer Erfahrungen, Eurer Erfolge und großen Herausforderungen und Verletzlichkeiten. Ihr seid für mich Role Models. Mit Euren Geschichten und Eurer Persönlichkeit bringt Ihr ein helles Licht, viel Hoffnung und Kraft in diese Welt. Es macht mich glücklich, Euch an diesem Ort zu wissen.

Ich danke meiner Buchmentorin Magdalena Felixa. Du hast mich sortiert, meine Texte vereinfacht und mich mit Deiner Professionalität, Deinem unerschütterlichen Optimismus, Deiner unendlichen Kreativität und Deinem wundervollen Wesen stark inspiriert, motiviert und großartig unterstützt. Du bist mir von meiner engen Business- und Autorinfreundin Katrin Bringmann empfohlen worden. Am wertvollsten sind Empfehlungen von Menschen, die schon dort sind, wo wir auch hinwollen. Danke, Katrin!

Ich danke meinem Fotografen Thomas Ecke, unserem Fotoassistenten Christopher Tiede und meinem Designer Thomas Meyer. Ohne Eure Leichtigkeit, Freude und Euren Blick fürs detaillierte Wesentliche hätte dieses wunderschöne Cover nie das Licht der Welt erblickt.

Mein lieber Ehemann Marcus Tychsen: Du bist mein größter Mentor, Unterstützer, Freund und vor allem mein größter Kritiker. Du rückst mich in meiner Verrücktheit immer wieder ins richtige Licht. Du nimmst und akzeptierst mich so, wie ich bin. Du verurteilst mich nicht, Du bewertest mich nicht. Du hast mir in jeder Minute des Schreibprozesses zur Seite gestanden, hast Dir meine Zweifel angehört und gemeinsam mit mir ausgeräumt. Du hast mit mir meine Erfolge und meine Fortschritte gefeiert. Du hast mir den Rücken freigehalten, Mut gemacht und mich in allem unterstützt. Ein einfaches Danke reicht nicht. Ich bin unendlich dankbar, dass es Dich in meinem Leben gibt und wir dieses Leben miteinander teilen.

Ich danke meiner Familie, meinen Freundinnen und Freunden. Ihr musstet oft und lange auf mich verzichten. Eure Freundschaft bedeutet mir alles. Danke, dass ihr immer für mich da wart und da seid und mich motiviert habt, stets fokussiert zu bleiben.

Nun danke ich Dir, liebe Leserin. Du hast dieses Buch nicht zufällig in die Hand genommen. Vielleicht kennst Du schon den Grund dafür, vielleicht findest Du ihn bald heraus? Durch Dich werden wir wachsen. Lies mit Bedacht und tauche wirklich ein. Verbreite die Botschaften, die es aus Deiner Sicht verdienen, verbreitet zu werden. Wende alles aus diesem Buch in Deinem eigenen Leben an. Nimm die Coaching-Übungen mit in Deine Arbeitswelt, setze sie um. Dieses Buch möchte nicht gelesen, es möchte gelebt werden. Danke, dass es Dich gibt und Du den Mut hast, Dich mit Dir selbst auseinanderzusetzen. Stehe zu Dir – mit allen Ecken und Kanten.

Berlin, im April 2022

Vorwort

Ich liebe Frauen!

Wäre ich keine Frau, würde ich unbedingt eine sein wollen. Das ist kein Coming-out. Ich bin seit 20 Jahren glücklich liiert und verheiratet mit dem Mann, der mein Leben vollständig macht. Doch zwischen uns Frauen ist es anders. Es gibt eine tiefere, sehr magische und unsichtbare Verbundenheit und gleichzeitig eine tief verwurzelte Verletzlichkeit, die uns gegenseitig das Leben oft schwer macht. Vielleicht ist es dieses kollektive Band, das uns über Generationen hinweg mit unseren Urgroßmüttern, Großmüttern und Müttern verbindet?

Mutter Natur hat es mit uns Frauen so unfassbar gut gemeint! Halte kurz inne und lass diesen Satz wirken. Wir sind einzigartig und genau richtig so, wie wir sind. Nur sehen sich viele Frauen selbst nicht so. Eine Freundin sagt immer: „Du kannst 5000 Jahre Evolution und das Patriarchat nicht mal eben innerhalb von 100 Jahren wegwischen." So steckt es wohl in unseren Genen, in unseren Zellen und in unseren Köpfen, dass wir oft das Gefühl haben, hier und da nicht zu genügen und die Erwartungen anderer Menschen nicht erfüllen zu können. Als Konsequenz nehmen wir uns selbst nicht so wichtig, was ich für falsch halte. Von heute auf morgen lassen sich Strukturen und Systeme nicht verändern – das ist richtig. Jedoch können wir uns jeden Tag erneut bewusst machen, was wir gemeinsam bewegen und verändern könnten, wenn wir doch nur nicht so sehr mit unseren vermeintlichen Defiziten und „dem Leben der Anderen" beschäftigt wären.

Frauen sind die geborenen Führungspersönlichkeiten. Damals, am Lagerfeuer, haben wir das Leben organisiert: Kinder, Kommunikation, Essen, Beziehungen, Verkaufen, Kaufen, Handeln. Blut ist bekanntlich dicker als Wasser. Dieses Blut fließt noch immer durch unsere Adern. Nur hören wir es nicht mehr rauschen. Wir sind zu abgelenkt, zu beschäftigt und zu sehr gefangen im Trubel der heutigen Zeit und in unserer Rolle der Erfüllungsgehilfin und Dienstleisterin. Wir verschenken unsere Aufmerksamkeit an unwichtige Dinge und irrelevante Menschen und verschwenden damit wertvolle Energie. Wir passen uns den Erwartungen anderer an, anstatt uns mit uns selbst auseinanderzusetzen. Der einzige Mensch, den du lieben musst, bist du. Es tut uns nicht gut, wenn wir uns immer wieder selbst verurteilen und uns für unsere Gedanken, Gefühle, vermeintlichen Schwächen, für unsere eigene Unzufriedenheit entschuldigen.

Es macht uns so unfassbar klein, wenn wir mit bösem Blick unser Spiegelbild wie eine Feindin anblitzen und unser inneres Rock-Konzert immer lauter wird. Dieses ewig drehende und quälende Gedankenkarussell: Kann ich das? Bin ich gut genug? Ich bin nicht qualifiziert. Ich brauche mehr Vorbereitung, mehr Ausbildung, mehr Erfahrung. Was, wenn ich die Aufgabe nicht lösen kann?

Wie soll ich das nur alles unter einen Hut kriegen? Will ich das denn wirklich? Wer will ich eigentlich sein? Wer kann mir helfen? Du mir? Ich dir? Ich mir selbst? Ich und Führung – das wird nichts!

Wir müssen aufhören, uns selbst wie unsere schärfste Konkurrentin zu betrachten. Ich kann und will nicht mehr wegsehen, wenn wir hart mit uns ins Gericht gehen, uns klein machen und uns immer wieder in Frage stellen. Jede für sich und wir uns gegenseitig. Das hindert uns an unserem Glück, unserer Zufriedenheit, unserem Miteinander und an unserem Wachstum. Es könnte so einfach sein, doch das ist es nicht. Würde jede Frau nur ein Prozent mehr zu sich, ihren Fähigkeiten, Stärken, Ecken und Kanten stehen, dann müssten wir nicht über die „typisch weiblichen“ Führungsherausforderungen reden. Menschen wollen geführt werden. Dafür braucht es zuallererst innere Stabilität und Kontinuität.

Mir liegt es fern, Klischees zu bedienen, Frauen gegen Frauen, oder Frauen gegen Männer aufzustacheln. Ich bin auch keine besonders ausgeprägte Feministin. Ich bin eine Frau, die ein Vierteljahrhundert berufliche Erfahrungen als „Frau im System“ mitbringt und die in der eigenen Berufsbiografie erlebt hat, dass etwas ganz schön schief läuft in dieser Businesswelt. Und diese Schieflage hat enorm viel mit uns selbst zu tun. Sie ist eng verknüpft mit unserem Frausein im „System Führung“.

Ich werde dir in jedem Buchteil sehr viele Fragen stellen, die tief gehen (können) und das Potenzial haben, dein Unterbewusstsein zu erreichen. Sei den Fragen gegenüber offen, tauche ein und lass deine Intuition, dein Unterbewusstsein und deine Erfahrungen sprechen. Sei ehrlich zu dir. Es sind deine Antworten, niemand bekommt sie je zu Gesicht, wenn du es nicht möchtest.

Ich möchte mit diesem Buch das Spotlight neu ausrichten: auf dich und deine Fähigkeiten. Im ersten Buchteil „Selbstführung“ wirst du sehr viel über dich selbst lernen. Halte es aus und bleibe dabei – es ist nicht immer angenehm. Doch am Ende weißt du, was dich davon abhält, mit Freude und Mut zu führen. Du wirst erkennen, was dich ausmacht, worin du stark bist, welche Stimmen in deinem Kopf zu laut sind und wie du mit ihnen Frieden schließen kannst. „Du bist gut genug – du weißt es nur noch nicht“ ist der intensivste Teil des Buches, mit dem du an deinen Kern kommst. Wenn du es zulässt. Zahlreiche Coaching-Übungen weisen dir den Weg in dein Unterbewusstsein. So lernst du drei Journaling-Methoden kennen, die schnell offenbaren, was du wirklich willst, wer du als Frau in Führung sein möchtest und was dir im Wege steht. Du wirst dich mit Methoden des Self-Talks auseinandersetzen und Bekanntschaft mit deinem „inneren Rock-Konzert“ machen. Am Ende des ersten Teils „Selbstführung“ bist du sehr viel klarer darüber, wie du dich selbst zur Erfüllung und zum Erfolg führen kannst. Lass diesen Teil nicht aus! Selbstführung ist die unbedingte Voraussetzung für eine erfolgreiche und individuelle Führung. Meine Interview-Gästinnen bestärken dies durch ihre eigenen Erfahrungen. Freue dich auf unbezahlbare Tipps von ihnen. Sie berichten offen und ehrlich über ihre Gedanken, Gefühle und Erfahrungen und lassen dich hinter die Kulissen ihres Erfolgs blicken.

Dieses Buch ist meine längst überfällige Herzensangelegenheit, meine wichtigste Botschaft. Mach sie dir zu eigen. Ich mache dich mit dir selbst bekannt. Ich lege den Finger in die Wunde und du machst mit. Das muss auch nicht wehtun. Oder doch? Sei mutig, dich selbst neu kennenzulernen und du wirst erleben, wie leicht es tatsächlich sein kann.

Von einer, die auszog, das Führen zu lernen

Ich habe ihn oft gespürt und ausgehalten – den Führungsschmerz. Über 20 Jahre war ich angestellt in renommierten Wirtschaftsunternehmen und Wissenschaftsorganisationen. Ich war Chefin, Kollegin, Kritikerin, Zuhörerin, Visionärin, Coachin, Beraterin, Freundin.

Obwohl ich diese Laufbahn so nie geplant hatte, weiß ich diese vielen Jahre zu schätzen. Sie haben mich geprägt und zu dem gemacht, was ich heute bin. Nichts passiert zufällig. In diesen Jahren der Erfahrung und des persönlichen Wachstums habe ich so viel über das Leben gelernt, über Menschen, Systeme und vor allem über mich selbst.

Oft habe ich mich fassungslos und kopfschüttelnd selbst verurteilt, manchmal sogar gehasst. Ich wollte immer die Allerbeste in Allem sein. Perfektionismus und Ehrgeiz waren meine strengsten Begleiter. Sie haben mich fast zerfressen, an meine Grenzen gepusht und dadurch enorm weitergebracht. Diese Hin-und-her-Gerissenheit. Paradox. Vielleicht sitzt auch du gerade kopfschüttelnd da, weil dir das bekannt vorkommt?

In vielen Situationen fühlte ich mich nicht gut genug. Doch statt Trübsal zu blasen, trieb mich das an! Verrückt. Doch schon immer habe ich in allem die Möglichkeiten gesehen, war ich mutig, Neues auszuprobieren und einfach zu machen. Ein Spring-ins-Feld. So unendlich viele Male habe ich Dinge zum allerersten Mal getan und hatte so viel Angst. Angst treibt uns an, kann aber auch lähmen. Ich umarmte die Angst, akzeptierte sie, schaute sie mir genau an. Denn ich wollte wachsen, in meinen Leistungen und meiner Persönlichkeit bestätigt werden. Doch immer war ich angespannt, im Kampfmodus mit mir selbst. Ich fragte mich in meinen exzellenten Panik-Momenten: Come on – was ist das Schlimmste, was dir passieren kann? Und in dem Moment, in dem meine innere Antreiberin Anita antwortete: „Wachstum, Freiheit und Selbstbestimmtheit können Dir passieren. Da musst Du durch." bin ich gesprungen. Jedes Mal.

Dies ist auch der Grund für die Intensität des **ersten Buchteils** „Selbstführung". Es ist so wichtig, zu akzeptieren und nicht die Augen vor sich selbst zu verschließen. Mit den Coaching-Übungen, die ich während des Schreibprozesses noch einmal durchlebt habe, lasse ich dich an meinem Heilungs- und

Wachstumsprozess teilhaben, der mir die Freiheit geschenkt hat, mein Leben ausnahmslos selbst in die Hand zu nehmen und zu gestalten. I feel you – ich kann nachvollziehen, was du mit diesem Buch erleben wirst. Freu dich drauf!

In dieser langen und lehrreichen Zeit als Angestellte und Frau in Führung habe ich mich täglich weiterentwickelt, das System für mich und mein Wachstum schätzen und lieben gelernt und für mich genutzt. Ich habe die Mechanismen von Führung beobachtet und anzuwenden gelernt. So bin ich schnell gewachsen und konnte wirken. Ich hatte gelernt, mich selbst so zu führen, dass es nicht mehr weh tat, und fortan musste ich nicht mehr kämpfen. Immer eine Schippe mehr draufzulegen, um gesehen und bestätigt zu werden, war viele Jahre lang meine Strategie. Das war anstrengend, hat aber an der einen oder anderen Stelle meiner Karriere nicht geschadet. Wenn wir jedoch dauerhaft nach etwas oder jemanden suchen, der uns bestätigt, kann uns das in eine „Bestätigungs-Abhängigkeit“ treiben, die komplett von äußeren Umständen bestimmt ist. Wollen wir das?

Im **zweiten Buchteil** „Führung auf der Bühne deines Lebens“ lernst du alles loszulassen, was dich an deinem Wachstum als Führungspersönlichkeit hindert. Nach diesem Teil brauchst du keine Ritterrüstung mehr, sondern führst so, wie es deiner Persönlichkeit entspricht – ohne Anpassungsdruck. Ich mache dich mit deiner Führungspersönlichkeit bekannt und gebe dir eine Drei-Schritt-Strategie an die Hand, mit der du ein für alle Mal das „Imposter Syndrom“ – das sogenannte Hochstapler-Syndrom – loswirst. Von Antje Boetius erfährst du, was es wirklich bedeutet, Menschen zu führen und warum es so wichtig ist, das EGO aus dem Spiel zu halten. Spannend sind auch die ganz unterschiedlichen Wege, die Menschen in eine Führungsposition gebracht haben. Ob alle meine Interview-Gästinnen ihre Karriere genauso geplant haben? Sei gespannt. So oder so – den klassischen Weg in die Führung gibt es nicht. Doch eines steht fest: Frau muss es wollen, denn es ist anstrengend und herausfordernd. Und nicht jede Frau möchte Führung übernehmen. Daher sollten wir aufhören, Frauen in Führungspositionen zu drängen. In diesem zweiten Buchteil gebe ich eine Auswahl an Schattenseiten von Führung wieder. Wo Schatten ist, ist auch Licht. So hat auch Führung hell leuchtende Sonnenseiten, die ich dem Schatten gegenüberstelle. Nimm bewusst den AHA-Effekt wahr, den dieser Vergleich mit sich bringt.

Nach zwei Jahrzehnten des Lernens, Wachsens, Ausprobierens und der erkämpften Anerkennung, habe ich die Welt der großen Systeme verlassen. Natürlich gab es den Tropfen auf den heißen Stein, der mir den Mut gegeben hat, den ich brauchte, um ins sehr kalte Wasser ohne Schwimmärmel zu springen. Doch der Tropfen war heißer, als das Wasser kalt war. Ich sprang – wieder einmal.

Du kannst dich fragen, warum ich nicht versucht habe, das System von innen heraus zu ändern. Ich hätte auch bleiben können. Trotz allem. Einige haben mich das gefragt, und für einen kurzen Moment kam ich mir feige vor. Doch mir wurde plötzlich so klar: meine Aufgabe ist eine andere. Ich bin nicht gemacht für geschlossene Systeme, für die Anstellung, für starre Regeln, für Anpassung. Jeder Mensch ist da anders. Ich brauche Freiheit – innen und außen. „Draußen" konnte ich mich frei entfalten, Veränderungen umarmen und Führung mitgestalten. Ich spürte, dass genau das meine Lebensaufgabe ist. Mein Calling. Ich musste frei sein für das große Ganze, um Menschen wie dich mit meiner ganzen Energie dabei zu unterstützen, dich selbst und vielleicht auch andere so zu führen, wie es deiner individuellen Persönlichkeit entspricht.

Ich schreibe diese Sätze und frage mich: hat das schon Vorbildcharakter? Sind Menschen, die ihrer Intuition folgen, nach ihren Werten leben und dort sind, wo du dich perspektivisch auch siehst, Role Models? Dieser Frage und dem Thema Vorbild gehe ich im **dritten Teil** des Buches auf den Grund. In „Führen als Vorbild" wirst du ein Gefühl dafür bekommen, was es heißt, im Rampenlicht der Führung zu stehen. „Be a leader, not a boss" bringt es auf den Punkt. Führung ist viel mehr, als dein EGO es je sein kann. Dieser Teil des Buches ist ein Inspirationsfeuerwerk, das auf dich überspringen wird. Was meinst du – sehen sich Simone Menne, Fränzi Kühne oder meine Coaching-Kollegin Christina Baier selbst als Role Model? Ab wann sind Menschen eigentlich Vorbilder, und können wir es uns aussuchen, ob wir ein Role Model sind oder nicht? Freu dich auf Antworten in diesem dritten Buchteil.

Den Führungsschmerz kenne ich aus eigener Erfahrung nur allzu gut. Ich bin durch alle Herausforderungen gegangen, die Frauen bei ihrem beruflichen Aufstieg in die Führungsetagen bestehen müssen. Ich arbeite mit weiblichen Top-Führungspersönlichkeiten und kann dich beruhigen: alle stehen vor denselben Herausforderungen. Doch sie haben gelernt, selbstbestimmt mit ihnen umzugehen, was mit jedem Tag mehr Erfahrung leichter wird. Ich kann mich einfühlen, hineinversetzen und den Schmerz lösen. Im Berufsleben als Angestellte und später als Coachin habe ich mir solide Tools angeeignet und jedes einzelne ausprobiert. Somit bin ich und zahlreiche Frauen, mit denen ich in meinen Einzel- und Gruppen-Coachings arbeite, der lebende Beweis, dass alles in uns steckt und wir es nur aktivieren (lassen) müssen.

Ich kenne alle Blockaden und Hürden, die uns davon abhalten so zu führen, wie es unserer weiblichen Persönlichkeit entspricht. Im Englischen sagen wir so schön: I've been there, done that. Heißt: Ich war schon dort und habe es durch.

Meine prägendsten und limitierendsten Blockaden waren:

- Perfektionismus und Kontrollzwang
- der Vergleich mit anderen Frauen
- Selbstzweifel, Selbstverurteilung, Unsicherheit
- wenig bis keine Auseinandersetzung mit meinem Inneren

- ⋆ wenig bis keine Kenntnis über meine wirklichen Stärken
- ⋆ zu viel Nachdenken, Überdenken, Grübeln
- ⋆ Angst vor Veränderungen, Herausforderungen
- ⋆ Angepasstheit als Schutzschild
- ⋆ Angst, Kritik zu äußern und Kritik zu bekommen
- ⋆ gefallen und gemocht werden
- ⋆ Bestätigung von anderen Menschen
- ⋆ nicht über eigene Erfolge reden, da ich nicht wichtig bin

Ich bin stolz und glücklich, diese Blockaden gelöst und hinter mich gelassen zu haben.

Seit mehreren Jahren nun lebe ich meine Berufung. Als Persönlichkeitsentwicklerin und Coachin für Frauen-Karrieren und Karriere-Frauen ermutige und befähige ich Frauen, sich selbst und andere authentisch, mutig, neugierig, selbstbestimmt, durchsetzungsstark, empathisch, kommunikationsstark und wertebasiert zu maximaler Erfüllung und Erfolg zu führen. Meine Vision ist es, möglichst viele Frauen auf dieser Welt genau damit zu erreichen.

Auch Dich!

Einleitung

> *„You don't become what you want, you become what you believe."*
>
> Oprah Winfrey, US-amerikanische Talkshow-Moderatorin

Mutter Natur ist ein faszinierendes Zauberwesen. Ein Vorbild ohnegleichen. Oft kopiert und nie erreicht. Wir sollten diese Vorbildfunktion ernst nehmen, uns in ihre Mechanismen reindenken und sie für unsere eigene Entwicklung adaptieren. Wie schafft sie das nur – so ausgeglichen, smart und in unendlicher Fülle zu sein? Wir sollten ihr zuhören, sie nachahmen und auf die Kräfte unserer eigenen Natur vertrauen.

Im Januar 2021 lebten laut Statistischem Bundesamt in Deutschland 83,1 Millionen Menschen. Davon 42,1 Millionen Frauen und 41 Millionen Männer.

Abb. 1: Bevölkerungsstand Deutschland 2021

Von außen betrachtet sehen wir ein Kunstwerk ausgefeilter Perfektion, schwingender Balance, nicht in Frage zu stellender Gerechtigkeit und purer Schönheit. Die Natur schert sich nicht um den Kampf der Geschlechter. Sie ignoriert ihn nonchalant. Ihre ureigenste Aufgabe, ihre Motivation, ihr Antrieb? Überleben – mit Grazie, Klarheit, Resilienz und in nicht verhandelbarer Selbstbestimmung. Und das geht offensichtlich nur in einem ausgeglichenen Ökosystem. Was haben wir Menschen daraus gelernt in Bezug auf Chancengleichheit, Diversität, Gerechtigkeit? Noch nicht genug.

Wie so oft im Leben trügt der Schein. Das, was wir im Außen sehen, ist nur Fassade. Bröckelnde Fassade, die dringend saniert werden muss.

Nun geht es in diesem Buch weder um den Kampf der Geschlechter noch um Schwarz-Weiß-Malerei. Es geht um sehr viel mehr als um diese verkopfte Einteilung von Menschen, Geschlechtern und Systemen. Es geht um das Fundament, um dich und um das große Ganze, in dem du eine wichtige Rolle spielst.

Ganz im Sinne von Oprah Winfrey:

„Du wirst nicht das, was du willst. Du wirst das, was du glaubst."

Woran möchtest *du* glauben?

Spot on: Du bist hier richtig!

Noch weißt du nicht, was dich erwartet. Doch eines kann ich dir versprechen: Dieses Buch bietet Lösungen an für dich als Frau, die entweder in Führung gehen möchte oder bereits in Führung ist. Dieses Buch hat das Potenzial, dir Antworten auf viele Fragen zu liefern, die vielleicht in dir schlummern und die für dich noch nicht beantwortet sind. Stell es dir wie einen laut klappernden Schlüsselbund vor, der dir Zugang zu deinen Fähigkeiten, Kompetenzen und Stärken verschafft, die bereits in dir liegen. Sie wollen entdeckt, aufgeschlossen und aktiviert werden, um dich für deine Rolle als Führungspersönlichkeit zu begeistern und dich freizumachen von all den limitierenden Glaubenssätzen, die dich von deiner authentischen Art zu führen abhalten. Nur dort können und müssen wir ansetzen. In diesem Buch spielst du die Hauptrolle. Der Scheinwerfer ist auf dich gerichtet.

Meine Interviewpartnerin *Monika Schulz-Strelow*, ehemalige Präsidentin und Gründungsmitglied von FidAR – der Initiative „Frauen in die Aufsichtsräte" – bringt es auf den Punkt. Sie unterstützt meine These, dass es ohne Frauen – auch ohne *dich* – nicht geht. Sie sagt:

„Wir können Unternehmen nur mit Frauen zukunftssicher machen."

Wenn du es ernst meinst mit deiner persönlichen und beruflichen Entwicklung, mit deinem Wachstum und dem Gedanken, etwas in dir und um dich herum verändern und mitgestalten zu wollen, dann ist dieses Buch deine Bibel, dein Kompass, deine Checkliste.

Persönliche Nachricht

Dieses Buch richtet sich NICHT gegen Männer. Wir lieben Männer.

Einige Textpassagen stellen den Unterschied zwischen weiblichem und männlichem Führungsverhalten heraus – mal stärker, mal weniger stark.

Andere Textpassagen weisen auf die Schwierigkeiten und Herausforderungen von Frauen hin, die in eher männlich besetzten Berufen arbeiten. Diese Themen gehen wir an, ohne nur einen Gedanken daran zu verschwenden, dass Männer schlecht sind.

Wir können nur voneinander lernen, wenn wir auch Vergleiche anstellen.

Nur so können wir auch das „System Führung" verstehen.

Warum sich dieses Buch hauptsächlich an Frauen richtet?

Weil sich noch immer zu wenige Frauen auf das Parkett der Führungspositionen begeben. Weil sie tendenziell weniger Mut, Selbstsicherheit und innere Stärke aufbringen.

Weil sie sich von der Gesellschaft, vom „System Führung" und von anderen Frauen und Männern gleichermaßen verunsichert fühlen.

Dieses Buch teilt Erfahrungen, Wissen, macht Mut und entfacht das Feuer für Führung.

Führung ist etwas Wunderbares! Ich wünsche mir sehr, dass Du diesen Schatz in diesem Buch für Dich entdeckst.

Mich haben in meiner Karriere viele Männer begleitet: Als Chef, Mentor und Freund.

Mein Ehemann ist einer meiner größten Mentoren und Unterstützer!

Solltest Du Dich oder ein Mann, der dieses Buch hoffentlich auch liest, angegriffen fühlen, dann verzeih mir. Nichts in diesem Buch soll weder Dich als Frau noch als Mann noch als anderes Geschlecht angreifen.

Ich lade jeden Menschen ein, sich mit den Themen, die dieses Buch liefert, auseinanderzusetzen.

Lies dir zum Warm-Up die folgenden Aussagen durch und notiere die, die dich direkt anspringen und ein starkes Gefühl in dir wecken – auch wenn du Widerstand spürst.

- ★ Ich fühle mich oft nicht gut genug.
- ★ Ich neige dazu, perfekt sein zu wollen.
- ★ Vieles, was ich erreicht habe, war Glück und Zufall.
- ★ Ich fühle mich oft unter Druck gesetzt – von mir selbst und von anderen.
- ★ Ich gebe mehr, als von mir erwartet wird.
- ★ Oft habe ich das Gefühl, immer eine Schippe drauflegen zu müssen.
- ★ Vor allem im Berufsleben suche ich nach Bestätigung meiner Leistungen.
- ★ Bin ich kompetent genug für diese Aufgabe?
- ★ Andere können das sicher besser.
- ★ Ich traue mich nicht, mich selbst so zu präsentieren, wie ich bin.
- ★ Ich schlüpfe oft in eine Rolle, um akzeptiert und respektiert zu werden.
- ★ Ich höre oft auf die Meinungen anderer Menschen.
- ★ Ich möchte gesund sein, habe aber keine Zeit für Sport.
- ★ Gesunde Ernährung ist fast unmöglich. Selbst kochen kostet zu viel Zeit.
- ★ Ich komme einfach nicht zur Ruhe.
- ★ Ich möchte gern meditieren, doch wann soll ich das tun?
- ★ Mir fällt es schwer, mich auf eine Sache zu konzentrieren und fokussiert zu arbeiten.
- ★ Ich lasse mich oft bei der Arbeit unterbrechen, bin nervös.
- ★ Mein Terminkalender ist so voll, dass ich zwischen den Terminen kaum durchatmen kann.
- ★ Ich bin mir oft unsicher, wie ich empathisch und durchsetzungsstark kommuniziere.
- ★ Ich habe Schwierigkeiten, mich selbst zu akzeptieren und verurteile mich oft.
- ★ Selbstliebe? Was ist das und wie geht das?
- ★ Über Erfolge rede ich nicht – das ist zu selbstzentriert und angeberisch.

- Ich versuche immer, die Erwartungen anderer Menschen zu erfüllen.
- Ich bin stets hin- und hergerissen zwischen Familie und Beruf.
- Work-Life-Balance ist nur eine Mode-Erscheinung, die sich nicht leben lässt, wenn Frau erfolgreich sein möchte.
- Eins geht nur: entweder Karriere oder Familie.
- Ich fühle mich oft ausgebrannt.
- Ich muss mir meinen Erfolg hart verdienen.
- Auszeiten gönne ich mir nur als Belohnung, wenn ich etwas geleistet habe.
- Ich muss immer erreichbar sein.

Welche dieser Aussagen lösen starke Gefühle in dir aus?

Wird während des Lesens der Aussagen der Wunsch wach(er), die eine oder andere Blockade auflösen zu wollen, dann meinst du es wohl ernst. Es gibt jedoch einen Haken: du musst bereit sein, etwas dafür zu tun – nur wünschen reicht nicht. Fühlen, Machen, Umsetzen ist ab sofort deine Devise. Ich mache dir mit diesem Buch unwiderstehliche Angebote für deine persönliche Erfüllung und deinen beruflichen Erfolg. Du musst sie nur ergreifen und die Zügel selbst in die Hand nehmen. Der aktive Part liegt ausschließlich bei dir. Löse deine Knoten und folge dem Rat meiner Interviewpartnerin *Antje Boetius.* Als Polar- und Meeresforscherin ist sie oft extremen Situationen ausgeliefert, die eine starke und klare Selbstführung und Führung erfordern. Sieh dich selbst als Teils deines „inneren Teams Führung“, steuere und führe dich selbst.

„Ein stabiles Ich hilft, um nicht auf Basis von Ängsten oder Minderwertigkeitskomplexen ständig auf sich selbst achten zu müssen, sondern das Team als Ganzes wahrzunehmen. Das gilt auch für die Menschen, mit denen ich zusammenarbeite. Jede Person hat etwas Besonderes in sich. Wir müssen es nur entdecken und entwickeln.“

Frauen, die sich beruflich weiterentwickeln wollen, kennen obige Aussagen nur allzu gut. Sie zeigen unsere eigenen Grenzen auf und lassen uns kleiner erscheinen, als wir sind. Frauen, die Karriere machen, sind oft hin- und hergerissen zwischen den Anforderungen und Erwartungen ihres Berufes und ihrem Privatleben. Vor allem aber stehen sich fast alle selbst im Weg: Unsere Gedanken, unser Anspruch an Perfektionismus, die hohen Erwartungen an uns selbst, die Härte uns selbst gegenüber, mangelnde Selbstliebe. Ich behaupte sogar, dass wir unsere größte Feindin und Kritikerin sind. Kannst du mitfühlen? Horch kurz in dich hinein. Ist es hilfreich, so zu denken und so zu fühlen? Ich behaupte: nein.

Die Liste ließe sich beliebig verlängern (als ob sie nicht schon lang genug wäre). Sie spiegelt teilweise meine eigenen Erfahrungen in Führung wider und die meiner Interviewpartnerinnen. Du bist also nicht allein damit. Das zu wissen, finde ich beruhigend und heilsam.

Hinter solchen Aussagen verbergen sich meist tiefsitzende Glaubenssätze, die uns klein und unsicher machen. Sie hindern uns an unserem persönlichen und beruflichen Wachstum.

Wissenswert: Der Glau | bens | satz

Der Duden schlägt zwei Bedeutungen vor:

a mit dem Anspruch unbedingter Geltung vertretene religiöse These

b starre Anschauung, [Lehr-] Meinung[1]

Uns interessiert in diesem Zusammenhang Bedeutung b – angewandt auf die inneren Anschauungen und Meinungen, die uns oft das Leben schwerer machen.

Glaubenssätze bestimmen einen Großteil unseres Lebens. Sie entstehen aus unseren persönlichen Erfahrungen, die sich zu einem Glaubenssystem entwickeln, nach dem wir unser Leben mehr oder weniger ausrichten. Glaubenssätze sind uns so lange unbewusst, bis wir sie anzweifeln. Sie beeinflussen unsere Meinungen, Entscheidungen, Handlungen, Beziehungen, unsere Karriere und vieles mehr.

Glaubenssätze sind nicht immer negativ. Sie können auch positiv sein und uns durchs Leben tragen. Positive Glaubenssätze geben unserem Leben Stabilität, Halt, Ordnung, Vertrauen, Mut. Negative Glaubenssätze können uns blockieren und unser Handeln stark einschränken.

Glaubenssätze folgen unserer Wahrnehmung und unserer Aufmerksamkeit, die immer subjektiv ist. Somit sind auch unsere Glaubenssätze subjektiv und nicht selten irrational.

Die entscheidende Frage ist:

Worauf richtest du deine Aufmerksamkeit und deine Energie?

---

[1] https://www.duden.de/rechtschreibung/Glaubenssatz

Ein ganzes Glaubenssystem „umzuprogrammieren“ ist beinahe unmöglich. Hier braucht es Geduld, Zeit, die Bereitschaft, sich wirklich mit sich selbst auseinanderzusetzen. Gehe deine Glaubenssätze Schritt für Schritt an. Nimm dir einen Glaubenssatz nach dem anderen vor und verwandle sie so langfristig in positive Lebensregeln oder eliminiere sie ganz aus deinem Leben.

Mit diesem Buch wirst du aktiv dein Glaubenssystem aufbrechen, umkrempeln und täglich ein Stück positiver gestalten. Dabei unterstützen dich nicht nur die transformierenden Übungen und Fragen, sondern auch die Erfahrungen und Tipps meiner Interview-Gästinnen.

Somit frage ich dich noch einmal: Woran möchtest du glauben? Und ist das, was du glaubst, wirklich wahr?

Schließe kurz die Augen, horch in dich hinein, lass die Antwort in dein Herz fließen und schreibe sie auf. Erinnere dich immer wieder, woran du glauben möchtest, und verankere deine Antwort tief in deinem Bewusstsein. Mit diesem Bewusstsein öffnest du dich der Selbstführung – der Schlüssel für beruflichen Erfolg und persönliche Erfüllung. Die Art, wie du dich selbst führst, ist ab heute dein wichtigstes Werkzeug. Sie befähigt dich dazu, mit dir, deinen Aufgaben, deinen persönlichen und beruflichen Herausforderungen im Reinen zu sein und andere Menschen konsistent zu führen – entsprechend deiner Persönlichkeit.

Selbstführung beginnt mit Achtsamkeit und der Wahrnehmung unserer Gedanken, Emotionen und unseres Körpers. Wo spüren wir uns schnell und zuverlässig?

Im mentalen Fitnessstudio

Das mentale Fitnessstudio ist ab jetzt der Ort, an dem du dich einrichtest. Ich werde dich an verschiedenen Stellen auffordern, diesen Ort regelmäßig zu besuchen, darin aktiv zu sein, die Herausforderung anzunehmen und deinen Führungsmuskel zu trainieren – mit Offenheit, Neugier, Liebe, Wohlwollen.

Der Begriff „mentales Fitnessstudio“ ist nicht neu und wird in verschiedenen Kontexten verwendet. Ich habe ihn gewählt, weil ich sowohl Frau in Führung als auch aktive Sportlerin bin. Für mich liegt er nahe und lässt sich leicht auf das Thema Selbstführung und Führung anwenden. Dein Mindset, dein „mental state“, spielt sowohl in der Selbstführung als auch in der Führung anderer Menschen eine entscheidende Rolle.

Dein Lebensnetz ist dein mentales Fitnessstudio.

Wenn du dich in deinem mentalen Fitnessstudio umschaust, entdeckst du viele inspirierende Elemente und Trainingsstationen, die deinen derzeitigen „mental state“ widerspiegeln und mit denen du dein Mindset trainieren kannst. Sie alle helfen dir, die Führungsmuskel zu stärken, die du wirklich für eine solide Selbstführung und eine klare Führung brauchst.

Unsere wichtigsten definierten Lebensbereiche sind fein säuberlich zusammengewebt wie in einem Spinnennetz. Sie geben sich gegenseitig Halt und Energie, sind elastisch und stark. Meine Idee des „Lebensnetzes“ ist an das „Lebensrad – the Wheel of Life“ angelehnt. Kurz vor seiner Erleuchtung soll Buddha den ewigen Kreislauf des Lebens gesehen und den Weg der Befreiung erkannt haben.[2] Das Lebensnetz, wie ich es definiere, spiegelt deine persönliche Erfüllung, deinen beruflichen Erfolg und dein auszubauendes Potenzial wider, beispielsweise in Karriere, Beruf, Beziehungen.

Du wirst in jede der drei Phasen (1. Vorbereiten, 2. Umsetzen, 3. Etablieren) dein eigenes Lebensrad entwickeln und in Schwung bringen.

Der **Buchteil Eins „Vorbereiten“** bereitet dich auf eine solide Selbstführung vor. Denn sie ist das Fundament von Führung. Wenn du dich mit dir selbst nicht auseinandersetzt und innere Störfaktoren nicht eliminierst, wird Führung immer eine große Herausforderung für dich sein und bleiben. Du lernst deine limitierenden Glaubenssätze kennen und wie du mit ihnen umgehst.

Hast du Buchteil Eins durchgearbeitet, erwarten dich im **Buchteil Zwei** solide Tools für Führung. Du wirst dich intensiv mit Führung auseinandersetzen und für dich feststellen, was Führung wirklich für dich bedeutet.

Der **Buchteil Drei** ist die Königsklasse der Führung. Hast du dir mit Teil Eins und Teil Zwei Klarheit verschafft, dir die wichtigsten Tools angeeignet und bist du bereit, diese auch anhaltend anzuwenden, dann bist du auf dem Weg, ein Vorbild zu werden. Wobei ich mir sicher bin, dass du längst eins bist. Führen als Vorbild ist somit die Konsequenz einer soliden Selbstführung und einer klaren, authentischen Führung, die wirkt, bewegt und verändert.

In jedem Buchteil erfasst du in drei Kapiteln:

Kapitel 1: Dein Ziel – Wo willst du hin?

Kapitel 2: Deine Ausgangslage – Wo stehst du?

Kapitel 3: Deine konkreten Maßnahmen – Wie kommst du ans Ziel?

Das Lebensnetz begegnet dir jeweils im zweiten Kapitel jedes Buchteils: deine Ausgangslage. Dort ordnest du deine wichtigsten Lebensbereiche ein, um klar zu sehen, wo du stehst, wo du hinmöchtest und was du dafür brauchst.

Deine wichtigsten Lebensbereiche

Ausgehend von deinen Lebensbereichen, die du gleich selbst zusammenweben darfst, leitest du wichtige Eigenschaften und Voraussetzungen für eine starke Selbstführung, Führung und für eine klare Neuausrichtung ab.

---

[2] https://de.wikipedia.org/wiki/Lebensrad

Um dies besser zu veranschaulichen, stelle ich dir das Lebensnetz vor.

LB1 = Familie

LB2 = Partnerschaft, Ehe

LB3 = Beziehungen, Freundschaften

LB4 = Freizeit, Work-Life

LB5 = Gesundheit

LB6 = Erfüllung

LB7 = Spiritualität

LB8 = Karriere, Erfolg

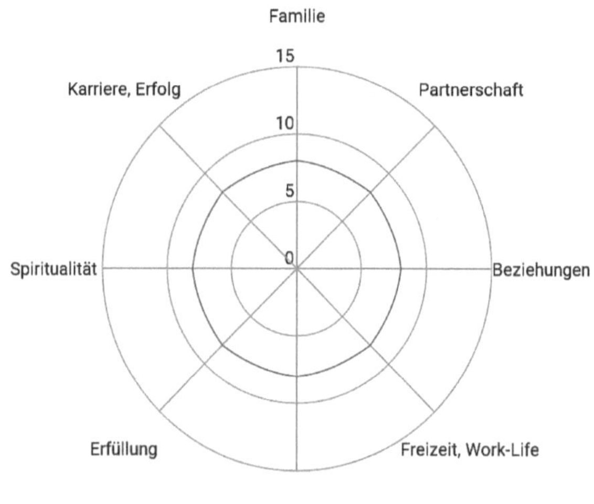

Abb. 2: Lebensnetz

Spinne nun dein eigenes Lebensnetz und fülle es aus.

Deine Lebensbereiche spiegeln die wichtigsten Elemente eines erfüllten und erfolgreichen Lebens wider. Der Bereich zwischen den Werten 0 und 15 gibt Aufschluss über den Grad deiner derzeitigen persönlichen und beruflichen Erfüllung sowie dein (noch) nicht ausgeschöpftes Potenzial. Male die Bereiche zwischen 0 und 15 nun so aus, wie es deine derzeitige Situation wiedergibt. 0 = gar nicht ausgeprägt; 15 = sehr stark ausgeprägt

Die von mir vorgegebenen Lebensbereiche sind nur Vorschläge. Du kannst sie ersetzen oder durch deine eigenen Lebensbereiche ergänzen.

Abb. 3: Inspirationen für Elemente deines Lebens

Wähle, womit du dich am wohlsten fühlst.

In der Word-Cloud[3] (Abb. 3) gebe ich dir weitere Inspirationen für Elemente deines Lebens.

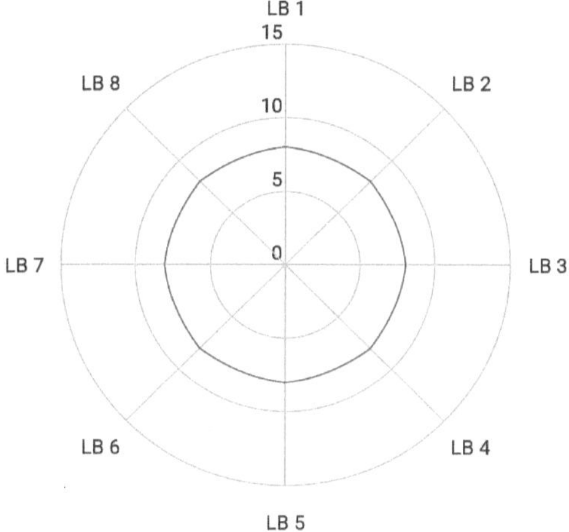

Abb. 4: Dein Lebensnetz

Dein Lebensnetz

Bei der Erstellung deines Lebensnetzes gibt es kein Richtig oder Falsch. Es gibt nur dich und deinen Kosmos, in dem du dich mit Persönlichkeit entfalten möchtest, wo du für dich noch Potenzial siehst. Welche Bereiche das für dich sind, hängt stark von deiner Art zu leben ab, von deinen Zielen und Wünschen, deinen Werten und deiner persönlichen und beruflichen Ausrichtung. Denke bitte gut darüber nach.

Bei der Festlegung deiner Lebensbereiche gehe achtsam vor:

- ★ Warum entscheidest du dich für diese Lebensbereiche?
- ★ Welche Gedanken hast du dabei?
- ★ Was fühlst du dabei?
- ★ Wo siehst du dich in diesem Bereich?
- ★ Warum hast du dich noch nicht so entfaltet, wie du es dir vorstellst?

Erstelle weitere Ideen mit dem kostenlosen Tool https://wordart.com/create

So geht's: Dein Lebensnetz.

Schritt 1: Deine Elemente des Lebens

- ★ Bestimme deine eigenen Lebensbereiche LB1 bis LB8 oder nutze meine Vorschläge.
- ★ Schreibe sie direkt ins obenstehende leere Lebensnetz.

---

[3] https://wordart.com/create

Deine Gedanken dazu:

Schritt 2: Dein Zufriedenheitsgrad

- ★ Bestimme deinen Zufriedenheitsgrad in jedem Element.
- ★ Dieser sollte einem Wert auf der Skala zwischen 0 und 15 entsprechen: 0 = äußerst unzufrieden / gar nicht ausgeprägt; 15 = sehr zufrieden / sehr ausgeprägt
- ★ Sobald du den Wert für den jeweiligen Lebensbereich bestimmt hast, male die entstandenen Bereiche farblich aus, so dass sie sich optisch hervorheben.
- ★ Es ergibt sich ein Spinnennetz.

Deine Gedanken dazu:

Schritt 3: Deine Erwartungen

Nun hast du deinen Status quo.

- ★ Bestimme auf dieser Basis deine Erwartungen, deine Wohlfühlzone, deine angestrebte Zahl (Ziel) für den jeweiligen Lebensbereich:
  - ○ Welches Element braucht mehr Zuneigung, Pflege, Aufmerksamkeit?
  - ○ In welchem Element brauchst du mehr Energie?
  - ○ Welches Element möchtest du verbessern und warum?
  - ○ Um wieviel Wertpunkte möchtest du dich verbessern?
- ★ Hebe die neu entstandenen Bereiche ebenfalls mit einer anderen Farbe hervor.
- ★ Überlege dir, wie realistisch deine neuen Ziele sind:
  - ○ Ist es nur ein Wunschgedanke, der unerreichbar ist? Was erzählst du dir?
  - ○ Kannst du diesen einen Punkt tatsächlich erreichen?
  - ○ Vielleicht ist es sinnvoll, eine Timeline zu erstellen, bis wann du xy erreicht haben möchtest?

Deine Gedanken dazu:

Schritt 4: Deine konkreten Maßnahmen

- Bestimme nun anhand deiner angestrebten „Verbesserungs- oder Veränderungsziele“, wie du sie erreichen kannst:
  - Was genau musst du tun, um deine Erwartungen zu erfüllen?
  - Was brauchst du dafür?
  - Wer könnte dich dabei unterstützen?
- Notiere, welche Maßnahmen wirklich dazu beitragen, dass du deine Ziele oder den angestrebten Zustand erreichst.
- Frage dich immer wieder, WARUM du dich hier und dort verbessern möchtest:
  - ein starkes Warum, das aus unserer inneren Überzeugung entsteht, ist unser Motor für persönliche Erfüllung und beruflichen Erfolg

Deine Gedanken dazu:

Schritt 5: T.U.N. – Komm ins Machen und in die Umsetzung

- Du hast deine Elemente, Meilensteine, Ziele und deine Maßnahmen bestimmt.
- Du hast ein buntes Spinnennetz kreiert – gehe nun einen Schritt weiter.
- Nun liegt es an dir, ob deine Elemente sich weiterentwickeln oder nicht.
- Die wichtigsten Eigenschaften sind nun ein starkes Warum, Disziplin, Fokus, Freude.

Deine Gedanken dazu:

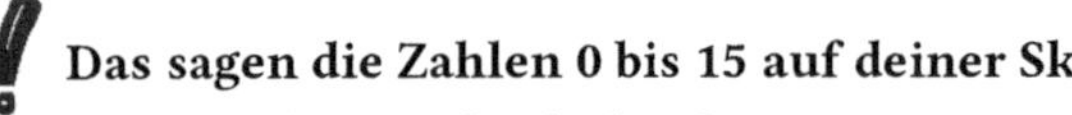

Das sagen die Zahlen 0 bis 15 auf deiner Skala aus:

Wenn du deine Zufriedenheit bestimmst, wirst du dich fragen, wie du die Zahlen 0 bis 15 definieren sollst. Ich gebe dir eine kleine Anleitung an die Hand, die dir die Einordnung erleichtert.

Du wählst einen Wert zwischen 0 und 4:

Es läuft etwas überhaupt nicht gut. Du bist zutiefst unzufrieden, hast einen starken Wunsch nach Veränderung und solltest dir sehr konkrete Gedanken über Lösungen machen.

Es sind die Elemente, die die größte Aufmerksamkeit brauchen! Sie sind es, die dir auf deinem Weg zu persönlicher Erfüllung und beruflichem Erfolg sehr im Wege stehen.

- ★ Was kannst du tun, um deine Aufmerksamkeit dorthin zu richten und sie aufzubauen?
- ★ Möchtest du überhaupt deine Aufmerksamkeit auf sie richten, sind sie hilfreich?
- ★ Lohnt es sich, dass du dich hier verbesserst?

Du wählst einen Wert zwischen 5 und 10:

Es läuft ok in diesen Bereichen, doch du verschenkst dein Potenzial, wenn du es dabei belässt. In diesen Bereichen steckt dein größtes Potenzial, das gefördert und gefordert werden möchte, um dich voranzubringen.

- ★ Was kannst du tun, um dein Potenzial zu wecken, zu fordern und zu fördern?
- ★ Was brauchst du dafür?
- ★ Wen brauchst du dafür?

Du wählst einen Wert zwischen 11 und 15:

Gratuliere dir selbst! In diesen Bereichen bist du stark. Sie sind in einem guten Fluss und in einer gesunden Mitte. Schenke ihnen große Aufmerksamkeit und überlege dir Maßnahmen, um diesen Status aufrechtzuerhalten oder vielleicht noch etwas nach oben zu heben.

Jetzt weißt du, wie du mit deinem Lebensnetz arbeiten und wachsen kannst. Es gibt dir Orientierung und verhilft dir zu sehr viel mehr Klarheit über das, was und wer du bereits bist und wer oder was du noch werden darfst. Es verhilft dir zu persönlicher Erfüllung und beruflichen Erfolg und schlussendlich dabei, die weibliche Führungspersönlichkeit zu sein, die bereits in dir steckt.

Es ist ein WORKbook – so arbeitest du mit dem Buch

Es ist Zeit für Veränderung und du bist ein wichtiger Teil davon. Gemeinsam mit meinen Interviewpartnerinnen trägst du dazu bei, das „System Führung“

neu zu gestalten, indem du mein Buch liest und es weiterempfiehlst. Vor allem jedoch, indem du mit dem Buch arbeitest, es dir zu eigen machst, als gäbe es kein Morgen mehr. Bestücke es mit bunten Klebchen, schreibe rein, markiere wichtige Passagen, knicke die Seiten. Es tut ihm nicht weh. Im Gegenteil: Es möchte nicht nur gelesen, sondern gelebt werden – mit jeder Faser deines Körpers, mit jedem aufkommenden Gedanken, ganz viel Herz und Schmerz.

Für die Zeit des Lesens seid ihr Buddys, du und das Buch. Ihr werdet Freunde und alles miteinander teilen: Herausforderungen, Zweifel, Glücksmomente, Erfolge, wirre Gedanken, schöne Gedanken, Inspiration, Glück, Freude, Führungsschmerz. Lass dich auf alles ein, was in dir hochkommt. Doch versprich mir eines: Sei immer ehrlich zu dir und offen für neue Erfahrungen. Es ist nicht immer lustig zwischen den Buchdeckeln. Es kann auch mal richtig donnern. Gerade dann solltest du dranbleiben und noch tiefer reingehen in diese Gefühle. Schreibe alles auf, was dich beschäftigt. Besorge dir begleitend zum Buch ein schönes Journal oder ein Notizbuch und einen schönen Stift, mit dem du gern schreibst.

Schätze deine Zeit wert, die du in die Arbeit mit dir selbst investierst. Nimm dir nicht zu viel auf einmal vor. Du hast 90 Tage Zeit! Teile sie dir gut und flexibel ein, lass genug Raum für die Umsetzung. Gut Ding will Weile haben. Niemand setzt dich unter Druck – außer du selbst.

Bevor du einsteigst, empfehle ich dir, einen Zeitplan aufzustellen. Ich nenne ihn auch gern Zeitenergieplan. Es geht nämlich nicht darum, streng nach Zeit zu arbeiten, sondern deine Energie innerhalb einer bestimmten Zeit gut einzuplanen. Wann bist du am konzentriertesten? Wann hast du die höchste Energie – morgens, mittags, abends, nachts? Wann bist du ungestört? Sorge für eine fokussierte Zeit nur für dich und dein Wachstum. Deine erwünschten Resultate erzielst du am besten, wenn du in einer positiven und inspirierenden Energie arbeitest und mit deinem eigenen inneren Flow gehst. Zwing dich zu nichts. Bleibe aber in diesem Zeitrahmen von 30 Tagen pro Buchteil.

Dein Zeitenergieplan könnte zum Beispiel so aussehen, dass du dir ein Enddatum setzt und von dort 30 Tage rückwärts rechnest. Vom Ende her gedacht. Die Coaching-Übungen sind chronologisch aufgebaut. Das heißt, du machst eine nach der anderen und solltest keine überspringen oder gar auslassen. Wenn dir eine Übung nicht gefällt oder es gerade nicht die richtige Zeit für sie ist, dann lese sie zumindest durch und markiere die Seite, so dass du sie später bearbeiten kannst. Plane genug Reflexionszeit ein und gehe eine Vereinbarung mit dir selbst ein, dranzubleiben. Es gibt nur ein Ja oder Nein. Entweder du investierst Zeit in deine Weiterentwicklung und dann zu hundert Prozent oder eben nicht. Für irgendwas dazwischen ist die Zeit zu kostbar, das Leben zu kurz.

Hier ein kleiner Vorschlag für einen Zeitenergieplan.

Bevor du den Plan erstellst, schlag das Buch noch einmal zu. Nimm es in die Hand, fühle es, spüre in dich hinein. Schließe kurz die Augen und hole dir die

Erinnerung zurück, warum du dieses Buch in dein Leben geholt hast.

- ★ Was hat dich an dem Buchtitel oder dem Buchcover angesprochen?
- ★ Was erwartest du von dem Buch?
- ★ Was denkst du, steht drin?
- ★ Was möchtest du mitnehmen?
- ★ Wen siehst du vor deinem inneren Auge, wenn du liest?
- ★ Wer bist du beim Durcharbeiten des Buches?
- ★ Wer möchtest du nach dem Lesen sein?
- ★ Wie möchtest du dich währenddessen und danach fühlen?
- ★ Was könnte das Ziel deiner Reise sein?
- ★ Was möchtest du gelernt, aufgelöst und bearbeitet haben?
- ★ Was wäre der schönste erste und nächste kleine Schritt auf deiner Leadership-Reise?

Beantworte diese Fragen schriftlich. Sie gehen tief und du findest in dir wichtige Antworten, die dich auf deinem weiteren Karriereweg begleiten.

Wenn du alles aufgeschrieben hast: Atme dreimal tief ein und aus. Geh nochmal ins Gefühl. Wie fühlt es sich an? Was denkst du?

Nun schlage das Buch auf, lies das Inhaltsverzeichnis und versuche dir vorzustellen, was sich hinter jedem Buchteil verbergen könnte. Mach dir Notizen, um dich hineinzudenken.

90 Tage Transformation. Was heißt das für dich? Wie teilst du diese 90 Tage auf? Überflieg nun die drei Hauptteile des Buches, um ein Zeitgefühl zu bekommen. Nun nimm dein Journal, dein Notizbuch und fang an, deine Timeline zu skribbeln. Überlege dir, bis wann du den ersten Teil, den zweiten und den dritten gelesen und bearbeitet haben möchtest und denke vom Ende her.

Jede Coaching-Übung in den jeweiligen Buchteilen ist so angelegt, dass du sie zwischen 20 und 30 Minuten durchgearbeitet hast. Viel? Ja und nein. Es ist ein Workbook, das dir Klarheit, Stärke und einen selbstbewussten Blick auf deine berufliche Zukunft bietet. Sehr gut investierte Zeit. Die Reflexion und Transformation „passieren" dann im Unterbewusstsein, wenn du die Übungen mit Fokus und höchster Konzentration bearbeitest.

Zeitenergieplan für jeden Buchteil

START-Datum END-Datum

__________30 Tage ____________60 Tage __________90 Tage ____________

Bleibe kontinuierlich dran. Suche dir ein:en Lesepartner:in, um die Inhalte und eure individuellen Themen gemeinsam zu bearbeiten. So erzeugt ihr doppelte Energie, eine höhere Verbindlichkeit und eine starke Verankerung der Inhalte in eurem Kopf. Diese Verankerung und die Verknüpfung mit einem starken positiven Gefühl während des Lesens und Bearbeitens deiner Lebensbereiche sind Voraussetzung für eine Transformation.

Vergiss nicht, Erfolge zu feiern! Jeder Aha-Moment ist ein Erfolg.

Reflexions-Tipp

Lege das Buch hin und wieder für ein paar Minuten zur Seite und reflektiere das Gelesene. Mache dir Notizen, ein Mindmap oder etwas, was dir hilft, die Inhalte mit deinem Gefühl zu verbinden. Konserviere diese Gefühle und nutze sie auf deiner Lesereise als starke Ressource. Bist du mal verzweifelt oder fühlt sich die eine oder andere Übung nicht gut an, dann hat das Gründe. Vielleicht meditierst du auch darüber, schreibst dir die eine oder andere Affirmation auf, die du immer wieder hervorzaubern kannst, wenn du sie brauchst.

Wenn du es ernst meinst, dich wirklich damit auseinandersetzt, wirst du schon bald eine große Veränderung in dir spüren. Ich kann diese Veränderung nur anstoßen und dir den Ball zuwerfen. Nur du kannst dafür sorgen, auch ins Tun zu kommen. Doch du bist eine Macherin, das weiß ich. Und falls du mal keine Lust mehr hast, ist das absolut ok – für den Moment. Keep on going!

Check-In: Ein Buch, drei Teile, 90 Tage

Das Buch ist strukturell so aufgebaut, dass du in jedem Teil einen klaren Wiedererkennungswert hast. Diese klare Struktur hilft deinem Gehirn, genau da wieder anzudocken, ohne sich weitere Gedanken zu machen. Alles Bekannte mag es gern.

Für jeden Teil gönne dir 30 Tage. So kannst du das Bearbeitete in Ruhe reflektieren, sacken lassen und in die Umsetzung kommen – in deinem eigenen Flow. Nach 30 Tagen jedoch solltest du den jeweiligen Teil bearbeitet haben. 30 Tage Zeit nehmen heißt nicht, 30 Tage á acht Stunden mit dem Buch zu arbeiten. Es heißt, dass du dir an 30 von dir definierten Tagen mindestens 30 Minuten Zeit nimmst für einen Teil des Buches.

Wenn du dir insgesamt diese 90 Tage setzt und in realistische drei mal 30 Tage einteilst, musst du nicht mehr darüber nachdenken, was nun kommt. Unser Gehirn liebt Wiederholungen, Struktur und System. Wir geben ihm, was es braucht, um möglichst effizient und ohne Reibungsverlust lernen zu können.

Bevor du gleich mit dem ersten Teil loslegst, lade ich dich zu einem Check-In ein. Schau dir noch einmal das Inhaltsverzeichnis genauer an. Du wirst die Struktur und meine Absicht dahinter sofort erkennen. Du bist ja schon vertraut damit.

Jeder der drei Buchteile beginnt mit einer Reflexion und einem Warm-up. Beides führt ins Thema ein und beinhaltet Coaching-Übungen. Darauf folgen drei Kapitel, die mit meiner Erkenntnis und deinen Learnings endet. Im darauffolgenden 30-Tage Trainingsplan findest du jeweils drei Führungsmuskel, die ich aus den Gesprächen mit meinen Interviewpartnerinnen ausgewählt habe. Am Ende des Buches liste ich im Führungsmuskel-ABC die interessantesten Führungsmuskel auf, die du ab sofort für deinen Weg nutzen und immer wieder selbst ergänzen kannst.

Kapitel 1: Dein Ziel

Denke vom Ende her und definiere dein gewünschtes Ziel.

Kapitel 2: Deine Ausgangslage

Dein aktueller Status quo.

Kapitel 3: Dein Weg

Deine ersten Schritte, Maßnahmen und Breakthroughs, die dich ans Ziel begleiten können.

Dein 30-Tage-Trainingsplan

30 Tage Training für deine Führungsmuskel. Du hast für jeden der drei vorgeschlagenen Führungsmuskel (oder den von dir ausgewählten) je zehn Tage Zeit zum Trainieren.

Deine ständigen Begleiter

1. Coaching-Nuggets und transformierende Übungen

In den einzelnen Kapiteln stecken jede Menge Coaching-Nuggets – für dich sorgfältig ausgewählte tiefgehende Übungen. Ich möchte dich dazu ermutigen, jede einzelne Übung durchzuarbeiten und dir am Ende die Übungen herauszupicken, die dich in der jetzigen Phase deiner Karriere und deines Lebens unterstützen und weiterbringen. Spürst du eine gute Verbindung zu den Übungen, probierst du sie mindestens 30 Tage lang aus. Wenn du eine Veränderung feststellst und dir die Übung als neue Gewohnheit in Fleisch und Blut übergegangen ist, widme dich der nächsten Coaching-Übung. Überfordere dich nicht. Die Coaching-Nuggets sind sehr intensiv.

- ⋆ Langjährig erprobte Coaching-Übungen, eigene Erfahrungen und die Erfahrungen meiner Interviewpartnerinnen unterstützen deinen Weg.
- ⋆ Knackige Tools, die du für dich adaptieren und sofort umsetzen kannst.
- ⋆ Sollten sie nicht mit deiner Persönlichkeit resonieren, dann wandle sie entweder so ab, dass es für dich stimmig ist oder überspringe sie.
- ⋆ Mit den Übungen vertiefst du das Thema des entsprechenden Buchteils. Sie sind so aufgebaut, dass du sie in kurzer Zeit und mit Tiefgang bearbeiten kannst. Nutze die Zeilen im Buch. Du erinnerst dich: das Buch möchte gelebt werden. Ergänze in deinem Journal.

2. Affirmationen

Ich werde dir immer wieder Affirmationen anbieten. Das sind kraftvolle, bejahende und verstärkende Sätze, die unser Verhalten und Tun energetisch unterstützen.

Sie sind im Präsens formuliert, beinhalten positive Worte und sind kurz und prägnant. Am stärksten wirken sie, wenn du sie dir aufschreibst und immer im Blick hast: auf dem Schreibtisch, in der Geldbörse, am Kühlschrank, am Badezimmerspiegel. Werde kreativ und lasse diese positiven Leitsätze in dein Unterbewusstsein fließen.

3. Interviews

Für dieses Buch habe ich zehn beeindruckende Frauen aus Wirtschaft, Wissenschaft und der Gründerszene interviewt, die mit viel Mut, innerer Stärke, einem kraftvollen Sinn ihrer Arbeit und mit einem stabilen Netzwerk ihren Karriereweg gehen und gegangen sind.

Wir haben über die Kunst der Selbstführung, über Führungsherausforderungen und über das Führen als Vorbild gesprochen. Sie haben mit mir ihre persönlichen Geschichten geteilt und ihre stärksten Führungsmuskel verraten, die ich an dich weitergebe. Freu dich darauf und lasse dich inspirieren!

Du wirst an den unterschiedlichsten Stellen im Buch kraftvolle Aussagen meiner Interviewpartnerinnen finden. Die Interviews selbst sind nicht eins-zu-eins abgedruckt. Du möchtest wissen, wen ich interviewt habe?[4]

In alphabetischer Reihenfolge:

Christina Baier

Foto: Christina Baier

Kreativ-Junkie, mehrfache Unternehmerin, Coach für Business Celebrities und erfolgreiche Künstler:innen, Digital Course Creator und süchtig nach Kaffee. Mit ihrem Mann und zwei Hunden lebt sie in Deutschland und Kroatien.

„Warum hast Du an diesem Buch mitgewirkt, liebe Christina?“

„Ich finde, dass Frauen in Führungspositionen endlich auch in der Breite Normalität sein sollten. Das Thema braucht also Aufmerksamkeit. Auch anno 2022.“

Antje Boetius

Foto: Kerstin Rolfes, AWI

Deutsche Polar- und Tiefseeforscherin, Direktorin des Alfred-Wegener-Instituts – Helmholtz-Zentrum für Polar- und Meeresforschung (AWI), Leiterin der Brückengruppe für Tiefseeökologie und -technologie am Max-Planck-Institut für Marine Mikrobiologie Bremen, Mitglied des Exzellenz-Clusters MARUM Bremen, Professorin für Geomikrobiologie, Universität Bremen.

---

[4] Ich verzichte auf die Angabe von Professorinnen- oder Doktortitel.

„Warum haben Sie an diesem Buch mitgewirkt, liebe Frau Boetius?“

„Das Thema, wie Frauen in Führungspositionen kommen und was diese mit ihnen machen, bleibt. Ich finde es gut, in den Erfahrungsaustausch zu gehen und von anderen zu hören und zu lesen.“

Karin Heinzl

Foto: Karin Heinzl

Gründerin und Geschäftsführerin von MentorMe, Deutschlands größtes berufliches Mentoringprogramm für Frauen und der MeCademy, eine von der Arbeitsagentur geförderte Maßnahme für arbeitssuchende Frauen sowie Vorstandsmitglieder der Deutschen Gesellschaft für Mentoring.

„Warum hast Du an diesem Buch mitgewirkt, liebe Karin?“

„Mir liegt es am Herzen, dass mehr Frauen ‚ja‘ zu Führungsrollen und Gründertum sagen. Führung zu übernehmen ist eine herausfordernde und wunderbare Sache, die vor allem uns selbst befähigt, enorm zu wachsen. Das zu erfahren, wünsche ich auch anderen Frauen.“

Claudia Kessler

Foto: Claudia Kessler

Deutsche Ingenieurin für Luft- und Raumfahrttechnik und eine der wenigen weiblichen Führungskräfte im Bereich Raumfahrt. Sie ist Gründerin der Stiftung Die erste deutsche Astronautin gGmbH. In umfangreichen Astronautinnen-Trainings bereitet sie Frauen auf den Flug ins Weltall vor. Ihre Vision: Die erste deutsche Astronautin ins All fliegen lassen.

Mit der Astronautin GmbH hat sie ein Raumfahrt Start-up gegründet, das Raumfahrt-Erfahrung in Management-Trainings transferiert. Ihre Erfahrung aus dem Personal-Management als CEO einer Raumfahrt-Ingenieurfirma setzt sie nun als erfahrene Trainerin in Space Workshops um.

„Warum hast Du an diesem Buch mitgewirkt, liebe Claudia?“

„Mut ist eine der wichtigsten Fähigkeiten für ein erfülltes Leben. Ich möchte Frauen Mut machen, an ihre Träume zu glauben und ihre Ziele zu verfolgen.“

Tatjana Kiel

Foto: Michael Pfeiffer

CEO von Klitschko Ventures – ein von Wladimir Klitschko gegründetes Unternehmen, das individuelle Lösungen für Veränderungsprozesse von Unternehmen und Organisationen entwickelt sowie Coachings für Einzelpersonen und Teams anbietet. Co-Founder der F.A.C.E. The Challenge Methode – eine Methode, die die Willenskraft als stärkste Kraft im Business und im Leben allen zugänglich macht.

„Warum hast Du an diesem Buch mitgewirkt, liebe Tatjana?"

„Janine Tychsen nennt schon im Titel des Buches drei ganz wichtige Faktoren, die mich selber sehr beschäftigen: Frauen, Führung und Training. Denn neben Soft Skills wie Mut, Kreativität, Resilienz kannst Du auch diesen Soft Skill No. 1, Leadership, trainieren, um besser zu werden. Wenn Du Dich selber, Deine Werte und Dein Umfeld immer wieder reflektierst und immer wieder Anpassungen vornimmst, wenn nötig. Ein tolles Buchprojekt zu einem wichtigen Themenfeld und ich freue mich sehr, dabei zu sein."

Fränzi Kühne

Foto: Tom Wagner

Unternehmerin auf dem Gebiet der Digitalisierung, Mitgründerin und ehemalige Geschäftsführerin der TLGG GmbH (Torben, Lucie und die Gelbe Gefahr), einst jüngste Aufsichtsrätin, Speakerin und Autorin.

„Warum hast Du an diesem Buch mitgewirkt, liebe Fränzi?"

„Ich glaube daran, dass Dinge, die Du angehst, nur toll und natürlich werden können, weil das Thema wichtig ist, um Andere voranzubringen."

Simone Menne

Deutsche Managerin, ehemalige CFO (Chief Financial Officer) der Lufthansa AG, ehemalige Unternehmensleiterin von Böhringer Ingelheim (zuständig für den Finanzbereich), Aufsichtsrätin in diversen Unternehmen, Präsidentin der American Chamber of Commerce, Germany, Inhaberin einer Kunstgalerie, in der sie Wirtschaft und Kunst miteinander verbindet.

Foto: Jürgen Mai

„Warum haben Sie an diesem Buch mitgewirkt, liebe Frau Menne?“

„Es ist wichtig, Frauen zu ermutigen, Führungspositionen zu übernehmen. Dieses Buch tut das und hilft hoffentlich Frauen, zuversichtlich diesen Schritt zu tun.“

Brigitta Nelte

Foto: Brigitta Nelte

Diplompsychologin, ehemalige Führungspersönlichkeit im Vertrieb eines deutschen Autokonzerns, ehemalige Vorstandsvorsitzende von fim – Frauen im Management e.V.

„Warum hast Du an diesem Buch mitgewirkt, liebe Brigitta?“

„… weil Janine eine tolle Frau ist!“

Verena Pausder

Foto: Patryzia Lukas

Unternehmerin, Expertin für Digitale Bildung, Mehrfachgründerin (u.a. von Fox & Sheep und den HABA Digitalwerkstätten), Gründerin der Initiative #stayonboard – eine Initiative für temporäre Mandatspausierung von Vorständ:innen, setzt sich stark für Chancengleichheit und digitale Bildung ein.

„Warum hast Du an diesem Buch mitgewirkt, liebe Verena?“

„Weil ich gerne starke Frauen unterstütze, die ihre Ideen in die Tat umsetzen.“

Monika Schulz-Strelow

Foto: Nina Rücker

Gründungspräsidentin von FidAR e.V. – Frauen in die Aufsichtsräte, ehemalige Geschäftsführerin der BAO BERLIN – International GmbH, Unternehmerin, langjährige Aufsichtsrätin.

„Warum hast Du an diesem Buch mitgewirkt, liebe Moni?“

„Weil mich die Ergebnisse der Fragestellungen sehr interessieren und ohne Input kein Output.“

So. Atme noch einmal tief durch, bewege dich und such dir ein schönes, ruhiges und gemütliches Plätzchen. Nimm dein Journal oder Notizbuch zur Hand, wappne dich mit Klebchen, Stift und Co. und mach es dir bequem. Vielleicht erschaffst du dir für die nächsten 90 Tage ein schönes Ritual, das dich inspiriert und dich immer wieder mit dem Lesen, Lernen und Leben des Buches verbindet?

Mein Schreibritual

Ich habe dieses Buch innerhalb von neun Monaten geschrieben. Darin stecken unglaublich viele Gedanken, Gefühle und Übungen, die dir als starkes Rüstzeug für deine Karriere dienen können.

Mit sehr viel Liebe und Leidenschaft habe ich in den Morgenstunden geschrieben. Um 6:30 Uhr ging es los: Mit Hafermilch-Kaffee, einem brennenden Teelicht und Music for Writers im Hintergrund. Dieses Schreibritual war wichtig, um fokussiert zu bleiben. Unser Gehirn liebt Routinen und kann mit ihnen am besten arbeiten.

Nimm auch du dir bewusst Zeit. Bringe eine große Portion Freude, Neugier und Offenheit mit. Vieles wird dich zum Nachdenken anregen. manches wird dir sehr lang erscheinen. Die Coaching-Übungen sind sehr intensiv, wenn du dich wirklich mit ihnen und somit mit dir auseinandersetzt.

Mein Wunsch ist es, dass du Teil meiner Vision wirst. Wie? Indem du an dir arbeitest, eintauchst in dein Inner Self, dich selbst neu kennen- und lieben lernst und deinem wundervollen ICH die Bühne gibst, die es braucht. Geh damit in die Welt, verbreite deine Botschaft und nimm andere mit.

Ich wünsche dir – angefangen von der Selbstführung in Phase 1, über die Führung in Phase 2, bis hin zum Führen als Vorbild in Phase 3 – viele inspirierende und motivierende Aha-Momente und vor allem viel Freude beim Abtauchen in dieses Buch.

Teil eins - Vorbereiten

"After all, Ginger Rogers did everything that Fred Astaire did. She just did it backwards and in high heels."

Ann Richards, US-amerikanische Politikerin
zitiert von Antje Boetius

30 Tage Selbstführung im mentalen Fitnessstudio.
Du bist gut genug - du weißt es nur noch nicht

Dein Trainingsplan für deine Selbstführungsmuskeln

In diesem ersten Buchteil erarbeitest du:

Kapitel 1: Dein Ziel: Führe dich selbst mit Persönlichkeit

Kapitel 2: Deine Ausgangslage: Wir müssen über Selbstführung reden

Kapitel 3: Dein Weg: Feiere dein inneres Rock-Konzert

1.1 Reflexion

In der Einleitung hast du schon Bekanntschaft mit deinen eigenen Glaubenssätzen gemacht und dich mit deinen wichtigsten Lebensbereichen auseinandergesetzt. Schreib in die folgenden Zeilen all das nieder, das in Erinnerung geblieben ist und das dir spontan einfällt. Blättere nicht zurück, sondern aktiviere dein Gedächtnis und die dazugehörigen Gefühle. Denk nicht zu viel nach. Lass es einfach fließen.

3-2-1 GO!

Selbstführung

Was ist eigentlich Selbstführung und wozu brauchen wir sie?

Fränzi Kühne, die einst jüngste Aufsichtsrätin Deutschlands, sagt über Selbstführung:

„Selbstführung ist eine Mischung aus Selbstreflexion und Selbstbewusstsein. Sich immer wieder zu hinterfragen: Geht's mir gerade gut? Wenn ich die Frage mit Nein beantworte, dagegen zu steuern und bewusst dahin zu gehen, womit es mir nicht gut geht und das dann zu ändern. Dazu gehört auch, den Mut zur Änderung zu haben und die Konsequenzen zu tragen. Somit ist der erste Schritt Erkennen und der zweite Schritt Handeln und Umsetzen. Das hört sich leicht an, ist aber letztlich wie ein Muskeltraining, immer wieder das zu machen, um darin besser, schneller und effizienter zu werden. Selbstführung hat sehr viel damit zu tun, bei sich zu sein und bereit zu sein, über sich selbst zu lernen. Sich selbst gut zu kennen, ist die beste Basis, gut zu führen, ohne sich dabei zu verlieren."

Verena Pausder baut darauf auf:

„Selbstführung bedeutet für mich, Eigenständigkeit und Selbstbestimmtheit lernen. Es wird mir kein Weg mehr vorgekaut, ich laufe keinen Trampelpfaden mehr hinterher. Denn ich muss erst einmal selber erkennen, wo meine Stärken liegen oder wo ich Hilfe brauche, wie ich Dinge angehe oder wie ich meinem Weg vertraue. Dazu kommen Themen wie Disziplin, und meine Fähigkeiten zu priorisieren. Der Kern der Selbstführung jedoch ist eigenständiges Denken und selbstbestimmtes Arbeiten. Ich brauche eigentlich nur mich selbst, um voranzukommen. Ich bin im Driver's Seat meines Lebens. Wenn mir als Selbständige mein Leben zu stressig ist, habe ich gegenüber vielen anderen Berufsgruppen ein Luxusproblem. Ich habe die Wahl, ich kann entscheiden. Wenn mich die Dinge stressen, muss ich sie ändern."

Bingo! Verena Pausder trifft den Kern der Selbstführung, wie auch ich ihn verstehe.

Wissenswert: Die Selbstführung

Sich selbst zu führen bedeutet, die eigenen Gedanken, Gefühle und das Handeln selbst zu bestimmen, zu beeinflussen und in die gewollte Richtung zu lenken. So lassen sich Ziele und erwünschte Handlungen leichter und natürlicher erreichen.

Selbstführung baut auf Achtsamkeit und dem Willen auf, sich täglich mit sich, seinen Herausforderungen und Möglichkeiten auseinanderzusetzen und daran zu wachsen. Dies erfordert Mut, Akzeptanz, Geduld, Abstand, Selbstliebe, Reflexion und Freude – all dies sind Führungsmuskel, die trainiert und gestärkt werden können.

Die Kunst der Selbstführung ist es, Gedanken, Emotionen und Handlungen zu erkennen, sie zu akzeptieren und sie in positive, kraftvolle und erwünschte Ergebnisse umzuwandeln.

Zur Selbstführung gehört es auch, Dinge nicht auf die Goldwaage zu legen und mit ihnen so umzugehen, dass es uns gut geht damit. Meine Interviewpartnerin *Brigitta Nelte* war viele Jahre in einer Führungsposition in einem großen deutschen Autokonzern in einer männerdominierten Welt. Ich habe sie gefragt: Wie war das für Dich?

„Das kam für mich damals ganz überraschend. Beim Einstellungsgespräch habe ich meinen damaligen Deutschland-Chef gefragt: Was interessiert Sie denn an meiner Person? Ich war damals überhaupt nicht vom Fach. Er sagte daraufhin: Meine Männer können sich nicht benehmen. Das Fachliche ist gar kein Thema, das können wir uns aneignen. Du musst den Mut haben, in einem solchen Umfeld mit Männern umgehen zu können. Ich hatte nie Probleme gehabt, dass sie mir zu nahegekommen sind. Das hat was mit Selbstführung und Verhalten zu tun, das war recht unkompliziert."

1.2 Warm-up

Wie steht es um deine eigene Selbstführung?

Beantworte folgende Fragen, um dich mit deiner Selbstführungskompetenz mehr und mehr vertraut zu machen:

Wann bist du in deiner Mitte und fühlst dich mit dir, deiner Persönlichkeit und deinem Umfeld am stärksten verbunden? Wie fühlst du dich dann, was denkst du?

Wann bist du nicht in deiner Mitte? Wie fühlst du dich dann, was denkst du?

Was brauchst du, um wieder zurück in deine Kraft zu finden?

Welche Gedanken denkst du am häufigsten?

Was macht dich aus deiner Sicht einzigartig? Worin liegen deine Stärken?

Was macht dich aus Sicht anderer Menschen (z.B. Familie, Partner:in, Freund:innen, Kolleg:innen) einzigartig? Worin sehen sie deine Stärken?

Auf welche Ressourcen kannst du zurückgreifen, was hast du schon lernen dürfen, was du in deine Selbstführung einbringen kannst?

Welche Bedürfnisse hast du: Wann fühlst du dich am wohlsten? Was und wen brauchst du, um deine Bedürfnisse befriedigen zu können?

Bist du selbst in der Lage, diese Stärken zu heben und zu stärken, Grenzen zu setzen? Wenn nicht – was brauchst du dafür?

Wann ist deine Lernkurve am größten? In welchen Situationen und/oder mit welchen Menschen wächst du am meisten?

Wen oder was brauchst du, um unbequeme Situationen anzunehmen und jede noch so große Herausforderung selbstbestimmt, mutig und mit einem Urvertrauen in deine Fähigkeiten in eine noch größere Möglichkeit umzuwandeln?

Denke an eine schwierige Situation zurück. Wie hast du reagiert? Welche Gedanken hattest du? Welche Gefühle kamen in dir auf? Wie hast du diese Situation am Ende gemeistert? Und wie hast du dich nach dem Meistern gefühlt?

„Selbstführung ist ein sehr wichtiges Konzept, das schon mit dem Traum und dem Karrierewunsch beginnt. Wenn ich einen Traum, eine Vision habe, dann richte ich mein ganzes Leben danach aus. Dazu gehören Disziplin, Willensstärke, Resilienz, Umgang mit Scheitern. Ich bin mehrfach in der Maschinenelementeprüfung durchgefallen, weil der Professor gelernt hatte, dass Frauen das sowieso nicht können. Dann aber nicht aufzugeben und zu sagen: Ich zeige euch, dass ich es kann! Das sind enorm wichtige Stärken, denn am Anfang klappt nie alles. Wir müssen lernen, neue Wege zu denken und aus Fehlern zu lernen."

Claudia Kessler kennt sich aus mit großen Träumen und noch größeren Visionen. Die Gründerin der Astronautin GmbH lebt für ihre Vision, die erste deutsche Astronautin ins All zu fliegen. Täglich kämpft sie für diese Vision – denn das All wartet noch immer auf die erste deutsche Astronautin. Jede der vielen strukturellen und mentalen Herausforderungen hat sie stärker gemacht und kreativer werden lassen. Sie entwickelte mit ihrem Team Astronautinnen-Trainings und wird nicht müde, die verpassten Chancen und Forschungsmöglichkeiten anzuprangern. Jeder kleine Erfolg bestärkt sie darin, dass es sich lohnt, für ihre Vision und die Frauen zu kämpfen.

Ein exzellentes Beispiel von Selbstführung. Claudia Kessler hat ihre stärksten Eigenschaften und Fähigkeiten erkannt, die sie für ihre eigene Mission braucht und sie kontinuierlich weiterentwickelt.

Kapitel 1

„Mitten im tiefsten Winter wurde mir endlich bewusst,
dass in mir ein unbesiegbarer Sommer wohnt."

Albert Camus, französischer Schriftsteller und Philosoph
zitiert von Christina Baier

Dein Ziel: Führe dich selbst mit Persönlichkeit

Was heißt das eigentlich, mit Persönlichkeit zu führen? Was ist eine Persönlichkeit und welche Rolle spielst du dabei?

Deine Persönlichkeit baut auf deinen Charakter auf. Du hast nur einen Charakter, kannst aber unterschiedliche Persönlichkeiten für verschiedene Lebensbereiche entwickeln. So bist du beispielsweise im Beruf eine etwas andere Persönlichkeit als zu Hause in deiner Familie. Mit deinen Freund:innen bist du wiederum anders als zusammen mit deinem Partner. Manchmal bist du nur minimal anders, manchmal ganz viel – das hängt vom Kontext und deinem Umfeld ab. Vor vielen Jahren habe ich das „Innere Kommunikationshaus" entwickelt, das dieses Persönlichkeitskonzept visualisiert und für dich verständlicher macht.

Abb. 5: Inneres Kommunikationshaus

Das Fundament des Hauses ist dein Charakter, auf dem all deine Persönlichkeiten aufbauen. Jeder Raum steht für einen Lebensraum, in dem du deine Persönlichkeit entsprechend entwickeln und ausleben darfst. Ein Raum heißt zum Beispiel „Beruf und Karriere", der andere heißt „Familie", das Dachgeschoss heißt vielleicht „Freude und Tanzen", der Sportraum heißt „Körperbewusstsein" usw. Nimm dieses Bild und identifiziere für dich all die Persönlichkeiten, die in dir stecken.

Ist das nicht großartig, zu wissen, dass wir immer und überall genau richtig sind, wie wir sind? Dass wir nicht nur eine Persönlichkeit, sondern je nach Kontext mehrere Persönlichkeiten in uns haben und ausleben dürfen?

Du bist gut genug. Du weißt es nur noch nicht!

Doch reicht diese Erkenntnis für eine authentische, offene und kluge Führung? Nein. Es ist der wundervolle Anfang von etwas viel Größerem, als du es dir gerade vorstellen kannst. Die Erkenntnis, nicht nur eine Persönlichkeit zu sein, ist die Basis, für persönliche Erfüllung und beruflichen Erfolg.

Doch warum betone ich immer wieder, Führungs**persönlichkeit** zu sein?

Viele Menschen reden aus reiner Gewohnheit und weil der deutsche Sprachgebrauch es uns so gelehrt hat, von Führungs**kräften**, wenn sie Menschen in führenden Positionen beschreiben. Dir wird sehr schnell auffallen, dass ich nie von Führungs**kräften**, sondern stets von Führungs**persönlichkeiten** rede. Interessant ist, dass auch einige meiner Interviewpartnerinnen das Wort Führungspersönlichkeit bevorzugt nutzen.

Lange war sie Führungspersönlichkeit in einem deutschen Autokonzern. Meine Interviewpartnerin *Brigitta Nelte* unterstreicht die bewusste Entscheidung, eine Führungspersönlichkeit zu sein und wie wir zu einer werden.

„Ich bin von dem, was ich tue, überzeugt. Ich habe dabei Freude, bin selbstbewusst und entsprechend führe ich mich aus der Freude heraus. Fragen sind: Wie definiere ich meine eigene Marke? Wie definiere ich mich? Was kann ich einbringen? Ich führe mich – jedoch nicht ununterbrochen. Anspannung, Entspannung. Anspannung, Entspannung."

Warum ist es mir so wichtig, diesen Unterschied zu machen?

Sprache macht ganz viel mit uns. Sie sickert ins Unterbewusstsein, wirkt sich auf unser Denken und Fühlen aus. Somit kann Kraft in Zusammenhang mit Führung schnell missverstanden werden als etwas, was machtbehaftet und eher mechanisch ist. Dabei ist Kraft, im richtigen Sinne angewendet, etwas unglaublich Erdendes. Mir ist wichtig, dass du diesen Unterschied verstehst, verinnerlichst und weitergibst.

Was es heißt, in erster Linie dich selbst mit Persönlichkeit zu führen, erschließt sich dir in diesem Kapitel. Für unseren gemeinsamen Startpunkt werfen wir einen Blick auf die Wortbedeutung.

Wissenswert: Die Persönlichkeit

1. Gesamtheit der persönlichen (charakteristischen, individuellen) Eigenschaften eines Menschen
2. Mensch mit ausgeprägter individueller Eigenart[5]

---

[5] https://www.duden.de/rechtschreibung/Persoenlichkeit

Eine kraftvolle Definition, die sich eins zu eins auf Führung übertragen lässt. Mit Persönlichkeit zu führen bedeutet, dich bewusst, achtsam und individuell einzubringen mit allem, was dich ausmacht, bei dir und deiner Individualität zu bleiben, sowohl dich selbst als auch andere zur authentischen (Selbst-)Führung zu befähigen.

Natürlich spielt Kraft eine entscheidende Rolle. Jedoch auf ganz anderer Ebene: Wenn du mit Persönlichkeit führst, brauchst du die innere Kraft, um

- zu erkennen, zu akzeptieren, zu gestalten, zu handeln, zu verändern
- es anders zu machen, als es die meisten Menschen gewohnt sind
- dir in jeder noch so schwierigen Situation treu zu bleiben, dich auf deine Werte, Stärken, deine Weisheit und dein Wissen zu besinnen
- nicht auf die Meinungen anderer zu hören und dich nicht zu vergleichen
- dich nicht ins System einzugliedern, sondern selbst einen Unterschied zu machen
- dir selbst zu vertrauen und treu zu bleiben

In den kommenden 30 Tagen hast du Gelegenheit, genau hier anzusetzen und tiefer einzusteigen. Du wirst dich auf dein Ziel ausrichten, dich selbst mit Persönlichkeit zu führen.

Wie wäre es mit dieser stärkenden Affirmation?

Ich führe mich selbst mit meiner einzigartigen Persönlichkeit. Ich achte auf mich, behandle mich gut und nehme alle Gefühle und Gedanken an, die in mir hochsteigen.

Am Ende dieses ersten Buchteils „Vorbereitung“ hast du für dich definiert, was es heißt, dich selbst mit Persönlichkeit zu führen – mit allem, was du an Talenten, Kompetenzen, Stärken, Energien, Widerständen, Einstellungen, Gedanken und Emotionen mitbringst.

Es ist nicht leicht, ganz bewusst in die eigene Persönlichkeit einzusteigen, sie zu akzeptieren und sie in unseren Führungsaufgaben aufleben zu lassen und nachhaltig zu integrieren. Dabei geht es nicht darum, deinem EGO den roten Teppich auszurollen. Führen mit Persönlichkeit bedeutet eben nicht, eigene Interessen, Wünsche und Ziele mit Karacho durchzusetzen. Es bedeutet viel mehr, deine Art und dein Wesen in die Führung einzubringen, entsprechend deiner Werte und Visionen, deiner Feinfühligkeit und Empathie, deiner Art zu kommunizieren, zuzuhören, präsent zu sein. Auch die Kunst, Menschen für sich zu gewinnen auf authentische, ehrliche und offene Weise, sie zu sehen, zu hören, zu spüren, sie zu fordern und zu fördern.

Es ist der Tanz zwischen der Art und Weise, wie ich mich selbst führe, mit der Art und Weise, wie ich andere Menschen führe. *Verena Pausder* verdeutlicht diesen Tanz und die Kraft, die in ihm steckt, loszulassen und zu vertrauen:

„Führung ist für mich ein All-Star-Team, anstatt eine einsame Spitze. Erstens ist Führung der Anspruch, Menschen einzustellen und zu entwickeln, mit dem Ziel, dass sie besser sind als ich und dass sie mich hier oder da überholen, ich es aber nicht als Bedrohung empfinde. Zweitens ist Führung eine Art positiver Kontrollverlust. Das heißt, nicht alles mikro-kontrollieren – das ist Zeit- und Energieverschwendung. Stattdessen die Botschaft vermitteln: das ist das Ziel. Wie du es erreichst, ist deine Sache. Und wenn du Hilfe brauchst, bin ich da. Ich bin deine Sparringspartnerin, deine Begleiterin, deine Coach. Ich bin nicht deine Kontrolleurin. Das ist aus meiner Sicht eine ganz neue Führungskultur, die wir in Deutschland noch viel zu wenig leben. Wir haben immer noch das Gefühl: Wenn unter uns Fehler gemacht werden, bin ich dafür verantwortlich, weshalb ich sie tunlichst vermeiden muss. Ich sehe es eher so: Wenn Fehler unter mir gemacht werden, bin ich oben zwar verantwortlich. Doch in einer gesunden Fehlerkultur dürfen Menschen auch was ausprobieren und sich etwas trauen."

All das können wir nur, wenn wir uns einerseits selbst sehr wichtig nehmen, andererseits uns selbst nicht so wichtig nehmen und dennoch bei uns bleiben. Ein schmaler Grat, den du mit einem wachen Geist und tiefer Achtsamkeit gehen solltest. Es ist eine ständige Herausforderung, sich selbst in die eigene Persönlichkeit „zurückzuschicken", ohne dem EGO zu viel Raum zu lassen und ohne das EGO zu vernachlässigen. Das mag sich sehr paradox anhören. Diese Widersprüche müssen jedoch sein. Denn in eben diesen Widersprüchen erkennen wir unsere wahrhaftige Führungspersönlichkeit.

Der Meeres- und Tiefseeforscherin *Antje Boetius* sind diese Widersprüche bekannt. Als Expeditionsleiterin und Führungspersönlichkeit hat sie gelernt, was es heißt, sich selbst und ein Team zu führen.

„Man muss auf Expeditionen in der Lage sein, sich selbst auch mal nicht so wichtig zu nehmen, auch mal die Hierarchien vergessen zu können. Sein Tun und Handeln eben nicht individualistisch auszurichten, sondern vor allem als Team zu denken."

Genau hier setzt Selbstführung an:

Sich selbst nicht so wichtig zu nehmen, gerade weil du verantwortlich bist.

Anderen die Möglichkeit geben, mitzugestalten und sie zu befähigen, selbst in verantwortliche Führung zu gehen.

Antje Boetius hat in ihrem Leben schon viele Forschungsexpeditionen geleitet, die sie und ihre Schiffsmannschaft an Orte führten, die ein menschliches Leben unvorstellbar bis unmöglich machen. Ständig stand sie als Expeditionsleiterin und Mannschafts-Chefin vor neuen Herausforderungen, in denen sie von jetzt auf gleich entscheiden musste. Sie hat schnell erkannt, dass die Entscheidung einer einzelnen Person in solchen Extremsituationen nicht zielführend und enorm gefährlich sein kann. Somit stand für sie als Führungspersönlichkeit schon früh fest, dass es nur im Team geht. Eine exzellente Selbstführungskompetenz, sich selbst zurückzunehmen, anderen Führung zu überlassen und das Zepter wieder in die Hand zu nehmen, wenn es nötig ist.

„Der Charakter einer Expedition ist es, Menschen nah an sich heranzulassen und selbst nah am Menschen zu sein. Es ist diese Nähe und diese Gemeinschaft, zusammen ein Ziel zu erreichen. Dazu gehört es entscheidungsfreudig zu sein, mit Enttäuschungen umgehen zu können, kreativ und flexibel, aber auch ehrgeizig im Sinne der Teamziele und verbindlich zu agieren."

Diese Führungsmuskel zielen auf einen starken Teamgedanken ab. Auch wenn Führung nicht immer mit derartigen Extremsituationen zu vergleichen ist, gibt es Parallelen und eine herausstechende Botschaft: Es geht nur gemeinsam!

Dieses Gemeinsam zu stärken ist eine wesentliche Aufgabe von Führungspersönlichkeiten und nicht immer leicht umzusetzen. Der folgende von *Simone Menne* eingebrachte Führungsmuskel kann dabei helfen.

„Wichtige Führungsmuskel, die jedoch nicht frauenspezifisch, sondern für alle Geschlechter gleichermaßen gelten, sind das aktive Zuhören und das aktive Verstehen: Was sagt mein Gegenüber gerade wirklich? Was meint es und was will es? Aktiv nachfragen, miteinander reden und transparent kommunizieren, warum beispielsweise bestimmte Entscheidungen so getroffen werden, sind essenziell."

1.1 Erkenntnis dieses Kapitels

Sich selbst mit Persönlichkeit zu führen, hat viele Facetten – nutze sie und bleibe flexibel. Verbinde dich mit dem bis hierher Gelernten und mit dir selbst. Schließe dazu eine Vereinbarung mit dir selbst:

Ich ______________________ bin die bewegende Kraft. Ich werde mich täglich daran erinnern, wer ich bin und was ich mit meiner einzigartigen Persönlichkeit bewirken kann. Ich entscheide mich hier und jetzt dafür, mir zuzuhören und mich in jeder Situation respektvoll zu behandeln. Mein eigenes Wohlergehen steht über allem. Ab heute tue ich alles dafür, dass es mir innerlich gut geht, um im Außen in starker Präsenz aufzutreten. Ich vertraue mir selbst und dass ich bereits alles in mir habe. Dieses Buch hilft mir dabei, meine innere Führungspersönlichkeit zu wecken, sie zu stärken und sie mit Freude in all meine Lebensbereiche einfließen zu lassen.

Ergänze oder verfasse deine eigene Vereinbarung:

______________________ ______________________

Datum und Ort Unterschrift

Wenn wir uns selbst etwas versprechen aus voller Überzeugung, weil wir es uns wert sind, dann kann diese Erkenntnis und dieses Versprechen eine unglaubliche Kraft entfalten. Wichtig dabei ist, deine Selbstvereinbarung mit einem Gefühl zu verbinden, das du jederzeit abrufen kannst.

Überlege dir, was es für dich heißt, mit Persönlichkeit zu führen. Die vielen Anregungen auf den vorherigen Seiten dieses Buches helfen dir, deine eigene Definition zu erarbeiten.

Ich führe mit Persönlichkeit

Reflektiere die folgende Aussage und lass alles Wissen, all deine Gedanken und Gefühle, deine Erfahrungen in deine Antworten einfließen.

Ich führe mit Persönlichkeit, wenn:

1.2 Deine Learnings

1. Du hast eine genaue Definition des Begriffes Selbstführung.
2. Anhand wichtiger Fragestellungen kannst du Selbstführung individuell für dich interpretieren.
3. Du weißt, was eine Führungspersönlichkeit ist, wie und wer du als Führungspersönlichkeit sein möchtest.
4. Du hast nun die Kraft, deine Führungspersönlichkeit zu aktivieren.

Deine eigenen Learnings als Ergänzung:

Was hat dich am meisten angesprochen? Was ist nun besonders verankert?

Kapitel 2

„Das Leben wird vorwärts gelebt und rückwärts verstanden.“
Sören Aaby Kierkegaard, dänischer Philosoph, Essayist und Theologe
zitiert von Verena Pausder

Ihr Großvater hat diesen Philosophen oft zitiert, weshalb Verena das Zitat sehr viel bedeutet.

Deine Ausgangslage: Wir müssen über Selbstführung reden

Stell dir vor, wir treffen uns in deinem Lieblingscafé. Du hast um einen Termin mit mir gebeten, weil du innerlich aufgewühlt bist und nicht weißt, wie du dich wieder fangen kannst. Du redest von Meinungsverschiedenheiten in der Familie und innerer Unruhe. Dein Gesichtsausdruck verändert sich. Du wirkst erschöpft.

Ich frage:

Was meinst Du mit Meinungsverschiedenheiten?

Du sagst, es sei zu einer heftigen Auseinandersetzung mit deinem Partner gekommen, da du dich auf die nächsthöhere Stelle im Unternehmen beworben hast.

Ich sage:

Interessant. Worum genau ging es in der Auseinandersetzung? Warum ist Deine berufliche Weiterentwicklung ein solches Thema?

Dein Körper zieht sich zusammen – er spricht Bände und offenbart deine innere Zerrissenheit.

Du sagst:

Ich habe diese Entscheidung ganz allein getroffen und bin mir unsicher, ob ich mich richtig entschieden habe.

Ich sage:

Aha. Wie kommst Du auf diesen Gedanken?

Du, jetzt noch angespannter:

Weil ich erstens die Entscheidung getroffen habe, ohne sie mit meinem Mann zu besprechen. Und zweitens die neue Aufgabe sehr viel fordernder ist. Ich weiß nicht, ob ich kompetent und innerlich stark genug bin. Ob ich überhaupt die Richtige dafür bin.

Ich hake nach:

Hättest Du Dich anders entschieden, wenn Du mit Deinem Mann gesprochen hättest?

Du:

Er hätte meine Entscheidung wie immer kritisch hinterfragt. Womöglich wäre ich unsicherer gewesen, hätte dreimal überlegt, ob ich mich bewerbe, um mich am Ende vielleicht gegen die Bewerbung zu entscheiden. Er ist eh schon besorgt, weil ich so viel arbeite, wir wenig Zeit miteinander verbringen und unsere Ehe dadurch wahrscheinlich nicht besser wird.

Ich hinterfrage deine Antwort:

Woher kommt diese Angst vor der Kritik?

Du räusperst dich:

Naja, ich entscheide gern mit ihm zusammen, da er immer sehr klar ist und weiß, was für die Familie gut ist.

Aha, so fühlt es sich also für Dich an, wenn Du große Dinge selbst entscheidest.

Wenn Du erkannt hast, dass Dein Mann stets weiß, was für die Familie gut ist – warum machst Du Dir so viel Sorgen?

Du überlegst:

Hmm. Ich kann ihm doch nicht noch mehr aufbürden. Er hält mir schon sehr den Rücken frei zu Hause, kümmert sich oft um die Kinder und kauft ein. Er geht ja auch arbeiten.

Meine Neugier steigt:

Sieht er das genau wie Du, dass er schon so viel für die Familie macht? Hat er sich je darüber beklagt oder dies als Bürde gesehen?

Stille. Du denkst nach:

Hmm, nein. Beklagt hat er sich noch nie. Ob er das genauso sieht? Woher soll ich das wissen?

Ich provoziere dich:

Kann es sein, dass das Dein Thema ist und Du es auf ihn projizierst? Dass Du ein Problem damit hast, nicht gut genug zu sein – weder für die Familie noch für den Job?

Du schaust mich mit großen Augen an:

Oh!! Was meinst Du?

Ich fordere dich heraus und versuche, die Situation zu entwickeln und aufzubereiten:

Du versuchst Erwartungen Deines Mannes zu erfüllen, die eventuell gar nicht gegeben sind. Sind das vielleicht Deine Erwartungen? Ich beobachte in Dir eine große Unsicherheit in zweierlei Hinsicht: Einerseits traust Du Dir diese neue Stelle selbst nicht zu. Du leidest unter dem klassischen Hochstapler-Syndrom, englisch Imposter Syndrom. Menschen, tendenziell eher Frauen, die unter diesem Phänomen leiden, zweifeln ihre Leistungen, ihre Kompetenz und ihren bisherigen Kar-

riereweg stark an. Sie glauben nicht an sich und sind nicht in der Lage, eigene Erfolge zu erkennen und sie zu feiern. Findest Du Dich darin wieder?

Du nickst.

Andererseits hast Du das starke Gefühl, als Mutter und Ehefrau nicht zu genügen oder gar zu versagen, wenn Du Dich beruflich weiterentwickeln willst. Du möchtest gern beides haben und beides perfekt machen, ohne schlechtes Gewissen, ohne Konsequenzen. Vielleicht schlummert in Dir die Frage, dass Du Dir als Mutter eine Karriere mit mehr Verantwortung nicht erlauben kannst?

Du senkst den Blick:

Boah, da stößt du aber was an. Zumindest fühle ich eine starke Identifikation mit dem, was du sagst, und gleichzeitig extremen Widerstand.

Ich frage nach:

Das können Anzeichen dafür sein, dass ich dich auf eine richtige Fährte gebracht habe. Was gedenkst du zu tun? Was ist dein erster kleiner Schritt?

Deine Augen werden feucht, du strahlst vor Erleichterung. Ich sehe förmlich dein Herz hüpfen: Keine Ahnung. Ich möchte diese Position unbedingt, ich möchte weiterkommen, wachsen, mich entwickeln. Ich möchte aber unsere Ehe auf keinen Fall aufs Spiel setzen. Ich nehme deine Ansätze mit, spreche mit meinem Mann und gehe von dort aus den nächsten Schritt.

Ein klassisches Phänomen, das ich aus meinen Coachings gut kenne: die Angst vor der eigenen Courage, die Verleumdung unseres Selbst, die Selbstsabotage, verletzende Selbstverurteilung. Schnell unterwerfen wir uns vermeintlichen Erwartungen anderer Menschen, suchen nach Bestätigung und Anerkennung. Nach Auflösung unserer Glaubenssätze und des Schmerzes. Doch niemand wird dir helfen. Nur du selbst kannst dir helfen.

Ich.Bin.Nicht.Gut.Genug.

Ich verstehe dein Denken und Handeln. Auch wenn dir das nicht hilft, hilft dir vielleicht das:

Du bist nicht allein.

Fränzi Kühne steht in der Öffentlichkeit, ist Mutter von zwei Kindern, Unternehmerin, Autorin und gefragte Interviewpartnerin. Auch sie kennt die innere Zerrissenheit einer Frau, die Karriere macht und Mutter ist. Sie hat eine Art Frühwarnsystem für sich entwickelt, das sie spüren lässt, wann es ihr nicht gut geht und was sie dann zu tun hat. Ein wunderbares Beispiel solider Selbstführung.

Pro-Tipp von Fränzi Kühne

„Um mich gesund zu erhalten und mich selbst zu schützen, habe ich mir eine Art Baukastensystem überlegt, nach dem ich meine Prioritäten in Schubladen einteile. Ganz oben stehen meine Töchter, die mir am wichtigsten sind und vor allem anderen Vorrang haben. Zweitens kommt meine Karriere mit allem, was damit zusammenhängt. An dritter Stelle komme ich selbst: Wie geht's mir als Mensch und was sind meine Bedürfnisse? An vierter Stelle steht meine Beziehung. Wenn das alles in diesem System gut verteilt ist, dann geht's mir total gut und ich richte meine Aufmerksamkeit genau auf die richtigen Stellen. Dann bin ich im Flow. Wenn es einem Teil dieses Systems nicht gut geht – wenn es mir beispielsweise gesundheitlich nicht gut geht – dann priorisiere ich mich stärker und richte den Fokus mehr auf mich. Vielleicht muss ich dann ein Projekt weniger machen, damit ich wieder in meine Balance komme."

Die Idee des Baukastensystems ist genial. Es ist flexibel, richtet die Aufmerksamkeit auf das, was aktuell am wichtigsten ist. Du erinnerst dich:

Deine Energie folgt immer deiner Aufmerksamkeit.

Meines Erachtens machen wir es uns häufig ohne Grund so schwer. Würden wir uns selbst so führen, wie es unserer inneren Stärke und unserer Persönlichkeit entspricht, dann hätten wir keine Angst vor den Reaktionen und Meinungen der anderen. Wir hätten eine Verbundenheit zu unserem Kern, unseren Absichten, unseren Stärken.

Doch wie machst du das?

Indem du nicht ausweichst und dir den ersten noch so kleinen Schritt erlaubst. Indem du diese Unsicherheit, diese Angst, anerkennst, sie annimmst. Ob sie berechtigt ist oder nicht, spielt erst einmal keine Rolle. Diese Angst IST Teil deiner Realität. Punkt. Da gibt's nichts zu beschönigen. Indem du sie als deine aktuelle Realität akzeptierst, lässt sie in ihrer Intensität nach. Stell dir die Unsicherheit oder Angst wie einen Wasserball vor: du drückst den Ball unter Wasser und weg ist er. Irgendwann ploppt er wieder auf. Er wird immer wieder an die Wasseroberfläche kommen. Du wirst es nicht vermeiden können. Das Klügste ist, zu akzeptieren und einen Umgang zu finden. Denn Unsicherheit oder Angst werden immer an deiner Seite bleiben.

Selle dir den Ort der Akzeptanz als einen Ort der Fülle vor. Ausgehend von dieser Fülle, gehst du tiefer in die Unsicherheit oder Angst. Wichtig ist, sich diese Angst von einem erfüllten Zustand aus anzuschauen. Vermeide es, dich mit ihr auseinanderzusetzen, wenn du in einem desolaten Mangelzustand bist.

Von diesem Ort der Fülle aus, schaust du dir deine Unsicherheit oder Angst genauer an:

★ Was heißt das eigentlich, du bist nicht gut genug?
★ Woran machst du das fest?
★ Welche ähnlichen Situationen gab es schon und wie hast du sie vermieden?
★ Welche Gefühle hast und hattest du beim Vermeiden? Fühlst du dich eher gut damit oder eher schlecht?

- Setze dich mit deinen Gedanken und Gefühlen dazu wirklich auseinander. Das heißt: Lasse alles zu, was hochkommt. Gehe direkt rein, auch wenn es weh tut.
- Indem du deine Gedanken und Gefühle zulässt, verliert die Angst ihre Kraft. Dazu musst du jedoch bereit sein, den Schmerz auszuhalten.
- DAS ist ein wichtiger Teil der Selbstführung.

Im dritten Schritt hast du nun ein genaueres Bild von deiner Angst.

Schließe kurz die Augen. Atme in dein Herz und in diese Angst hinein. Atme länger aus als ein. Merkst du was? Du bist ruhiger und kannst nun klarer entscheiden, wie du mit deiner Angst umgehst.

DAS ist ein klassisches Beispiel der Selbstführung. Ich habe die Angst gewählt, weil sie in jedem Menschen steckt, uns antreibt und stets präsent ist. Zudem ist sie neben der Liebe eine der stärksten Emotionen, die wir Menschen fühlen.

In diesem Kapitel wirst du dich intensiv mit deiner Selbstführungskompetenz auseinandersetzen. Dir wird Vieles bewusst werden und am Ende dieses Buchteils hast du vielleicht einen anderen Blick auf dich, deine Entscheidungen, deine Handlungen und dein Umfeld.

2.1 Dein Selbstführungs-Lebensnetz

Lass uns mit dem, was du bis hierhin reflektiert und erarbeitet hast, direkt loslegen und uns deine Persönlichkeit etwas genauer anschauen.

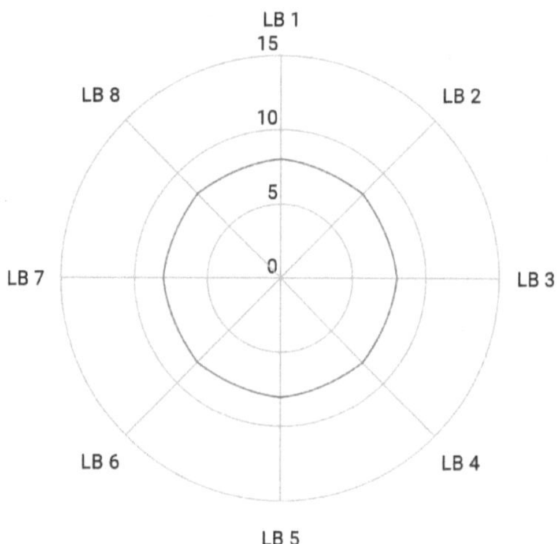

Abb. 6: Dein Lebensnetz

Nimm dazu dein Lebensnetz zur Hilfe und definiere als erstes, in welchen Lebensbereichen du deine Selbstführungskräfte stärken möchtest. Blättere gern nochmal zurück in die Einleitung des Buches, zum Abschnitt „Spot on: Du bist hier richtig!" um das Lebensnetz-Konzept zu verinnerlichen, zu verstehen und nun anzuwenden. Ich führe dich Schritt für Schritt noch einmal durch.

Schritt 1: Dein Ziel

Identifiziere die Lebensbereiche, in denen du bereits starke Selbstführungskompetenzen hast und die, die du stärken möchtest (LB1 – LB8).

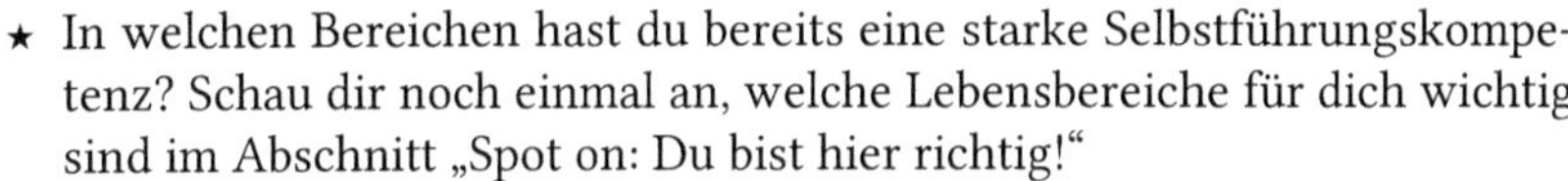

- ⋆ In welchen Bereichen hast du bereits eine starke Selbstführungskompetenz? Schau dir noch einmal an, welche Lebensbereiche für dich wichtig sind im Abschnitt „Spot on: Du bist hier richtig!"
- ⋆ In welchen Bereichen möchtest und musst du sie stärken? Frage dich: Warum?

Schritt 2: Dein Zufriedenheitsgrad

Wie zufrieden bist du in den jeweiligen Lebensbereichen mit deiner Selbstführung?

- ⋆ Wähle in jedem Lebensbereich einen Wert zwischen 0 und 15.
  0 = äußerst unzufrieden; 15 = super zufrieden
- ⋆ Führst du dich so, wie du es dir vorstellst oder wo gibt es Potenzial nach oben?

Male die Bereiche zwischen den Werten 0 bis 15 entsprechend deines Zufriedenheitsgrades aus, so dass sich ein buntes Spinnennetz ergibt. Sie offenbaren deine Fülle und Potenziale.

Notiere zu deinen jeweiligen Lebensbereichen deine Potenzial-Gedanken.

LB 1 = ……

LB 2 = ……

Schritt 3: Deine Erwartungen

Bestimme auf dieser Basis deine Erwartungen und deine Wohlfühlzone.

- Welcher Lebensbereich braucht eine stärkere Selbstführungskompetenz, Pflege, Aufmerksamkeit, Energie? Welchen Lebensbereich kannst du guten Gewissens so stehen lassen, wie er ist?
- Um wieviel Wertpunkte möchtest du dein Potenzial in diesen Bereichen heben? Gehe Bereich für Bereich durch und mache dir Notizen in deinem Journal.
- Wie realistisch sind deine neuen Ziele? Sie sollten groß, aber erreichbar sein und dich ein Stück weit herausfordern.

Schritt 4: Deine konkreten Maßnahmen

Überlege dir nun anhand deiner angestrebten „Potenzial- oder Veränderungsziele“ konkrete Maßnahmen, wie du sie erreichen kannst.

- ★ Was genau musst du tun, um deine Erwartungen zu erfüllen? Was brauchst du dafür? Wer kann dich dabei unterstützen? Welche Ressourcen hast du schon in dir?
- ★ Notiere, welche Maßnahmen wirklich dazu beitragen, den erwünschten Zustand zu erreichen.
- ★ Frage dich immer wieder, WARUM du dich hier und dort verbessern möchtest. Ein starkes Warum, das aus der inneren Überzeugung entsteht, ist der Motor für persönliche Erfüllung und beruflichen Erfolg.

Schritt 5: T.U.N. – Komm ins Machen und in die Umsetzung

- ★ Du hast dein Ziel, deine Zufriedenheit, deine Erwartungen und deine Maßnahmen nun bestimmt.
- ★ Du kannst jetzt dein „Warum möchte ich meine Selbstführungskompetenzen in diesem oder jenem Bereich“ weiterentwickeln.
- ★ Reines Wünschen ist zu wenig. Du brauchst den Willen – einen wirklich starken Ruf nach Veränderung.
- ★ Was ist dein nächster Mini-Schritt in Richtung Veränderung?

Lass dich von deinem Tun inspirieren und feiere den ersten Erfolg dieses Buches. Herzlichen Glückwunsch! Und nun? All das zu wissen und erarbeitet zu haben ist essenziell für die Stärkung deiner Selbstführungskompetenz. Nun braucht es noch sehr viel Würze, die dich ins Tun, ins Machen, in die Umsetzungsenergie bringt.

Schau dir die Wortwolke an.[6] Vielleicht findest du dort die Würze, die du zur Umsetzung brauchst. Ergänze gern.

2.2 Erkenntnis dieses Kapitels

Alles steckt in mir.

Ich erkenne meine Selbstführungskompetenzen und bin in der Lage, sie jeden Tag ein Stück mehr zu aktivieren und in mein Leben zu integrieren.

Wunderbar! Dein Lebensnetz für den Bereich der Selbstführungskompetenz ist kunterbunt und fertig. Nimm dir einen Moment Zeit, um es dir genauer anzuschauen. Fühl dich hinein, ob alles stimmig ist. Ergänze die folgenden Sätze:

In den Lebensbereichen ______________________________

______________ verfüge ich über starke Selbstführungskompetenzen. Das merke und weiß ich, weil ______________________

____

In den Lebensbereichen ______________________________

______________ möchte ich meine Selbstführungskompetenzen stärken und weiterentwickeln, weil ______________________

____

Folgende konkrete Maßnahmen werde ich ab sofort anwenden, um meine Selbsführungskompetenzen weiterzuentwickeln und zu stärken:

Lebensbereich ______________________

Maßnahmen

[6] https://wordart.com/create

Lebensbereich ______________________________

Maßnahmen

Lebensbereich ______________________________

Maßnahmen

Mit diesen Maßnahmen stärke und trainiere ich vor allem den / die Selbstführungsmuskel:

Solltest du dich gerade fragen, was ein Führungsmuskel ist – hier kommt deine Inspiration.

Mit dem Beispiel meiner Interview-Gästin *Claudia Kessler* von der Astronautin GmbH kannst du einen ersten Selbstführungsmuskel trainieren:[7]

„Mutig sein ist sowohl für Astronautinnen als auch für Führungspersönlichkeiten eine der wichtigsten Eigenschaften. Wir können den Mutmuskel trainieren, indem wir immer wieder Dinge tun, die uns Angst machen. Das müssen nicht mal große Dinge sein. Es können auch Kleinigkeiten des Alltags sein, in denen wir unsere Muster erkennen und sagen: Das habe ich schon immer so gemacht, weil es mir Sicherheit gibt. Das mache ich jetzt mal anders. Zum Beispiel einfach mal im Regen joggen gehen, etwas Ungewohntes essen, ein neues Ritual oder ein ganz anderer Arbeitsweg. Die kleinen Dinge trainieren deinen Mutmuskel."

Du merkst schon – das Führungsmuskeltraining ist nicht der Weg ins Fitnessstudio, sondern viel mehr eine intensive Reise in dein Inneres. Indem du die Führungsmuskel stärkst, die du sowohl für die Selbstführung als auch in der Führung von Menschen brauchst, tauchst du tief ab ins Verständnis von Führung. Du erlebst, dass Führung immer mit und in dir beginnt. Diese fundamentale Erkenntnis ist wichtig – sie kann DER Wendepunkt in deinem persönlichen und beruflichen Leben sein.

Für meine inspirierende Kollegin und Interviewpartnerin *Christina Baier* ist der Führungsmuskel unmittelbar mit der Selbstführung verknüpft. Christina hilft Bu-

---

[7] https://dieastronautin.de/

siness Celebrities und Künstler:innen als Coachin und Mentorin, ihr noch ungenutztes Potenzial zu entfesseln, um ihr nächstes „impossible goal" zu erreichen.

„Wenn ich an Führungsmuskel denke, bin ich sofort in der Selbstführung, im Self-Leadership. Für mich ist der grundlegendste Führungsmuskel der Selbstführung die Selbstbeobachtung – ein Muskel, den wir täglich und in jedem Moment trainieren können und sollten. Bevor ich über das Auflösen von Glaubenssätzen oder über Veränderungen nachdenken kann, muss ich wissen, was da eigentlich wann in mir brodelt und hochkommt. Ich muss mich beobachten: In bestimmten Situationen, im Lösen von Herausforderungen, im Zusammensein mit anderen Menschen, im allerschönsten Moment und Zustand. Wenn ich gelernt habe, „mir selber draufzukommen" und wenn ich gelernt habe, wiederkehrende, mich nicht unterstützende Gedanken und Glaubenssätze zu identifizieren, dann habe ich die Riesenchance, meine ganze Welt zu verändern. Und zwar schon allein aus der Erkenntnis heraus: Wow, habe ich das gerade wirklich gedacht? Auch wenn dich diese Erkenntnis im ersten Moment nicht unterstützt oder zum Ziel gebracht hat, merkst du mehr und mehr: Oops, ich habe es schon wieder gedacht. Die Wahrnehmung einschränkender Gedanken ist für sich betrachtet noch nicht die Lösung des Problems, aber die unabdingbare Voraussetzung zur Veränderung der eigenen Situation.

Oops, I did it again but I don't make a big deal on that.

Aus der bloßen Erkenntnis heraus ergibt sich nicht zwingend eine Heilung oder lösen sich nicht automatisch Glaubenssätze auf. Der Schlüssel hier ist: Du kannst auch mit einem miesen Glaubenssatz weiterkommen im Leben, ohne ihn aufzulösen. Es geht darum, ihn zu erkennen und bewusst zu entscheiden, wie du mit ihm umgehst. Bewusstheit ist der springende Punkt."

Nutze Christinas Ideen und Gedanken dazu, um über deine eigenen zu stärkenden Selbstführungsmuskel nachzudenken, sie zu trainieren und sie zu justieren.

2.3 Deine Learnings

1. Du hast die Lebensbereiche identifiziert, in denen du bereits starke Selbstführungskräfte hast und die, die du ausbauen oder vernachlässigen möchtest.
2. Das Selbstführungs-Lebensnetz ist deine Roadmap für den zentralen Teil des Buches „Führung".

Deine eigenen Learnings als Ergänzung:

Was hat dich am meisten angesprochen? Was ist nun besonders verankert?

Kapitel 3

„Seine inneren Anteile zu verleugnen, im Glauben glücklich zu werden, ist ebenso widersinnig, wie wenn ein Pianist versuchte, alle Musikstücke nur auf den schwarzen Tasten zu spielen."

Gabriele Ende, deutsche Lyrikerin und Autorin

Dein Weg: Feiere dein inneres Rock-Konzert

Nach den ersten Kapiteln darfst du dich selbst feiern. Du darfst dir nun mit dem besten Gewissen erlauben, deine facettenreichen Persönlichkeiten in deine unterschiedlichen Lebensbereiche einzubringen, ohne dich und deinen Charakter zu verbiegen. Ist das nicht wunderbar erleichternd? Du darfst einfach sein innerhalb der Strukturen oder des Systems, in dem du dich bewegst, ohne dass du dich dem System oder den Strukturen voll und ganz hingibst.

Ich bitte dich, dies immer und immer wieder zu beherzigen. Dabei kann dich folgende Affirmation unterstützen:

Wie wäre es mit dieser stärkenden Affirmation?

Ich erlaube mir, meine facettenreichen Persönlichkeiten in allen Lebensbereichen so einzubringen, dass es sich leicht anfühlt, ich mich nicht verstellen muss und andere sich gleichzeitig von mir abgeholt und unterstützt fühlen.

Du hast deine Persönlichkeiten im „Inneren Kommunikationshaus" identifiziert. Blättere gern noch einmal zurück zum ersten Buchteil „Selbstführung" zu Kapitel 1 oder schau dir deine Notizen dazu an. Mit deinen eigenen Persönlichkeiten solltest du nun klar sein und kannst Frieden schließen mit der Frage: Wie soll ich mich denn jetzt verhalten? Sei dir sicher, dass diese Frage immer wieder in den unterschiedlichsten Situationen aufkommen wird. Du kannst sie nun mit einem breiten Lächeln und mit Leichtigkeit beantworten, indem du dir den Bereich anschaust (zum Beispiel deinen Beruf, deine Position), in dem du wirken möchtest und die entsprechende „Persönlichkeitskarte" ziehst.

In diesem Kapitel mache ich dich mit deinen vielen Freunden, Herausforderern, Zweiflern und Unterstützern bekannt: Mit deinem inneren Rock-Konzert. Es wird laut, bunt, spannend und skurril.

Sie sind dir zwar nicht unbekannt, die vielen Stimmen in deinem Kopf. Doch hast du sie dir schon einmal genauer angeschaut – wie sie aussehen, wie sie herumhampeln, singen, hüpfen, schreien, Quatsch machen, dich aus dem Konzept bringen? Hast du schon mal so richtig zugehört, was sie dir eigentlich sagen (wollen)?

Meine Interviewpartnerin *Tatjana Kiel* beschreibt das innere Rock-Konzert so:

„Wir Frauen hinterfragen uns häufig. Mit Hinterfragen meine ich, sich selbst zu reflektieren. Und das ist auch richtig und total gesund, damit wir sicher sind, dass wir noch da sind, wo wir hinwollen. Wenn wir uns nicht hinterfragen, kommen wir in eine Spirale und fangen an, uns selbst zu sabotieren und an uns zu zweifeln: Ist das denn richtig, was ich hier mache? Warum mache ich das? Was will ich eigentlich? Entspricht das dem, was ich schon immer machen wollte? Damit zieht uns diese Spirale immer weiter nach unten. Das ist gefährlich, denn diese Spirale bringt uns in Sphären, in die wir gar nicht gehen wollten. In dem Moment haben wir oft nicht das Selbstbewusstsein und die Kraft zu sagen: Cut! Ich habe verstanden, da habe ich ein Thema und muss dran arbeiten, aber nicht jetzt in diesem Moment."

Dem Inneren Rock-Konzert „Cut! Stop!" zuzurufen, fällt uns häufig schwer.

Auch jetzt, in diesem Moment sind sie da, deine Rock-Röhren. Sie leben immer im Moment, im Hier und Jetzt. Was denkst du gerade JETZT? Höre genau hin. Was für ein Geplapper trete ich mit dieser Frage los? Was oder wer wird in dir wach? Kannst du das Rock-Konzert hören? Alle kreischen durcheinander.

Bei diesem Warm-up geht es um reine Achtsamkeit und Bewusstwerdung.

Klinke dich ein in dein inneres Rock-Konzert, höre zu. Bewerte nicht, verurteile nicht, lass sie einfach plappern. Höre zu!

Fliege nun einfach mit dem Stift über diese Seite und schreibe alles auf, was kommt. Achte nicht auf Punkt, Komma, Strich oder Schreibweise. Clean your mind! Bringe deine Rockband zu Papier, lege sie frei, spuck sie aus und fange sie ein. Vielleicht fallen dir auch direkt schon Namen oder Bezeichnungen ein wie: Zweifler, Wächterin, Sicherheitsbeamte, Chaotin, die Tanzende. Die, die dich nie ausreden lässt ... Tob dich aus!

Darf ich vorstellen? Mein inneres Rock-Konzert!

Herzlichen Glückwunsch!

DAS ist die Meute, die dich tagein tagaus in jeder Minute trägt, umarmt, küsst, belästigt, verrückt macht, dich zweifeln, abwägen, entscheiden oder nicht entscheiden lässt. Die Meute, die dich einerseits von deinen großen Träumen und Zielen abhält oder – wenn du es achtsam angehst (was du in diesem Kapitel lernen wirst) – dich rucki zucki von einem Ziel zum nächsten schwingt – mit Freude, Lust und Leidenschaft.

Abb. 7: Mein inneres Rock-Konzert

Diese Meute entspricht deinen Gedanken. Sie sind immer da, nerven dich und lassen dich nie im Stich. Akzeptiere sie, denn du wirst sie niemals loswerden. Ihr müsst keine Freunde werden, doch ihr solltet euch akzeptieren, respektieren und einen wohlwollenden Umgang miteinander finden.

In diesem Kapitel finden wir den Weg, mit ihnen liebevoll, aber bestimmt umzugehen.

Welche Rock-Stimme röhrt am lautesten?

Bist du offen für ein kleines, amüsantes und gleichzeitig tiefsinniges Experiment? Ja? Dann nehme ich dich jetzt mit in deine *wild world* – in deine innere wilde Welt.

Schließe dafür kurz die Augen und denke an eine Situation, die dich immer wieder triggert, die dich aus der Fassung bringt, negative Gedanken oder limitierende Glaubenssätze auslöst.

Rufe dir diese Situation so lebhaft und real wie möglich in Erinnerung. Gehe zurück in diese Situation, fühl dich hinein, durchlebe sie noch einmal.

- Was ist das für eine Situation?
- Wo findet sie statt? In welchem Kontext findet sie statt?
- Wer ist daran beteiligt?
- Wie fühlst du dich, wenn du so intensiv an diese Situation denkst?

- ★ Wo im Körper spürst du diese Situation? Wo zwickt es?
- ★ Welche Gedanken kommen auf?

Es ist wichtig, dass du dich in diese Situation so echt wie möglich hineinversetzt, das Gefühl von damals aus dieser Situation im Körper spürst und im Herzen fühlst.

Wenn du diese Situation hast, dann höre genau hin:

Welche Anteile in dir werden wach? Welche Stimmen toben? Was sagen sie? Was tun sie? Mahnen sie, zweifeln sie, schimpfen sie, treiben sie dich an, blockieren sie dich oder unterstützen sie dich, tragen sie dich, inspirieren sie dich, motivieren sie dich, spornen sie dich an? Höre genau hin!

Wenn du die lauteste und energischste Stimme erfasst hast, sage laut, was sie dir immer und immer wieder sagt. Schreibe diesen Satz hier auf. Spucke ihn aufs Papier:

Bleib dabei! Gehe wirklich rein in die Situation! Welche Erscheinung passt zu der Stimme? Wie sieht sie aus? Ist sie ein Mensch oder ein fantastisches Wesen? Ein Tier, eine Pflanze, ein Möbelstück? Was immer es ist, hole zu dieser lauten Stimme eine konkrete Erscheinung in dein Bewusstsein. Was genau ist es, wie genau sieht es aus?

Wenn du dieses Bild hast, gib der Erscheinung ein Gesicht, eventuell eine Frisur, passende Kleidung, einen Körper, ein Gewand. Gib ihr einen Namen, der dir zu diesem Bild ganz spontan einfällt. Horch in dich hinein, ob nun alles stimmig ist.

Voilá – das ist die Gestalt, die dir das Leben oftmals schwerer macht, als es sein muss.

Warum machen wir diese Übung so intensiv?

Werden wir uns unserer inneren Anteile bewusst, können wir besser mit ihnen umgehen. Denn eines ist wichtig zu wissen – auch wenn es seltsam klingt und kaum greifbar ist – wir sind nicht unsere Gedanken! Ich erkläre es an anderer Stelle und hole dich hier wieder ab.

Indem wir die Stimmen (ergo: laute Gedanken) erkennen und sie in welcher Form auch immer visualisieren und personifizieren (ergo: entmystifizieren), können wir sie emotional von uns abkoppeln. Wir können mit ihnen in einen wohlwollenden Dialog gehen, ohne uns von ihnen in die nächste Ecke der Angst drängen zu lassen. Wir können sie fragen, ob das, was sie uns erzählen, wirklich wahr ist und woran sie diese Wahrheit festmachen. Wir sind ihnen nicht ungefiltert ausgeliefert. Ab diesem Moment übernehmen wir wieder die Führung.

Sollte dir diese Übung etwas abgehoben vorkommen, ist auch das nur ein Gedanke. Vielleicht bist du es nicht gewohnt, deine Gedanken zu hinterfragen oder so intensiv auseinanderzunehmen? Dennoch bitte ich dich: Bleib dran und probiere es in der nächsten Situation aus. Mit etwas Übung wirst du merken, dass du dich mehr und mehr von den Gedanken abkoppeln kannst, die du nicht mehr denken möchtest.

Natürlich bin auch ich durch diesen Prozess gegangen, der ein lebenslanger ist. Das Konzept des inneren Rock-Konzerts wende ich täglich an. Ich habe mich eine sehr lange Zeit von Ehrgeiz und Perfektionismus antreiben lassen. Ich war so besessen davon, alles richtig und noch viel besser machen zu wollen, obwohl es nicht von mir erwartet wurde. Ich habe mich fast ausbrennen lassen von Miss Perfect. Höher. Schneller. Weiter. Immer eine Schippe mehr drauflegen. Kann ja nicht schaden. Irgendwann fragte ich mich jedoch, wo das hinführen soll. Was höher, schneller, weiter eigentlich bedeutet? Ich hinterfragte dieses zwanghafte interne Programm, reflektierte, horchte ganz tief in mich hinein und kam auf die lauteste Stimme in mir. Sofort kam mir ein Bild in den Kopf:[8] Eine Frau, entsprungen aus einem staubigen Saloon im Wilden Westen. Schwarze lange Haare, knöchellanges rotes Kleid, markantes Gesicht, schwarze warmherzige Augen, eine große, schlanke Figur. Sie erschien mir als charmante Teufelin, die zur Zusammenarbeit durchaus bereit ist. Als mir dieses Bild kam, habe ich mich im ersten Moment erschrocken. Doch ich blieb in diesem Bild. Als ich sie betrachtete, kam mir der Name Anita in den Sinn. Solltest du Anita heißen, sieh darüber hinweg – es hat nichts mit dir zu tun. Ich kenne im realen Leben keine Anita.

Anita ist meine Antreiberin – mit Charme, Witz und nicht diskutierbarer Bestimmtheit. Seitdem sie als Anita in mein Leben trat, macht sie mir das Leben nicht mehr schwer. Wir sind Sparringspartnerinnen, beste Freundinnen, unsere größten Kritikerinnen. Immer wenn sie heute auftaucht – und das tut sie oft – gehe ich mit ihr in den Dialog. Ich frage sie, warum sie mich antreibt, was sie mir damit sagen will und ob dieser Antrieb in der gegebenen Situation angemessen ist und gebraucht wird. Doch eines ist glasklar: Ich übernehme, ich führe in dem Moment mich selbst und Anita. Ich entscheide, ob ich angetrieben werden möchte oder nicht. End of story.

So, und nun bist du dran:

Wie sieht deine Rock-Röhre aus und wie heißt sie?

---

[8] Dies ist ein fiktives Bild, eine Fantasieerscheinung, die keine Ähnlichkeit mit mir bekannten Personen hat.

Der innere Dialog

Du bist nicht deine Gedanken

Wissenswert

Wissenschaftler:innen haben herausgefunden, dass wir täglich etwa 60.000 Gedanken denken. Die meisten von ihnen sind auf bereits gemachte Erfahrungen zurückzuführen – spielen sich demnach oft in der Vergangenheit ab. Nur ca. 3.000 Gedanken sind neu – das sind fünf Prozent. Hinzu kommt, dass etwa 85 Prozent unserer Gedanken negativ, limitierend und destruktiv sind.[9] Im Umkehrschluss: Nur 15 Prozent unserer Gedanken wirken positiv.

Wie *Christina Baier* im Interview sagt, ist Selbstbeobachtung ein essenzieller Selbstführungsmuskel. Erst aus der Erkenntnis unserer Beobachtungen heraus ist es möglich, uns Gedanken und Situationen genauer anzuschauen, sie gegebenenfalls zu justieren, umzuprogrammieren und stark zu verändern.

Wo beginnt Selbstbeobachtung? In der Art und Weise, wie „deine Anitas" mit dir in bestimmten Situationen umgehen und reden. Die Qualität deiner Selbstgespräche, deines inneren Dialogs, wirkt sich auf deine Gedanken, Gefühle, Handlungen und Ergebnisse auf.

Achte auf deine Sprache

Ich lade dich ein, ab heute stärker auf deinen inneren Dialog zu achten, positive Selbstgespräche zu fördern und tatsächlich zu führen. Die folgenden Fragen helfen dir dabei, deinem Self-Talk auf die Spur zu kommen.

Wie sprichst du mit dir?

Sprichst du gut mit dir selbst?

Nutzt du positive Worte oder eher negativ besetzte Worte?

Welche Worte nutzt du konkret?

Verurteilst du dich oft, ärgerst oder bestrafst dich?

---

[9] https://antje-heimsoeth.com/positive-und-negative-gedanken/

Lobst du dich und erkennst deine Erfolge an?

Hörst du auf dein Herz und deinen Bauch?

Verzeihst du nicht erwünschte Handlungen oder gehst du hart mit dir ins Gericht?

Schaust du dein Gesicht, deine Augen, deinen Mund gern im Spiegel an?

Höre in den nächsten 30 Tagen ganz genau hin und steuere deinen inneren Dialog, dein inneres Rock-Konzert, in eine positive Richtung. Du wirst schnell erkennen, wie du mit dir redest und mit dir umgehst. Du wirst erstaunt sein ...

Dein innerer Dialog spiegelt sich in all deinen Lebensbereichen wider. In deinem Umfeld wirst du entsprechend wahrgenommen.

Wie wäre es, wenn du in den kommenden 30 Tagen deinen Self-Talk-Führungsmuskel trainierst – von innen nach außen?

Die nächsten 30 Tage sind dein Sportplatz. Führe jeden Tag folgende Übungen aus – bewusst, wohlwollend und ohne Selbstverurteilung.

- ⋆ Kommuniziere mit anderen so, wie du mit dir selbst redest.
- ⋆ Finde für jedes negativ besetzte Wort eine positive Alternative.
- ⋆ Checke dich und dein Verhalten in jeder Situation daraufhin.
- ⋆ Freue dich über jeden kleinen Erfolg und schreibe ihn in dein Journal.

Die Gedankenspirale

Erinnere dich an dein inneres Rock-Konzert und meine Aussage: Wir sind nicht unsere Gedanken! Wir können aber mit ihnen in einen Dialog treten.

Darum ist es so wichtig, qualitativ hochwertige Selbstgespräche zu führen.

- ⋆ Wir fühlen uns besser damit.
- ⋆ Wir können wohlwollender mit unserem inneren Rock-Konzert umgehen.
- ⋆ Wir lernen sehr viel über uns, unsere Gedanken, unser Verhalten.
- ⋆ Wir lernen sehr viel über die Menschen in unserem Umfeld.
- ⋆ Wir sortieren uns innerlich.
- ⋆ Es breitet sich mehr und mehr ein Aufatmen in uns und um uns herum aus.

★ Wir sind enger mit uns, unseren Bedürfnissen, unseren Wünschen und Zielen verbunden, sind klarer in unseren Gedanken, die sich wiederum auf unser Handeln, Wirken und unsere erwünschten Ergebnisse auswirken.

Mit einem positiven „Self Talk" machen wir uns das eigene Leben und das Leben der anderen wesentlich leichter.

Die Gedankenspirale verdeutlicht den Kreislauf von Gedanken, Gefühlen, Einstellungen, Handlungen und Ergebnissen.

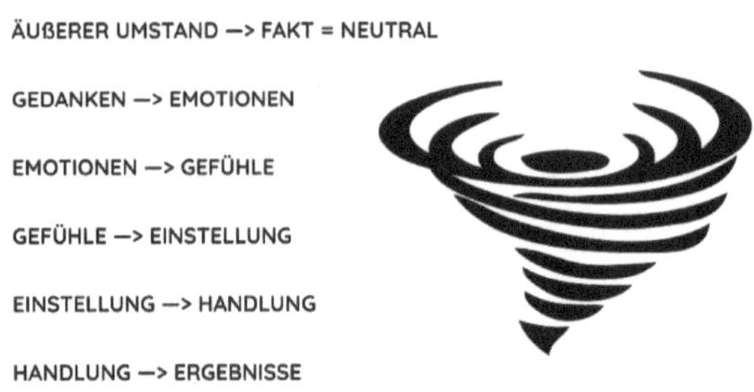

Abb. 8: Die Gedankenspirale

Äußerer Umstand

Jede Situation ist ein äußerer Umstand, ein Fakt. Nehmen wir zum besten Verständnis das banalste Beispiel: das Wetter. Wetter ist Wetter. Es ist da. Es ist gegeben. Ein Fakt, den wir nicht ändern können. So wie wir jedoch über das Wetter nachdenken, laden wir den Fakt Wetter mit einer Bewertung auf. Somit wird das Wetter plötzlich zu einem Thema, das uns entweder guttut und uns Leichtigkeit verschafft (zum Beispiel bei schönem Wetter). Oder das Wetter wird plötzlich zum Feind, weil wir dauernd darüber jammern (zum Beispiel, wenn es regnet und wir davon genervt sind). Du musst verstehen, dass wir den äußeren Umstand nicht ändern können. Es ist Energieverschwendung, sich ständig über das Wetter zu beschweren. Wir können jedoch in jeder Sekunde entscheiden, wie wir mit diesem äußeren Umstand, dem gegebenen Fakt, umgehen. Und hier liegt die unglaublich starke Kraft der Gedanken. Bezogen auf das Berufsleben, gibt es unzählige Situationen, die wir nicht ändern oder kontrollieren können: Die Chefin, den Chef können wir nicht ändern (neutraler Umstand). Wenn Mitarbeiter:innen hinter meinem Rücken flüstern, kann ich das nicht ändern (neutraler Umstand). Und so weiter. Denke über deine aktuellen Situationen nach und schätze ein, ob du sie mit deinen Gedanken auflädst und dadurch in einen Negativmodus rutschst, oder ob du in der Lage bist, deine Gedanken positiv zu verändern. Die Gedankenspirale hilft dir dabei.

Nehmen wir ein anderes Beispiel: Du wirst in zwei Wochen einen Vortrag halten (neutraler Umstand) und du fühlst dich dabei unwohl (kein neutraler Umstand mehr).

Gedanken führen zu Emotionen:

Der Gedanke an deinen Vortrag kann zur Emotion Unsicherheit oder Angst führen.

Emotionen führen zu Gefühlen:

Nun hast du zwei Möglichkeiten,

Möglichkeit 1

Du kannst dich der Emotion Angst oder Unsicherheit ergeben und dich von ihr führen lassen. Dann wirst du dich vermutlich klein, nicht gut genug, nicht ausreichend vorbereitet fühlen. Vielleicht fühlst du dich ohnmächtig, panisch, je mehr du darüber nachdenkst. Bis zum Vortrag bleibst du in dieser Anspannung, fühlst dich nicht frei und verhältst dich entsprechend. Deine Vorbereitung macht dir keinen Spaß und du schiebst sie immer wieder auf. Du bist vielleicht nicht gut drauf, denkst an nichts anderes mehr und kannst deine Freizeit nicht mehr genießen. Wenn der Tag deines Vortrags gekommen ist, fühlst du dich elend und würdest am liebsten weglaufen. Dann hältst du deinen Vortrag im Gefühl deiner inneren Enge: schnell durchkommen! Nicht eine Minute konntest du deinen Auftritt, deinen Erfolg genießen, da du von Anfang an nicht an dich geglaubt hast.

Möglichkeit 2

Du wandelst die Emotion Angst oder Unsicherheit in ein positives Gefühl um. Das kann ein Gefühl von positiver Aufregung sein, von einem freudigen Kribbeln im Bauch. Vielleicht denkst du dir dazu ein passendes Bild? Prickelnden Champagner, bunte in die Luft steigende Bubbles, ein Feuerwerk. Welche Möglichkeit würdest du wählen? Frage dich, was du aus dem Prozess der Vorbereitung, aus dem Vortrag und deinem Auftritt lernen kannst. Stell dir vor, wie du daran wächst und mit jedem Mal besser wirst. Wir können unsere Vortragsängste nur in den Griff bekommen, wenn wir immer wieder üben. Wenn wir uns Situationen suchen, in denen wir Vortragen üben.

Die Sache ist die: Emotionen sind nicht gleich Gefühle.

Eine Emotion entsteht vor allem durch einen äußeren Reiz und koppelt mentale mit körperlichen Reaktionen, zum Beispiel Angst und schwitzige Hände, Aufregung und zitternde Knie. Emotionen sind im Unterbewusstsein verankert. Es sind Urinstinkte, die sich effektartig ausdrücken und einst unser Überleben sicherten. Somit lenkt eine Emotion unseren absoluten Fokus auf eine potenzielle Bedrohung. In dem Moment wird alles andere unwichtig. Herzschlag und Blutdruck steigen: Ready? Fight or flight! Kampf oder Flucht!

Die sechs Basisemotionen sind Angst, Ärger, Trauer, Ekel, Überraschung, Freude. Sie lassen sich an der Mimik eines Menschen ablesen. Allerdings gibt es keine präzise wissenschaftliche Definition für den Begriff „Emotion".

Gefühle sind Teile einer Emotion. Stelle dir einen Eisberg vor: Emotionen sind das, was unter der Wasseroberfläche schlummert, in unserem Unterbewusstsein. Gefühle sind das, was aus dem Wasser herausragt, sichtbar und bewusst ist. Ein Gefühl ist eine spontane Regung, die wir in bestimmten Situationen und Momenten bewusst wahrnehmen. Gefühle geben äußeren Umständen und unserem inneren Zustand eine Bedeutung.

Im Gegensatz zu Emotionen, sind Gefühle immer präsent (Spitze des Eisbergs) – mal mehr, mal weniger. Gefühle beziehen psychische Erfahrungen mit ein und helfen, Situationen und Erleben einzuordnen, zu bewerten und mit ihnen entsprechend umzugehen. So können wir zum Beispiel ein schwieriges Gespräch als Belastung oder Ärgernis bewerten, weil wir uns persönlich angegriffen fühlen und in diesem negativen Gefühl verharren. Oder wir treten aus der Emotion des Ärgers heraus und bewerten sie aus einer anderen Perspektive.

Gefühle helfen uns beispielsweise dabei, mit Situationen und Erlebnissen in bestimmter Art und Weise umzugehen. Sie helfen uns, gesunde Beziehungen zu führen oder schwierige Beziehungen und Situationen zu regulieren. Sie sind unerlässlich, wenn wir wichtige Entscheidungen treffen müssen. Für Führungspersönlichkeiten ist es somit umso wichtiger, sich ihrer Emotionen und Gefühle bewusst zu werden.

Wohltuend ist der Fakt, dass wir unseren Gefühlen nicht gnadenlos ausgeliefert sind. Gefühle kommen und gehen und wir können sie steuern. Wir können entscheiden, ob sie lange anhalten oder schnell wieder abklingen. Die Neurologin Jill B. Taylor fand in ihren Forschungsarbeiten zur Funktionsweise des Gehirns heraus, dass die meisten unserer Empfindungen normalerweise nach 90 Sekunden wieder abklingen.[10] 90 Sekunden! 1,5 Minuten, die uns das Leben oft schwer machen – wenn wir es zulassen. Oder wir entscheiden uns aktiv dagegen.

Gefühle führen zu Einstellungen

Dein Gefühl, das aus der Emotion heraus entsteht, dirigiert deine Einstellung und dein Mindset, die du der Situation (hier dem Vortrag) gegenüber hast. Hast du beispielsweise deine Angst in ein Gefühl aufregender Vorfreude verwandelt, ändert sich deine Einstellung von „Wie soll ich das nur schaffen? Bin ich gut genug vorbereitet? Was werden die wohl über mich denken und sagen?" in „Ich habe alles dafür getan, mental und inhaltlich vorbereitet zu sein. Jetzt bin ich gespannt, wie ich das hinkriege, und freue mich auf die neue Erfahrung." Kannst du den Unterschied in der Einstellung spüren?

Einstellungen führen zu Handlungen

Die Entscheidung, dass dich ein positives Gefühl tragen soll, erzeugt in dir eine positive Einstellung. Mit dieser neuen Einstellung handelst du – und zwar aus-

10 https://www.psychologytoday.com/ca/blog/the-right-mindset/202004/the-90-second-rule-builds-self-control

gehend von einem positiven und dich tragenden Ort. Du handelst mit Energie, Zuversicht, Klarheit und Stärke. Denn du weißt, dass du alles getan hast. Dein Best-Self is ready to rock!

Handlungen führen zu Ergebnissen

Nun ist es ganz leicht. Mit deiner Einstellung, den Vortrag energiegeladen über die Bühne zu bringen, wirst du die Ergebnisse erzielen, die du dir wünschst.

Erkenntnis

Nutze deinen Geist und lasse dich nicht von ihm benutzen.

Wir haben dieses wunderbare Geschenk, ein Bewusstsein zu haben und komplex denken zu können. Und was machen wir die meiste Zeit? Wir lassen uns von unseren Gedanken wie Marionetten durch unser Leben schaukeln, fremdbestimmt, angsterfüllt.

Wie wäre es denn, wenn du heute entscheidest, dein Leben PROAKTIV und SELBSTBESTIMMT zu führen – mit Hilfe deines Geistes, deines Bewusstseins, deiner Gedanken? Frage dich jeden Tag: Welche Gedanken möchte ich heute haben? Lenke deine Aufmerksamkeit und deine Bewusstheit dorthin. Energie folgt immer deiner Aufmerksamkeit. Immer! Im Sinne der Selbstbeobachtung, achte in den kommenden 30 Tagen darauf.

Achte auf Deine Gedanken!

Spannende Erkenntnisse warten auf Dich.

Abb. 9: Achte auf Deine Gedanken!

Ich freue mich, dass du noch dabei bist – mit Freude, Enthusiasmus und dem Willen, wirken und dein Leben selbst gestalten zu wollen. Mit stabiler, klarer Selbstführung.

Nun darfst du mehr und mehr üben, auf deine Gedanken zu achten. Für eine gesunde und nachhaltige Gedanken- und Psychohygiene tauche in die folgenden Journaling-Übungen ein und integriere sie als regelmäßige oder unregelmäßige Routine – wie es sich für dich am stimmigsten anfühlt. Manche Menschen schreiben täglich, andere schreiben, wenn sie das Gefühl haben, etwas auflösen und sortieren zu wollen. Aus eigener Erfahrung kann ich dir sagen: Wenn du Journaling regelmäßig anwendest, wirst du schon bald mehr Klarheit über dich und deine Gedanken gewinnen. Denn über das Schreiben erreichen wir unser Unterbewusstsein.

Die folgenden Coaching-Übungen habe ich nicht neu erfunden. Ich habe sie entsprechend der Herausforderungen von Frauen in Führung mit sich selbst und in Führungspositionen individualisiert und angepasst. Sie haben sich für mich und für die Frauen, mit denen ich zusammenarbeite, sehr bewährt und werden auch dich darin unterstützen, mehr und mehr in eine konsistente Selbstführung überzugehen.

Journaling – dein Reinigungsritual für klare Selbstführung

Eines der kraftvollsten Instrumente für klare und ehrliche Selbstführung ist Schreiben. Je klarer wir in unseren Gedanken und Gefühlen sind, desto klarer, selbstbestimmter und authentischer können wir uns selbst und andere führen.

Vielleicht hast du in deiner Jugend auch Tagebuch geschrieben? Ich war eine Meisterin im Tagebuchschreiben. Oh, wie ich das geliebt habe! Ohne es damals gewusst zu haben, habe ich mich mit dem Schreiben innerlich gereinigt. Wenn wir über Erlebtes, über Sorgen, Ängste, Gefühle und Gedanken schreiben, über unsere Begegnungen, Beziehungen, über Erfolge und Gewinne, über Freuden und Tränen – dann reinigen wir unseren Geist, unsere Seele, unser Leben.

Abb. 10: Journaling – dein Reinigungsritual

Ich bezeichne Journaling als „Tagebuchschreiben für Erwachsene". Anders als „Tagebuchschreiben für Kinder und Heranwachsende" reflektieren wir unsere Gedanken, Gefühle und Handlungen bewusst über das Schreiben – mit dem Ziel, Dinge, die uns beschäftigen, zu erkennen und aufzulösen.

Meine Interviewpartnerin *Fränzi Kühne* sieht im Schreiben eine einfache und zugleich kraftvolle Strategie, sich mental und körperlich gesund zu halten:

„Ich reflektiere viel selbst und spüre dabei, ob es mir gut geht oder nicht. Diesen Reflexionsmuskel trainiere ich jeden Abend, indem ich ein paar Zeilen in mein Tagebuch schreibe. So nehme ich bewusst wahr, was mich beschäftigt. Durch das Schreiben wird mir auch bewusst, wenn es mir körperlich nicht so gut geht. Ich habe immer Notizbücher dabei – das ist für mich so wichtig. Und ich liebe Listen. Ich brauche Listen, um abhaken zu können. Was mir auch hilft,

Dinge, die sofort erledigt werden können, sofort zu machen. Das gibt mir ein total gutes Gefühl und schafft Erfolgserlebnisse."

Ich stelle dir drei Journaling-Methoden für dein inneres Reinigungsritual vor. Ich nutze tatsächlich alle drei Methoden. Du wirst gleich verstehen, warum. Jede der drei Arten des Schreibens hat eine andere Bedeutung. Vielleicht probierst du alle drei aus oder pickst dir eine oder zwei Methoden heraus, die mit dir resonieren. Feel free und lass es erst einmal fließen.

Eines möchte ich dir noch ans Herz legen:

Mache daraus bitte kein Dogma. Legst du dir einen Zwang auf, ist das nicht der Sinn des Journalings. Schreiben fließt von innen nach außen. Ohne Punkt und Komma. Im besten Falle schreiben die Gedanken und Gefühle durch dich hindurch.

Die folgende Affirmation unterstützt dich in deinem Schreibfluss. Wenn es mal nicht so fließt, schließe kurz die Augen, sage sie laut auf und lass sie in dir wirken.

Wie wäre es mit dieser stärkenden Affirmation?

Ich erlaube meinen Gedanken und Gefühlen freien Lauf. Sie dürfen jetzt durch mich hindurchfließen.

Journaling 1

Rage the page - Fliege wild über die Seite

Diese Journaling-Methode ist anfangs etwas ungewohnt. Bei regelmäßiger Anwendung wirst du dich schnell daran gewöhnen und sie nicht mehr missen wollen.

Du brauchst:

Einen einfachen Schreibblock oder ein simples Notizbuch deiner Wahl. Es muss nichts Schönes oder Teures sein. Du wirst gnadenlos schreiben. Die Seiten füllen sich schnell. Du baust einen ordentlichen Fundus auf und beschreibst viel Papier.

Sinn und Zweck:

Steckst du in der Gedankenspirale fest, fühlst du dich blockiert, bist du wütend, unsortiert oder unklar, brauchst du Antworten auf innere ungelöste Fragen oder einen Rahmen – dann nutze diese Art des Journalings. Indem du ohne nachzudenken einfach drauf los schreibst und dich für keinen Gedanken verurteilst. Schreibe alles nieder, was dich beschäftigt und öffne das goldene Tor zu deinem Unterbewusstsein. Bringe alle Gedanken auf Papier und reinige deinen Geist von all dem, was dich beschäftigt. Du erlangst immer mehr Klarheit. Durch regelmäßiges Herausschreiben deines inneren Sturms kannst du deine vielen Gedanken erfassen, erkennen, reflektieren, einordnen und gegebenenfalls ändern. Sie werden sichtbar und somit zu deiner Realität. Du wirst dich wundern, wieviele Gedanken immer und immer wieder auftauchen. Du wirst ein Muster deiner Themen, deiner Stimmungslagen, deiner Herausforderungen und (verpassten) Möglichkeiten erkennen. Halte diesen Prozess aus. Er kann auch schmerzhaft sein, führt aber schnell zu Leichtigkeit.

So geht's:

Diese Übung lebt von der gnadenlosen Regelmäßigkeit, wenn du Dinge lösen und hinter dich lassen möchtest. Mach dir Luft, am besten täglich. Schreibst du nur sporadisch, wirst du deine Muster nicht erkennen und es wird sich gar nichts klären. Gedanken, die nicht über das Papier und in die Welt geschickt werden, bleiben Schall und Rauch. Somit schicke ich dich für die kommenden 30 Tage mit der ersten Journalingmethode in ein tägliches Ritual. TÄGLICH! Wir haben vereinbart, dass es nicht dogmatisch oder zwanghaft werden darf. Daher ist „Rage the page" die perfekte Übung, bewusst nicht in die Zwanghaftigkeit abzurutschen, sondern mehr und mehr in eine Selbstverständlichkeit zu gehen, ein Ritual daraus zu machen, das dir guttut, deinen Geist klärt und dich auf schwierige Aufgaben vorbereitet.

Suche dir ein zehnminütiges Zeitfenster am Tag. Die Übung hat am Morgen die größte Energie. Daher ist es sinnvoll, direkt nach dem Aufstehen zu schreiben – so klärst du noch vor Beginn deiner Aktivitäten oder deiner Arbeit deinen Geist, du ordnest Gedanken und erzeugst positive Gefühle. Ich schreibe jeden Morgen und lasse keinen Morgen aus. Erlaube dir den Prozess! Nichts klärt oder ändert sich von heute auf morgen.

Suche dir für deine zehn Minuten einen ruhigen Ort, an dem du ungestört bist. Schließe kurz die Augen und sprich die Affirmation:

> Ich erlaube meinen Gedanken und Gefühlen freien Lauf.
> Sie dürfen jetzt durch mich hindurchfließen.

Stelle den Timer auf zehn Minuten, schnapp dir deinen Schreibblock und schreibe einfach drauf los. Ohne nachzudenken. Ohne auf Rechtschreibung oder Grammatik zu achten. Ohne Punkt und Komma. Ohne Schönschrift. Niemand wird dein Geschriebenes je zu Gesicht bekommen. Es ist dein Gedankenschatz. Denke nicht nach. Lass es einfach fließen und höre erst auf, wenn der Wecker klingelt und die zehn Minuten vorbei sind.

Schlag den Schreibblock zu. Nimm einen tiefen Atemzug und sprich dreimal die Worte „Lass los!"

Dann widme dich deinen Aufgaben.

Journaling 2

From a place called LOVE – dein Ort des inneren Friedens

Du hast es schon unzählige Male gehört: Dankbarkeit ist der Schlüssel zur persönlichen Erfüllung. Doch was heißt das eigentlich? Warum solltest du dankbar sein und wofür?

Dankbar zu sein ist ein Schlüsselelement der Selbstführung und somit ein essenzieller Führungsmuskel. Indem wir regelmäßig Dankbarkeit praktizieren, erschaffen wir einen Ort des Friedens und der Liebe. Dadurch erkennen wir die Fülle in uns, in unserem Leben und um uns herum. Wir erkennen, was wir bereits alles haben: einen Beruf, eine Familie, warmes Wasser aus der Leitung, eine Wohnung, einen großartigen Freundeskreis, immer etwas zu essen, Gesundheit. Es sind oft auch die kleinen Dinge. Aus dieser bereits existierenden Fülle heraus fällt es uns leichter, schwierige Situationen oder Herausforderungen anzugehen. Wir treten bewusst aus der für unsere deutsche Gesellschaft fast schon typische Mangeldenken-Mentalität heraus. Wir lernen immer mehr, das Gute zu sehen, anstatt uns auf das zu konzentrieren, was nicht gut ist oder was wir nicht haben.

Dankbar zu sein ist ein Akt des Empfangens und des Gebens. Vor allem Geben erfüllt uns mit Liebe. Du wirst an anderer Stelle dafür belohnt. Indem wir regelmäßig Dankbarkeit praktizieren, beruhigen wir unser Nervensystem, denken positiver und sehen nach und nach in jeder Herausforderung auch eine Möglichkeit. Wir stellen unser klassisches Denken auf den Kopf, indem wir von Positivität ausgehen und von dort aus agieren. Von dort aus ist es wesentlich leichter, sich selbst und andere durch Herausforderungen zu führen.

Du brauchst:

Ein schönes, ansprechendes Notizbuch, auf das du dich jederzeit freust und mit dem du dich gern umgibst. Einen Stift, mit dem du gut schreibst. Einen ruhigen Ort und die Zeit, die du dafür benötigst. Die Regelmäßigkeit bestimmst du. Ich zum Beispiel schreibe jeden Abend kurz vorm Schlafengehen in mein „From a place called LOVE"-Journal. Somit schicke ich Dankbarkeit in die Welt und kläre durch die positiven Energien meinen Geist kurz vorm Schlafengehen.

So geht's:

Feel free! Schreibe alles in dein „From a place called LOVE"-Journal, wofür du dankbar bist. Alles, was dir einfällt. Hier einige meiner persönlichen Journal-Einträge. Ich spreche das Universum an, da dies meine persönliche Kraftquelle ist. Du kannst das Universum ansprechen, Gott, das Journal oder was oder wen immer du ansprechen möchtest. Ich glaube an das Höhere und die verbindende Energie und an die Kraft des Universums. Du kannst auch einfach schreiben: Ich bin dankbar für. Wie gesagt: FEEL FREE! Hier gibt es keine Regeln.

Liebes Universum, ich danke dir

- ★ für den richtig leckeren Kaffee heute Morgen

- ★ für meine Art zu sein
- ★ dass ich mir heute Zeit für mein Work-out genommen habe
- ★ für das Essen, das mich nährt und an dem es mir nicht mangelt
- ★ für den kraftvollen Körper, den du mir geschenkt hast
- ★ für meine Gesundheit und dass mein Körper mit allem fertig wird
- ★ für meinen wachen Geist
- ★ für meinen Dickkopf
- ★ für den Mann, der mich als Ehemann, Freund, Mentor durchs Leben begleitet
- ★ dafür, dass du mir alle Sorgen und Ängste abnimmst und ich mich von dir führen lassen darf
- ★ für den Streit mit meiner Freundin
- ★ für die neue Coachee, die ich auf ihrer Reise begleiten darf
- ★ für die kleine Katzenfamilie, die uns täglich besucht

Du siehst, ein bunter Blumenstrauß der Dankbarkeit. Nimm es ernst, aber lass es auch hier einfach fließen. Wenn du das Gefühl hast, fertig zu sein, schließe dein Journal, lege deine rechte Hand auf das Journal und die linke auf dein Herz, atme tief ein und atme ein beherztes „Danke“ aus.

Journaling 3

Inspirational Boom – dein Feuerwerk der Inspiration

Vielleicht kennst du das: Du sitzt in einem Meeting und plötzlich kommt dir eine geniale Idee oder eine Eingebung. Dein Herz hüpft vor Freude, es kribbelt im Bauch – du bist Feuer und Flamme und sofort verbunden mit dieser Idee, möchtest sie am liebsten sofort umsetzen. Du durchdenkst sie, schmiedest Pläne im Kopf und freust dich, dass du dich später an die Umsetzung machen kannst.

Drei Stunden später. Das Meeting zog sich und war doch sehr anstrengend. Du machst Feierabend. Kaum durch die Haustür getreten fällt dir ein, dass du heute Mittag eine Idee hattest. Hmm, denkst du. Wo sind denn all die Details hin, die ich so schön durchdacht hatte? Dir fallen sie nicht mehr ein.

Für diesen Fall solltest du immer dein „Inspirational Boom Journal“ dabeihaben. Nur durchdenken und hineinfühlen reicht nicht. Die Gedanken müssen raus, so dass sie Teil deiner Realität werden. Nur dann sind sie existent und greifbar. Erst dann kannst du an sie andocken und dich noch stärker ins Gefühl ziehen lassen. Vielleicht fragst du dich jetzt, was Führung mit Inspirationsblitzen zu tun hat. Ganz einfach: In jeder Führungspersönlichkeit steckt ein Feuerwerk an Kreativität. Auch Führung darf – und muss – kreativ sein. Das macht den Unterschied: Führe mit Persönlichkeit und lass deiner Kreativität freien Lauf. Ein Meeting mal ganz anders gestalten? Nur zu, trau dich. Das Gespräch von einem Mitarbeiter führen lassen? Warum nicht. Den Teamzusammenhalt auf unkonventionelle Art stärken? Feel free.

Du brauchst:

Ein kleines, einfaches A5- oder A6-Heftchen und einen Stift.

So geht's:

Immer wenn dir eine Inspiration kommt, notierst du sie. Ohne Schnörkel oder Schönschrift. Rechts oben in die Ecke schreibst du das Datum, die Uhrzeit und den Ort, von dem aus du den Inspirationsblitz aufschreibst. So gehst du ins Gefühl und kannst dich immer wieder mit dem Moment verbinden, in dem du die Inspiration hattest. Gib deinem Inspirational Boom eine Überschrift, die dir intuitiv in den Sinn kommt. Ein Wort reicht. So wird deine Inspiration konkreter und somit noch realer.

3.1 Erkenntnis dieses Kapitels

Ich fokussiere mich auf das Positive – auf positive Lernerlebnisse, Highlights, Erfolge.

Wow, welch intensive Reise durch dein Inneres! Wie geht's dir jetzt? Brauchst du eine Pause, ein bisschen Achtsam-Zeit? Nimm sie dir. Reflektieren ist wichtig.

In diesem Kapitel hast du eines der kraftvollsten Instrumente der Selbstführung gelernt: Selbstbeobachtung durch Schreiben und aktives inneres Zuhören. Mit Journaling erlangst du mehr Klarheit für dich, deine Ziele sowie für deine persönliche Erfüllung und berufliche Entfaltung. Indem du deine Worte und Gedanken auf Papier zum Leben erweckst und in die Welt bringst, werden sie zu deiner Realität.

Neben dem Schreiben hast du dich mit der Technik des aktiven inneren Zuhörens bekannt gemacht. Du kennst nun die Lieder und die ewig alten Leiern deines „Inneren Rock-Konzerts". Du kennst die lauteste innere Rock-Röhre, die dich immer wieder aus der Fassung bringt. Indem du diesem Anteil eine Erscheinung und einen Namen gibst, koppelst du ihn von dir ab und kannst mit ihm in einen respektvollen Dialog treten.

Aus diesen beiden Übungen des Schreibens und des aktiven inneren Zuhörens entspringt die Quelle der Erkenntnis dieses Kapitels – Sprache und Kommunikation:

So, wie du dich selbst führst, wie du mit dir redest, welche Worte du benutzt, worauf du deine Aufmerksamkeit richtest – so verhältst du dich anderen Menschen und Situationen gegenüber und wirst entsprechend wahrgenommen und „eingeordnet".

Selbstbeobachtung ist der Schlüssel zur klaren Selbstführung – eine zentrale Botschaft dieses ersten Buchteils, den du mit Neugier, Offenheit, Disziplin, einem starken Willen, Durchhaltevermögen und von einem Ort der Kraft und der Liebe aus mit Bravour absolviert hast!

Meine Interviewpartnerin *Brigitta Nelte* rundet dieses Kapitel ganz wunderbar ab und zielt dabei auf eine starke Selbstführung. Sie ist Mutter von zwei erwachsenen Kindern, hat eine großartige Karriere im Vertrieb eines deutschen

Autokonzerns hinter sich – und das in einer Zeit, in der Frauen vielerorts in Deutschland das Arbeiten nicht gestattet war. Zudem arbeitet sie als Diplompsychologin und ist seit vielen Jahren ehrenamtlich als Führungsfrau in der Frauenvereinigung für Frauen im Management e.V. tätig. Der Verein ist ein branchenübergreifendes Netzwerk, steht für die Chancengleichheit von Frauen und Männern in der Wirtschaft, Wissenschaft und Politik und unterstützt sie dabei, ihre Positionierung am Arbeitsmarkt zielorientierter zu gestalten, ihr Profil in den unterschiedlichen Lebensphasen zu optimieren und zu schärfen. Mittlerweile ist Brigitta mehrfache glückliche Oma, denkt aber gar nicht daran, aufzuhören mit der Arbeit und schon gar nicht damit, Frauen zu unterstützen und sichtbar zu machen.

„Frauen sind ein Stück weit energisch mutiger geworden. Eine damalige Regionalleiterin von fim e.V. aus dem Norden Deutschlands hatte mir erzählt, dass ihr Vater sie gefragt hätte, warum sie studieren wolle. Du kannst doch später eh nicht arbeiten gehen, sagte er. Sie hat tatsächlich erst studiert, als die Kinder aus dem Haus waren. Mit solchen Gedanken umzugehen, war für mich ein völliges Novum, weil mir das im Leben nicht passiert ist. Das hat sich natürlich in den vergangenen Jahren verbessert. Die Frauen sind selbstbewusster geworden, aufgrund der Erfahrungen im Berufsleben."

3.2 Deine Learnings

1. Du bist nicht „Opfer" deines inneren Dialogs oder deines Self-Talks, denn du hast die lauteste, nervigste und manipulierendste innere Stimme kennengelernt, sie herausgefiltert, ihr eine Erscheinung, einen Namen gegeben und damit einen friedvollen Umgang gefunden.
2. Du kennst eines der kraftvollsten Instrumente der Selbstführung: Schreiben.
3. Du weißt, dass Selbstbeobachtung das Fundament für ehrliche und verändernde Selbstführung ist.

Deine eigenen Learnings als Ergänzung:

Was hat dich am meisten angesprochen? Was ist nun besonders verankert?

Dein 30-Tage-Trainingsplan

So stärkst du deine Selbstführungsmuskeln:

In den kommenden 30 Tagen hast du die Möglichkeit, drei deiner wichtigsten Selbstführungsmuskel zu stärken. Stärke sie durch tägliches Üben. Nimm dir für jeden Muskel zehn Tage konsequentes Training vor. Am Ende dieses Buches findest du im Führungsmuskel-ABC eine Auflistung aller Führungsgmuskel, die in diesem Buch besprochen wurden – basierend auf meinen eigenen Erfahrungen und auf den Erfahrungen meiner Interview-Gästinnen.

Ich habe die für mich drei wichtigsten und stärksten Selbstführungsmuskel herausgepickt. Feel free und finde deine eigenen Selbstführungsmuskel, die du stärken möchtest.

1. ICH – dein stärkster Muskel
2. Selbstbeobachtung und Self-Talk
3. Reflexion und Selbsterkenntnis

Selbstführungsmuskel 1

ICH - dein stärkster Muskel

Inspiriert von Janine Tychsen

Komm ins Tun!
Dein Zehn-Tage-Trainingsplan für Selbstführungsmuskel 1

In den kommenden zehn Tagen schreibst du jeden Tag zehn Minuten in dein Journal. Du stellst dir täglich dieselben Fragen und beantwortest sie offen und ehrlich – auch wenn du die Antworten nicht magst. Bleib dabei! Das ist kein Wunschkonzert. Diese Übung ist substanziell.

- Wer bin ich?
- Was macht mich aus?
- Worin bin ich stark?
- Warum tue ich das, was ich tue?
- Wer möchte ich sein und was / wen muss ich dafür verkörpern?
- Was brauche ich, um *die* Führungspersönlichkeit zu sein, die ich sein möchte?
- Was hindert mich daran, *die* Führungspersönlichkeit zu sein, die ich sein möchte?

Ein starkes ICH glaubt an sich. Es glaubt daran, zu Großem fähig zu sein und dafür alles und jeden in Bewegung zu setzen. Vor allem ist es in der Lage, sich auf DIE EINE SACHE zu konzentrieren und den Fokus dahin zu richten. Du erinnerst dich: Energie folgt der Aufmerksamkeit, ergo deinem Fokus.

Pro-Tipp von Tatjana Kiel

Fokus bedeutet:

Wer bin ich? Was macht mich aus?

Erst, wenn ich klar weiß, wer ich bin, kann ich mich auf meine Ziele, Visionen, Entscheidungen und Handlungen fokussieren.

Um dich selbst so zu führen, dass DU dich in deiner Mitte und bereit für alle Herausforderungen fühlst, musst du wissen:

- ★ Wer du bist
- ★ Was dich ausmacht
- ★ Worin du stark bist
- ★ Warum du das tust, was du tust
- ★ Was du brauchst, um *die* Führungspersönlichkeit zu sein, die du dir wünschst.

Doch wie findest du die richtigen Antworten auf diese Fragen?

Ich möchte anmerken, dass es hier kein richtig oder falsch gibt. Ob deine Antworten richtig sind, spürst du. Also lass los und vertraue deinen Antworten.

Tatjana Kiel sagt es geradeheraus:

„Wladimir sagt immer: Was bringt dir der größte Purpose, wenn du nicht weißt, wer du bist? Erst, wenn du klar weißt, wer du bist, kannst du dich auf deine Ziele, Visionen, Entscheidungen und Handlungen fokussieren. Somit macht es Sinn, sich zu fragen: Was möchte ich für mich erreichen? Welche Werte kann ich vertreten? Mit welchen Leuten kann ich diese Werte leben, um gemeinsame Ziele zu erreichen? Wenn Wladimir das Ziel hatte, im Ring zu siegen, war das nicht gleichzeitig auch mein Ziel. Mein eigenes Ziel war es, ihm eine sichere Umgebung zu schaffen, in der er sein Ziel erreicht: Im Ring zu siegen. Das ist ein wichtiger Punkt, der oft missverstanden wird: Wir sind in Unternehmen so sehr von Visionen und Zielen getrieben, dass wir davon ausgehen: Das Ziel unserer Vorgesetzten ist auch mein Ziel. Das ist nicht so. Ich muss mir in meinem Wirkungsumfeld überlegen, was ich zur Erreichung dieses Ziels beitragen und wo ich ansetzen kann. Ansonsten bin ich verloren, weil ich gar nicht weiß, womit ich anfangen soll – denn es ist ja nicht mein eigenes Ziel."

Doch warum fällt uns das immer wieder so schwer, frage ich Tatjana?

„Wir bekommen so viele Ziele definiert, die gar keine Ziele sind. Ziele müssen Herausforderungen sein, um spielerisch direkt dort ansetzen zu können, wo sie auch Platz zum Wirken haben."

Tatjana arbeitet seit über 16 Jahren mit Wladimir Klitschko zusammen und hat in dieser Zeit so ziemlich alles über Selbstführung, Fokus und die eigene Willenskraft gelernt, die nichts „mit dem Kopf durch die Wand" zu tun hat. Tatjana sagt, dass Willenskraft nicht starker bzw. sturer Wille ist. Laut ihrer entwickelten Erfolgsmethode F.A.C.E.[11] ist der Wille die richtig eingesetzte Umsetzungsenergie, die uns zum Erfolg führt.

Wie wäre es, wenn du nun auf einem schnellen Weg herausfindest, wer du bist – um deinen stärksten aller Führungsmuskel anzukurbeln?

Bei meinem Schema habe ich mich von der „F.A.C.E. The Challenge Method" inspirieren lassen, weil sie Sinn macht und leicht zu verstehen ist. Ich habe sie durch meine eigenen Tools erweitert und angepasst.

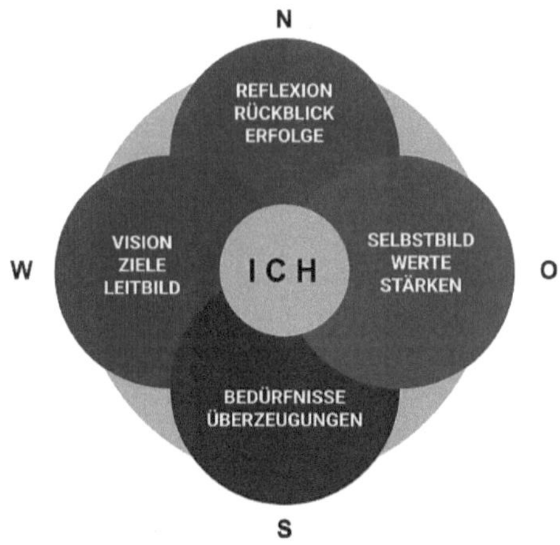

Abb. 11: ICH

Starte im Norden mit Reflexion, Rückblick, Erfolge.

Wenn du dich mit der komplexen Frage auseinandersetzt, wer du bist, kannst du sie herunterbrechen, indem du eine Reise in die Vergangenheit wagst. Schau dir an, was du bis hierhin alles erfahren, erlebt und erreicht hast. Blicke zurück, schau auf deine Erfolge und spüre in sie hinein. Vielleicht schreibst du sie dir in dein „From a place called Love"-Journal als Dankbarkeitsritual?

Gehe weiter Richtung Osten und verweile bei deinem Selbstbild.

Das stärkste verborgene Fundament, das wir als Urkraftquelle besitzen, sind unsere Werte. Ob bewusst oder unbewusst: Deine Werte sind dein Kompass, der dich durch dein Leben navigiert – egal wie andere deine Werte finden oder beurteilen.

Die CEO von Klitschko Ventures, Tatjana Kiel, hat sehr starke Werte, nach denen sie lebt und arbeitet. Ich habe Tatjana gefragt, welche Fähigkeiten und Werte es aus ihrer Sicht braucht, um bei sich zu bleiben und immer wieder an diesen Ort des *ICH BIN* zurückzukehren – in jeder noch zu kniffligen Situation:

---

[11] https://klitschko.com/en/face-the-challenge-method-en

„Es ist gut, wenn die eigenen Werte von anderen Menschen, von Deiner Peer Group, immer auch gechallenged und in Frage gestellt werden. Das hilft Dir dabei zu überprüfen, ob die Werte immer noch passen. Wenn wir gegen unsere Werte oder gegen unsere Fähigkeiten gehen, dann raubt uns das extrem viel Energie."

Tatjanas Message ist:

Wenn du Dinge tun musst, die wichtig sind und nicht ganz deinen Werten entsprechen, tue sie. Es kommen immer wieder Aufgaben, die dir widerstreben, aber einfach Teil des Prozesses sind. Sei dann aber bereit, weiter an dir zu arbeiten, um beim nächsten Mal entscheiden zu können: Das will ich nicht mehr.

Natürlich wollte ich nach diesen inspirierenden Worten auch wissen, nach welchen Werten Tatjana lebt und arbeitet:

„Meine Werte sind alle verbunden mit den Themen Selbstbestimmtheit und Freiheit, Gerechtigkeit, Mut. Vor allem aber auch mit dem Thema Gemeinschaft. Mir ist es wichtig, Brücken zu bauen, Leute zusammenzubringen, Selbstreflexion anzuregen, zu inspirieren, Empowerment zu geben. Genau diese Dinge geben mir selber wiederum Energie zurück. Wenn ich etwas gebe, kommt es immer auf eine Art und Weise wieder zurück.

Wichtig ist, dass wir uns immer wieder die Frage stellen: Bin ich gerade in der Selbstbestimmung oder bin ich es nicht? Wenn nicht: Was brauche ich, um dort wieder hinzukommen? Was passiert hier gerade? Werden meine Werte angegriffen? Kann ich das, was da gerade passiert, vertreten? Deswegen ist diese Frage so wichtig: Fühle ich mich selbstbestimmt oder fühle ich mich fremdbestimmt? Fühle ich mich fremdbestimmt, habe ich Angst und daraus wird schnell Panik. Fühle ich mich selbstbestimmt, empfinde ich keine Angst, sondern denke: Oh, da kommt etwas Neues und ich schau mal, wo das hinführt."

Eine kraftvolle Inspiration, wichtige Selbstführungsmuskel zu stärken, die unmittelbar mit deinen Werten zusammenhängen. Sie sind das Fundament deiner Führungspersönlichkeit.

Vielleicht ist es an der Zeit, dass du dich ganz bewusst mit deinen Werten auseinandersetzt und sie für dich bestimmst? Lade dir dazu gern mein Workbook „Dein Sonnen- und Schattenwertesystem" herunter.[12] Es unterstützt dich auf deiner Entdeckungsreise.

Was ist Teil deines Selbstbildes? Deine Stärken, Talente, Leidenschaften. All das, in dem du stark bist und was dir leichtfällt.

Du kannst deine Stärken (noch) nicht selbst bestimmen? Dann nimm einen Perspektivwechsel vor:

---

12 Dein Sonnen- und Schattenwertesystem im Download https://www.janine-tychsen.de/wp-content/uploads/2021/12/Workbook_Sonnen-und-Schattenwerte-1.pdf

- ★ Frage eine nahestehende Person, worin sie oder er dich stark findet (zum Beispiel deinen Partner, ein anderes Familienmitglied, beste Freundin).
- ★ Frage eine Kollegin oder einen Kollegen, worin sie oder er dich stark findet.
- ★ Und dann frage dich selbst.

Schreibe die Antworten auf und gleiche sie mit deiner eigenen Einschätzung ab. Und? Was siehst du? Worin bist du stark, talentiert und was fällt dir leicht?

Bewege dich weiter nach Süden. Gib deinen Bedürfnissen und Überzeugungen Raum.

Deine Bedürfnisse zu erkennen und an richtiger Stelle klar zu äußern, ist ein Muss, wenn du dich zur Führungspersönlichkeit entwickeln möchtest. Radikale Ehrlichkeit! Das ist kein Egoismus! Du hast die Freiheit, das für dich einzufordern, was du brauchst, um glücklich, erfüllt und erfolgreich zu sein. Stelle dich nicht hinten an, sondern stehe dazu und zu dir.

- ★ Was brauchst du zur Entfaltung?
- ★ Was brauchst du, um zu lernen und zu wachsen?
- ★ Wo ist die Tür zu Erfüllung und Erfolg?
- ★ Wann fühlst du dich am wohlsten?
- ★ Mit wem fühlst du dich am wohlsten?
- ★ Wo sind deine „Download-Wiesen"?[13]

Nimm dein Inspirational Boom-Journal als unterstützende Kraft und schreibe alles aus, was dir dazu in den Sinn kommt.

Nun wartet der Westen auf dich mit Visionen, Zielen und deinem Leitbild

Jetzt, da du immer mehr weißt, wer du bist und was dich ausmacht, kannst du dich an deine Vision und an deine Ziele heranwagen. Die Zeit ist reif und die Basis ist da.

- ★ Warum tust du, was du tust?
- ★ Stell dir vor, du sitzt mit 101 Jahren auf deiner Bettkante und blickst auf dein Leben: Was hast du erschaffen und was hinterlässt du dieser Welt?
- ★ Denke vom Ende her: Welche Ziele und Meilensteine bist du gegangen, um dort hinzukommen?

Spüre hinein und nimm auch hier eines deiner Journals zur Hilfe. Durch das Schreiben werden die Dinge zu deiner Realität. Sie sind plötzlich Gegenstand deines Lebens.

Herzlichen Glückwunsch!

Dein Kompass ist eingestellt und der wichtigste Führungsmuskel im Training.

---

[13] Download-Wiesen sind Orte oder Momente, in denen du eine starke Verbindung zu dir selbst und eine hohe Frequenz der Inspiration verspürst.

Selbstführungsmuskel 2

Selbstbeobachtung und Self-Talk

Inspiriert von Christina Baier und Janine Tychsen

Komm ins Tun!
Dein Zehn-Tage-Trainingsplan für Selbstführungsmuskel 2

In den kommenden zehn Tagen beobachtest du dich und deinen inneren Dialog in den unterschiedlichsten Situationen und im Umfeld mit verschiedenen Menschen.

- ⋆ Zoome als Adler aus dir heraus, nimm eine neutrale Metaposition ein und schau von oben auf dich herab. Gehe in die Beobachtungsposition.
- ⋆ Erfasse vor allem die Situationen, die dir Unbehagen, Angst und Unwohlsein bescheren und achte auf die Stimmen deines Inneren Rock-Konzerts.
- ⋆ Erkenne und realisiere aufkommende Gedanken, Gefühle, die sich in dir regen, deine Stimmungslagen. Die Erkenntnis, dass du dich gerade unwohl, ängstlich oder unsicher fühlst, ist der wichtigste Schritt.
- ⋆ Akzeptiere diese Ausgangslage und verurteile sie nicht. Bleib bei ihr und versuche nicht, diese Gefühle und Wahrnehmungen zu vermeiden.
- ⋆ Erforsche dich selbst, indem du dir immer wieder Fragen zu der entsprechenden Situation, deinen Gedanken und Gefühlslagen stellst: Ist das wirklich wahr, was ich gerade denke? Wo kommt das Gefühl her? Was macht es mit mir? Wie wirken sich meine Gedanken und Gefühle auf meine Rolle als Führungspersönlichkeit und auf mein Umfeld aus? Was brauche ich, um diese Gedanken aufzulösen und in positives Denken umzuwandeln? Was brauche ich, um mich selbst wieder zu beruhigen und in die richtige Energie-Umlaufbahn zu bringen? Wie gehe ich das nächste Mal mit der Situation um, wenn sie wieder auftaucht?
- ⋆ Ergänze diese Fragen mit jenen, die dir spontan dazu einfallen. Schreibe sie auf.
- ⋆ Halte Ausschau nach dem Positiven, richte deine Aufmerksamkeit genau dort hin.
- ⋆ Nutze die Technik des Journalings, um deine Gedanken und Gefühle zu klären. Am besten nutzt du alle drei Journalingmethoden oder du beginnst mit einer.
- ⋆ Nutze die Kraft der Affirmation. Horch in dich hinein und lass tragende und kraftvolle Sätze in dir entstehen und auf dich wirken. Schreibe diese Sätze auf und lass dich von ihnen durch den Tag oder die entsprechende Situation tragen.
- ⋆ Empfinde Freude bei allem, was du tust.

Diese zehn Tage sind ein Anfang, dich stärker mit dir selbst zu verbinden und herauszufiltern, was dich wie und warum beschäftigt.

Wie wäre es mit dieser stärkenden Affirmation?

Ich achte darauf, dass es mir mit allem, was ich tue, gut geht. Das gibt mir die Kraft, meine Gedanken und Gefühle anzunehmen.

Selbstführungsmuskel 3

Reflexion und Selbsterkenntnis

Inspiriert von den Aussagen all meiner Interview-Gästinnen

Komm ins Tun!
Dein Zehn-Tage-Trainingsplan für Selbstführungsmuskel 3

Beende jeden der kommenden zehn Tage bewusst mit einem Ritual deiner Wahl, in dem du folgende (und eventuell eigene ergänzende) Fragen schriftlich reflektierst. Jeden Tag, wenn du deinen Arbeitstag abschließt.

Was habe ich heute erreicht, worin war ich erfolgreich und richtig gut?

Was ist nicht so gut gelaufen?

War ich heute die Führungspersönlichkeit, die ich sein wollte?

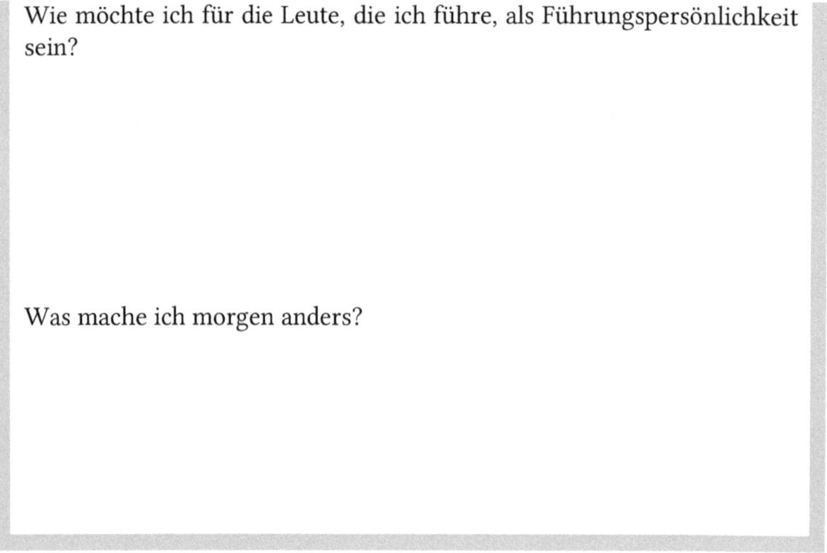

Wie möchte ich für die Leute, die ich führe, als Führungspersönlichkeit sein?

Was mache ich morgen anders?

Pro-Tipp von Fränzi Kühne

Stärke deine Reflexionsfähigkeit, indem du jeden Abend ein paar Zeilen darüber schreibst, was dich bewegt, was dir besonderen Spaß gemacht hat, oder auch worauf du wütend bist.

Wie du reflektierst, ist dir selbst überlassen und hängt von deiner Persönlichkeit, deinen Vorlieben und der Praktikabilität ab. Du musst nicht anfangen zu meditieren, nur weil viele Menschen Meditation als *das* Reflexionstool Nummer eins empfinden. Finde etwas, was dich anspricht und was du nachhaltig als neue Gewohnheit in deinen Arbeitsalltag integrieren kannst. Es darf leicht sein und sollte keine zusätzliche Anstrengung bedeuten.

Doch eines darfst du dir versprechen: Versprich dir regelmäßige Reflexion, um Erfolgsmomente, Glück, Liebe, Schmerz, Unsicherheit und alles festzuhalten, was zum Leben gehört. Das ist wichtig, um Dinge abzuschließen und sich auf das Morgen vorzubereiten.

Monika Schulz-Strelow war an diesem Punkt, als wir Mitte 2021 das Interview zu meinem Buch geführt haben. Eine unglaublich inspirierende Frau, von der ich schon viel lernen durfte.

„Fang einfach an, Dinge abzuschließen und Dinge zu bewegen. Nach meiner Zeit als FidAR-Präsidentin[14] muss ich mich wirklich hinsetzen und mich ehrlich fragen: Schulz-Strelow, was war diese Zeit für dich? Wer bist du als öffentliche Person und wer als Privatperson? Sie sind sehr deckungsgleich und

[14] Monika Schulz-Strelow ist im November 2021 aus dem Amt ausgeschieden. Marie-Alix Freifrau Ebner von Eschenbach ist neue FidAR-Präsidentin.

gleichzeitig sehr unterschiedlich. Klar sagen viele, Schulz-Strelow ist die Frau hinter der Quote.[15] Wir haben mit FidAR extrem viel bewegt. Wir haben ein Gesetz mit der Berliner Erklärung auf die Beine gestellt und für die Novellierung des Gesetzes im Sommer 2021 die notwendigen Zahlen und Argumente geliefert.[16] Einer der spannendsten Momente meines Wirkens war, im März 2015 im Bundestag zu sitzen, namentlich genannt zu werden und von den Abgeordneten beklatscht zu werden. Sie haben nicht mich beklatscht, sondern FidAR und die Frauenverbände, die vor Ort waren. Ohne uns alle wäre dieses Gesetz niemals zustande gekommen. Das Größte jedoch, was mich zutiefst erfreut hat, war die Verleihung des Bundesverdienstkreuzes für den Einsatz von Frauen in der Wirtschaft. Was macht Frau nach all den wundervollen Momenten der Erfüllung und des gemeinsamen Erfolgs?"

In diesem Buch findest du zahlreiche Ansätze zur Reflexion. Doch was genau bedeutet Reflektieren eigentlich und wie kannst du das Beste herausholen aus deiner Art der Reflexion?

Aus meiner Sicht unterschätzen viele Menschen die Kraft der Reflexion, des Nach- und Überdenkens. Viele nehmen sich nicht die Zeit, weil sie diese Kraft für sich noch nicht entdeckt haben. Doch Selbstreflexion ist eine notwendige Voraussetzung für Erfüllung, Glück und Erfolg. Sie bietet den Resonanzboden für Veränderungen und Lösungsansätze.

Durch Selbstreflexion lernst du dich und deine Bedürfnisse besser kennen. Du erkennst, was dir wirklich wichtig ist und was nicht. Du findest heraus, welche Verhaltensweisen förderlich sind und welche dich eher an deiner Erfüllung und deinem Erfolg hindern und mit welchen du bei anderen Menschen aneckst. Du erkennst Fehler und lernst aus ihnen.

Wenn du dich selbst und dein Verhalten immer wieder reflektierst, wirst du dich immer mehr selbst verstehen, deine Potenziale und Stärken erkennen. Nur so kannst du dich weiterentwickeln und „the best calm version of yourself" werden. Mit Selbstreflexion investierst du in dir selbst. Dieses passende Zitat stammt vom Milliardär Warren Buffet:

Das wichtigste Investment, welches du tätigen kannst, ist in dir selbst.

Das ist so wahr und doch vernachlässigen wir das oft. *Brigitta Nelte* hat einen sehr powervollen Umgang mit diesem wertvollsten Investment gefunden:

„Bewusste Selbstentspannung. Du solltest wissen, welche Schwächen du hast. Raus aus der angespannten Situation, überdenken und dann weitermachen. Ich praktiziere progressive Muskelentspannung und bewusste Atemübungen, über die ich mir die innere Ruhe zurückhole. Danach habe ich wieder die nötige psychische Kraft, um weiterzumachen. Jedoch häppchenweise. Herausforderungen und Schwierigkeiten lassen sich nur in kleinen Schritten angehen."

---

15 Frauen in die Aufsichtsräte https://www.fidar.de/ueber-fidar.html

16 Deutschlandweites Bündnis zur Gleichstellung https://www.berlinererklaerung.de/

Ich frage nach, wie sie diesen wichtigen Selbstführungsmuskel trainiert.

„Vor wichtigen Veranstaltungen, Gesprächen oder vor Situationen, in denen ich gefordert bin, helfen mir Übungen wie die Muskelentspannung. Für mich ist es zudem extrem wichtig, mich in die größtmögliche Freude zu bringen. Bestimmte Musik hören, rauskommen, sich wie wild bewegen. Spontan vom Schreibtisch aufstehen und tanzen oder lockern. Sofort kann ich daraus Kraft schöpfen und die Energie wiederherstellen. Wenn ich als Psychologin über die Sorgen meiner Klienten nachdenke, muss ich dafür sorgen, dass ich damit umgehen und Distanz einnehmen kann. Jedoch nie ins Negative abrutschen."

Durch Selbstreflexion stärken wir:

- ⋆ unsere Selbstwahrnehmung und Selbstbeobachtungs-Kompetenzen
- ⋆ die Verbundenheit mit unserem Inner Self – unserem ICH
- ⋆ unser Selbstvertrauen und Selbstbewusstsein
- ⋆ unsere Resilienz, Durchsetzungs- und Meinungsstärke
- ⋆ die Liebe zu uns selbst
- ⋆ den Umgang mit schwierigen Situationen und Menschen
- ⋆ die Wahrnehmung unseres Erfolgs und unserer Entscheidungen
- ⋆ unser Fühlen und Handeln

Ergänze deine eigenen Selbstreflexions-Erfahrungen:

⋆

⋆

⋆

⋆

So reflektierst du sinnvoll

Bei der Reflexion kommt es immer auf den Kontext an. Daher ist die Ausgangsfrage stets: Worüber möchte ich reflektieren? Selbstreflexion führt im besten Fall zu einer Erkenntnis. Es ist die Fähigkeit, sein eigenes Denken, Handeln und Fühlen kritisch zu hinterfragen. Indem du reflektierst, lernst du dich, deine Persönlichkeit und deine Bedürfnisse noch besser kennen und findest Antworten auf die Frage, wie du mit Situationen, Aufgaben und Menschen umgehen kannst.

Drei „What-Steps" der Reflexion nach dem Terry Borton-Modell[17]

1 What? Beschreibung der Situation

Hast du den Kontext und die Situation erfasst, dann überlege objektiv, was in dieser Situation, über die du reflektieren möchtest, passiert ist. Es ist quasi eine Bestandsaufnahme, eine einfache Schilderung der Situation. Du nimmst die neutrale und wertfreie Rolle der Beobachterin ein. Die Frage nach dem Warum ist im ersten Reflexionsschritt noch nicht wichtig. Sei ehrlich zu dir und so objektiv wie möglich.

Diese Fragen unterstützen dich bei der objektiven Erfassung der Situation:

- ★ Was genau ist passiert?
- ★ Wer war daran beteiligt?
- ★ Wie habe ich reagiert?
- ★ Wie habe ich mich dabei gefühlt?
- ★ Wie hat mein Gegenüber reagiert?
- ★ War das eine gute, mich weiterbringende Erfahrung oder eine unangenehme, ja sogar unnütze Erfahrung?

2 So what? Analyse der Situation und die Frage nach dem Warum

In diesem Schritt erkundest du die Hintergründe der Situation. Du versuchst zu erklären, warum du so reagiert und gehandelt hast. Gehe immer von einer positiven Absicht aus!

Diese Fragen unterstützen dich bei der objektiven Erfassung der Situation:

- ★ Warum ist es zu dieser Situation gekommen?
- ★ Was ist der Situation vorangegangen?
- ★ Warum habe ich so reagiert?
- ★ Warum hat mein Gegenüber so reagiert?
- ★ Hätte ich anders reagieren können?
- ★ Welche Rolle bezüglich meines Verhaltens spielen frühere Erfahrungen?
- ★ Habe ich noch immer die Gefühle, die ich unmittelbar nach der Situation empfunden habe?

3 Now what? Lerneffekt

In diesem Schritt geht es um die Erkenntnis, was du aus der Situation gelernt hast und was du in Zukunft anders machen wirst.

- ★ Worauf weist mich die Situation hin?
- ★ Wo darf ich in Zukunft stärker hinschauen, worauf achten?
- ★ Was zeigt mir die Analyse meines Verhaltens? Was lerne ich daraus?
- ★ Was mache ich in der nächsten Situation bewusst anders?

---

[17] https://www.impulse.de/management/selbstmanagement-erfolg/terry-borton-modell/7606735.html

- ★ Was brauche ich dafür?
- ★ Welche Gewohnheit brauche ich vielleicht, um es anders zu machen?

Welche sind deine drei wichtigsten Selbstführungsmuskel und warum?

Ich feiere dich

Was bin ich stolz auf dich! Du hast den ersten Teil des Buches durchgearbeitet und deinen „Selbstführungs-Rucksack“ vollgepackt mit den wunderbar soliden Werkzeugen, die dich für den nächsten wichtigen Schritt rüsten: für Führung.

Feiere dich dafür und wertschätze dich, dass du es ernst meinst mit deiner Entwicklung und dem Wachstum als Führungspersönlichkeit.

Feiere dich dafür, dass du dabei bist, deine limitierenden Glaubenssätze nach und nach aufzulösen oder sie in positive und tragende Glaubenssätze zu transformieren.

Feiere dich dafür, dass du mittendrin steckst in deiner Transformation und nun weißt, dass viel mehr in dir verborgen liegt, das deine geistigen Vorstellungen übersteigt.

Atme tief durch. Mache eine Pause. Lege das Buch beiseite, lass die Inhalte sacken.

Selbstführung ist die Essenz von Führung

Mit dieser Erkenntnis schließen wir den ersten Teil des Buches ab und besteigen neugierig und mit einem großen Ziel vor Augen den Berg der Führung – mit einem soliden Rüstzeug machen wir uns nun gemeinsam auf den Weg.

Bist du bereit für Führung?

Are you ready to rumble?

Teil zwei – Umsetzen

"If you don't fit in with the crowd,
perhaps it is because you were meant to lead."

Marylin Monroe

30 Tage Führung auf der Bühne deines Lebens

Loslassen – Neuausrichten – Auftauchen

Dein Trainingsplan für deine Führungsmuskeln

In diesem zweiten Buchteil erarbeitest du:

Kapitel 1: Dein Ziel: Führe mit innerer Kraft und äußerer Präsenz
Kapitel 2: Deine Ausgangslage: Führung liegt (in) dir
Kapitel 3: Dein Weg: Übernimm Führung für Körper, Geist und Zeit

Bevor wir in die Reflexion gehen, eröffne ich den zweiten Teil des Buches mit einem kraftvollen Zitat von *Claudia Kessler*. Ihre Worte bestärken die Bedeutung von Führung.

„Mir ist am wichtigsten, dass wir immer mal wieder einen Schritt zurücktreten und den Blick von außen auf unser Leben werfen. Stell dir vor, du bist im All und schaust von oben auf die Erde und dein Leben herab. Dann stelle dir die enorme Schwerkraft vor, die uns hier auf der Erde hält und wie wir auf diesem Planeten Erde leben, der mit 30 Kilometer pro Sekunde um die Sonne kreist. Wir sind Teil des Universums, wir sind mittendrin. Wenn wir so denken – dass wir Teil des Universums sind – relativieren sich viele Alltagsprobleme und wir können Gesamtzusammenhänge herstellen. Vielleicht lassen sich dann heute dramatisch erscheinende Herausforderungen ganz anders lösen."

1.1 Reflexion

Dich erwarten weitere 30 Tage deiner Führungspersönlichkeitsentwicklung. Bevor wir eintauchen, lass uns gemeinsam reflektieren. Im Folgenden schlage ich dir einige Fragen zur Selbstreflexion vor. Folge wie immer deinen eigenen Impulsen. Nimm dir für deine Reflexion etwa zehn Minuten Zeit und schreibe alles auf, was dir einfällt. Reichen die Zeilen nicht aus, nimm dein Journal zur Hand und schreibe deine Gedanken dort hinein.

Wie waren deine ersten 30 Tage im mentalen Fitnessstudio?

Welche wichtigen Erkenntnisse hattest du? Was hast du bereits verändern können?

Welche Blockaden oder Herausforderungen standen (und stehen) dir im Weg und wie hast du sie gemeistert?

Wie kommst du mit deinem inneren Rock-Konzert klar?

Wie haben sich dein innerer Dialog und deine Sprache verändert?

Wie geht's dir jetzt und wie ist dein Energie-Level?

Was brauchst du, um dich immer sicherer in deiner Selbstführung zu fühlen?

Welchen Selbstführungsmuskel trainierst du nun – mit oder ohne Muskelkater?

Nutze die folgenden Zeilen für die Playlist deines inneren Rock-Konzerts. Was trällert es gerade? Schreibe alle Zweifel, Sorgen, Gedanken, Gefühle auf. Nimm gern dein „Rage the Page Journal“ zur Hand, um deine Gedanken durch dich hindurch direkt aufs Papier zu gießen.

1.2 Warm-up

Junge Frauen, die mit ihrer ersten oder zweiten Führungsposition noch ziemlich am Anfang ihrer Karriere stehen, sagen oft: „Ich muss erst in die Führungsrolle hineinwachsen. Ich kann das noch nicht und weiß nicht so recht, wie ich das machen soll.“ Diese Unsicherheit haben auch sehr erfahrene Frauen in Führung. Auch sie zweifeln ihre Rolle und ihre Führungsqualitäten jeden Tag aufs Neue an. Sie fragen sich, ob sie richtig führen? Ob sie als Person ankommen und gemocht werden für das, was sie tun oder sind oder nicht tun? Ob ihr Führungsstil für alle angenehm ist? Ob sie mit ihren konkreten Handlungen und Entscheidungen, die gesetzten Ziele auch erreichen können?

Doch erfahrene Frauen in Führung haben im Laufe ihrer Karriere vieles ausprobiert und Strategien entwickelt, die ihnen helfen, mit ihren Zweifeln und Ängsten umzugehen.

Müssen wir also erst in die Führungsrolle hineinwachsen? Ja und nein.

Dieses Ja und Nein passiert auf zwei Ebenen.

Ebene 1

Führung ist ein Prozess, der nur im täglichen Tun erlernt werden kann und nie endet.

Die Antwort auf die Frage, ob du erst in die Führungsrolle hineinwachsen musst, lautet in diesem Kontext eindeutig ja. Denn steigende Führungsqualität und das allmähliche Führen aus der individuellen Persönlichkeit heraus, ist faktisch ein langjähriger Prozess, dem du dich öffnen und dem du geduldig, offen und neugierig folgen darfst. Führungskompetenz braucht Zeit, Erfahrung, Scheitern und Erfolge.

Ebene 2

Willst du führen, dann führe vom ersten Augenblick an – vor allem dich selbst.

Auf dieser Ebene kann die Frage, ob du erst in die Führungsrolle hineinwachsen musst, nur mit nein, nein und nochmals nein beantwortet werden, weil dieses Denken der falsche Ansatz ist.

Erinnere dich für einen Moment an die Gedankenspirale (Abb. 12). Deine Gedanken bestimmen deine Emotionen, Gefühle und deine Handlungen.

Als ich Führungspersönlichkeit in der Unternehmenswelt war, hatte auch ich all diese Gedanken und Gefühle. Auch jetzt, beim Schreiben dieser Zeilen, kommt die Erinnerung hoch und mein Magen zieht sich zusammen. Oft hatte ich Angst, vor allem am Anfang meiner Karriere. Ich hatte Angst vor meiner eigenen Courage, vor den Erwartungen der Anderen, vor den überwältigenden und neuen Aufgaben, vor meinem Chef, vor meinem Team. All dem nicht gerecht zu werden, nicht gut genug zu sein, fehlerhafte oder gar keine Entscheidungen zu treffen – das lähmte mich innerlich sehr.

INNER WORK FIRST: GEDANKENSPIRALE
INNERE HALTUNG, ÄUßERE WIRKUNG

ÄUßERER UMSTAND —> FAKT = NEUTRAL

GEDANKEN —> EMOTIONEN

EMOTIONEN —> GEFÜHLE

GEFÜHLE —> EINSTELLUNG

EINSTELLUNG —> HANDLUNG

HANDLUNG —> ERGEBNISSE

Abb. 12: Die Gedankenspirale

Doch ich sag dir was: Schon immer habe ich der Angst ganz genau zugehört, doch ich habe mich ihr nie komplett ausgeliefert. Meine Freude, Menschen zu führen, zu fördern und zu fordern – aus ihnen das Beste herauszuholen und sie von ihren eigenen Stärken zu überzeugen. Der Mut und die Gewissheit, mit ihnen gemeinsam als Team Ziele erreichen zu können. Meine Neugier und der große Wunsch des Mitgestaltens und Veränderns – ja, auch das starke Bedürfnis zur A-Liga zu gehören, mitsprechen und gesehen zu werden. All das übertrumpfte diese Angst um ein Vielfaches. Ich wählte immer den Weg des größten Widerstandes. Ich katapultierte mich immer wieder aufs Neue aus der Komfortzone heraus.

Ich weiß noch, als ich bei einem großen deutschen Pharmaunternehmen als Pressesprecherin für globale Forschungsprojekte anfing. Ich war Anfang 30 und hatte schon zehn Jahre in einem großen Aktienunternehmen gearbeitet. So konnte ich bis dahin schon auf eine ordentliche Karriere mit hohem Erfahrungsschatz blicken. Dennoch: Der neue Job war der Sprung aufs übernächste Level. Die Bühne war größer und sehr viel rutschiger. Sofort habe ich internationale Aufgaben übernommen, verhandelte mit Agenturen aus anderen Ländern, bin durch die Welt gereist. Ich habe wichtige Pressemeldungen geschrieben, die für den Aktienmarkt relevant waren und die ich mit internationalen Partnern und Rechtsabteilungen abstimmen musste. Ich hatte keine Erfahrung auf diesem Markt. Dann noch das ganze Englisch und die Unternehmenskultur. Ich hatte so viel zu lernen. Oh Jesus, mich packte so oft die nackte Angst! Ich kam aus einem soliden deutschen Unternehmen mit deutscher Ausrichtung und agierte nun auf internationalem Parkett mit hoch wirtschaftlicher und politischer Relevanz. In diesen Jahren bin ich enorm gewachsen, weil ich der Angst die Hand gereicht habe und mich auf meine „Yes – you can!“-Persönlichkeit verlassen habe.

Warum konnte mir das gelingen, ohne dass ich daran zerbrochen bin? Wie passen so viel Angst und so viel Mut zusammen? Weil ich nicht erst reinwachsen musste: Ich *war* von Anfang an diese Rolle. Ich habe sie in jeder einzelnen Zelle meines Körpers und meines Geistes gespürt. Ich habe mir diese Führungsrolle zu eigen gemacht und sie zu einem Teil meiner Persönlichkeit werden lassen. Ich habe sie nicht von mir abgekoppelt, sondern habe sie mit Haut und Haaren angenommen und für mich gestaltet. Ich wollte mich gut in dieser Rolle fühlen und habe sie gelebt. Trotz des großen Führungsschmerzes.

So frage ich dich:

Warum denkst du, dass du in deine Führungsposition erst hineinwachsen musst? Worauf willst du warten – um dann genau was zu tun?

Beantworte diese Frage kurz für dich selbst:

Indem du behauptest, du musst in diese Führungsrolle erst hineinwachsen, gibst du nicht alles und bist nicht all-in. Du lässt dir das Hintertürchen offen, durch das du jederzeit wieder lautlos verschwinden kannst. Sobald du diese Aussage des „erst-Hineinwachsens“ triffst und glaubst, hast auch du Angst vor deiner eigenen Courage und pflanzt den Samen für einen neuen hinderlichen Glaubenssatz: „Ich muss erst in die Rolle hineinwachsen.“ Du traust dir Führung in diesem Augenblick selbst nicht zu. Tue dir einen Gefallen und knalle diese Tür mit freudiger Wucht, Gewissheit und Selbstvertrauen zu. Lass dich ein auf das Abenteuer Führung. Schließlich hast du dich bewusst und aktiv dafür entschieden. Stehe zu deinen Entscheidungen und gib dir ein klares JA.

Karin Heinzl hat mit MentorMe 2015 das größte deutsche Mentoringprogramm für Frauen gegründet. Sie kennt dieses Hineinwachsen nur allzu gut. Ich habe sie gefragt, ob sie sich selbst bewusst in die Rolle der Gründerin und CEO hineingeführt hat.

„Bei mir war es das Gegenteil, pure Naivität. Ich dachte, ich probier das mal aus. Wenn's nicht aufgeht, geht's nicht auf. Diese Naivität fehlt vielen Frauen, weil sie zu perfekt sein wollen. Weil sie dieser Perfektion so viel Raum geben, handeln sie am Ende oft gar nicht. Ich war naiv und hatte keine Ahnung, wie man ein Unternehmen aufbaut. Ich habe es dann als Projekt gesehen. Niedrigschwellig anfangen, bin ich die ersten kleinen Schritte gegangen.

Nichts ist schwieriger und herausfordernder, als Menschen zu führen. Es ist eine der schönsten Dinge, aber auch eine der herausforderndsten, weil Menschen komplett unterschiedlich sind. Ich glaube, wir lernen bis zum Ende unserer Tage, wie wir führen können, wenn wir Menschen führen.

Mittlerweile bin ich in dieser Rolle angekommen. Ich lebe sie vollends aus. Ich bin als Führungskraft sehr schnell, gebe viel, verlange aber auch viel. Wenn ich das Gefühl habe, dass es läuft, dann halte ich mich raus. Habe ich das Gefühl, es läuft nicht, dann gehe ich auch mal ins Mikromanagement und klinke mich ein. Das ist letztlich auch meine Verantwortung. Meine Führung ist eine agile Führung und ich möchte Menschen befähigen.“

Somit ist der erste wichtige Schritt, stets auf deine Gedanken zu achten und nachzudenken:

- Wie sehe ich meine Rolle als Führungspersönlichkeit?
- Wer muss ich werden, wer muss ich sein, um diese Rolle mit meiner Persönlichkeit zu leben?
- Halte ich es für möglich, mich mit und in dieser Führungsrolle weiterzuentwickeln?
- Was bin ich bereit auf mich zu nehmen?
- Welche neuen Gewohnheiten im Denken und Handeln brauche ich dafür?
- Was denke ich über Führung, wenn ich mich als Führende sehe?
- Was möchte ich über Führung denken?

- ★ Was fühle ich morgens vor der Arbeit, wenn ich an meinen Führungsalltag, an meine Mitarbeitenden, an die aufkommenden Herausforderungen denke?
- ★ Möchte ich genau das fühlen oder entscheide ich mich für ein anderes, besseres Gefühl?

Es sagt sich leicht, in ein besseres Gefühl zu kommen. Doch dieses Gefühl ist wichtig, um in deiner Rolle als Führungspersönlichkeit anzukommen. Ich möchte dich mit einem wundervollen Werkzeug dabei unterstützen.

Die Emotional Guidance Scale von Abraham Hicks

Meine Freude, Menschen zu führen und selbst zu wachsen, überwältigt jede Angst. Ich entscheide mich immer für die Freude. Natürlich empfinde ich nicht bei allem, was ich tue, Freude. Doch schon der bloße Gedanke daran, bei allem was ich tue, Freude empfinden zu wollen, macht etwas mit mir. Das zeigt, dass wir uns jederzeit aus einer niedrigen emotionalen Energie wieder auf ein nächst höheres Energie-Level begeben können. Oftmals nur durch bloße Gedanken.

Wenn du dich für die Freude entscheidest, erlaubst du dir, selbstbewusst zu handeln und entsprechend aufzutreten. Dabei geht es nicht darum, immer positiv sein zu wollen. Das funktioniert nicht. Es geht vielmehr um das bewusste Entscheiden darüber, wie ich mir selbst in meiner Führungsrolle begegnen möchte. Du darfst auch mal schlecht drauf sein. Der Druck, der in dir brodelt, darf entweichen. Je näher du der Freude tatsächlich bist, desto leichter fällt es dir, Führungsaufgaben und Herausforderungen anzunehmen und zu lösen. Sicher denkst du jetzt, dass dieser Zustand der Freude illusorisch und nicht umzusetzen ist. So wird es bleiben, wenn du negativen Gedanken und Gefühlen das Kommando überlässt.

Was also kannst du tun, um mehr Freude und Sicherheit zu erlangen?

Ich rate dir nicht, die Freude als ultimativen Zustand erreichen zu wollen. Denn dann wirst du scheitern. Stell dir vor, du bist verzweifelt und möchtest direkt auf Freude wechseln. No way! Das ist unmöglich.

Um dich dennoch der Freude in jeder Situation so schnell und zuverlässig wie möglich zu nähern, möchte ich dir die Emotional Guidance Scale von Abraham Hicks[18] vorstellen.

Die Emotional Guidance Scale ist eine Liste von Emotionen zwischen Angst, Verzweiflung, Kraftlosigkeit, Depression, über Ärger, Sorge, Zweifel, bis hin zu Hoffnung, Optimismus, Leidenschaft und Freude.

---

[18] https://www.abraham-hicks.com/about/

Die „Skala der emotionalen Ausprägungen“[19] sieht wie folgt aus:

1. Freude, Anerkennung, Empowerment, Freiheit, Liebe
2. Leidenschaft
3. Enthusiasmus, Lernbereitschaft, Eifer, Glücksgefühl
4. Positive Erwartungen, Glaube
5. Optimismus
6. Hoffnung
7. Zufriedenheit, Wohlergehen, Behagen
8. Langeweile
9. Pessimismus
10. Frustration, Irritation, Ungeduld
11. Überwältigung
12. Enttäuschung
13. Zweifel
14. Sorgen
15. Schuld
16. Entmutigung
17. Ärger, Zorn
18. Rache
19. Hass, Wut
20. Eifersucht
21. Unsicherheit, Unwürdigkeit
22. Angst, Trauer, Depression, völlige Verzweiflung, Kraftlosigkeit

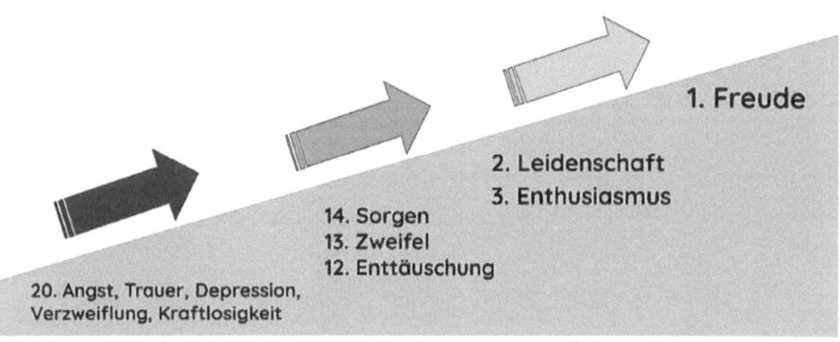

Abb. 13: Die Emotional Guidance Scale von Abraham Hicks

[19] aus dem Englischen ins Deutsche übersetzt

So nutzt du die Emotional Guidance Scale

Das Ziel ist es zu identifizieren, wo du dich in einer bestimmten Situation aktuell emotional befindest.

Stell dir eine schwierige Situation in deinem Führungsalltag oder im Privatleben vor. Vielleicht hattest du vor Kurzem ein Kritikgespräch, das noch an dir nagt und dich frustriert zurücklässt. Vielleicht hattest du bei deiner letzten Präsentation vor deinem Team oder dem Chef einen Blackout und zweifelst nun an deiner Kompetenz. Vielleicht hast du so viele Ideen und Ziele im Kopf, dass du gerade nicht weißt, wo du anfangen sollst, was dich enorm überwältigt. Vielleicht hast du jemanden vor den Kopf gestoßen und nun quälen dich Gewissensbisse. Vielleicht möchtest du dich beruflich weiterentwickeln, findest aber keine angemessene Stelle und bist enttäuscht von dir selbst. Vielleicht musstest du deinen Job aufgeben oder wurdest entlassen und hast nun Angst, ohne Einkommen dazustehen.

Was immer es auch ist: Schließe deine Augen und fühle dich in diese Situation hinein – auch wenn es weh tut. In den Schmerz reingehen hilft, ihn zu lindern. Die Gefühle, die du fühlst, werden zu der Energie, die du abgibst. Somit verändert sich deine Energie positiv, je höher du auf der Skala Richtung Freude kletterst. Es muss nicht dein Ziel sein, absolute Freude zu empfinden. Das Ziel muss sein, das nächstbeste Gefühl zu fühlen und somit in die nächsthöhere Energie zu kommen.

Das heißt, wenn du ein sehr niedriges Gefühl auf der Skala empfindest, wie Angst aus Punkt 22, ist auch deine Energie sehr niedrig.

Schritt 1: Erkenne den Gedanken und das Gefühl.

Wenn du an diese eine Situation denkst, frage dich: Wie fühle ich mich, wenn ich an diese Situation denke? Welches Gefühl der Emotional Guidance Scale kommt auf?

____

Schritt 2: Vergib und akzeptiere den Gedanken und das Gefühl

Sei verständnisvoll mit dir und verurteile dich nicht dafür. Sage laut:„Ich vergebe mir für diesen negativen Gedanken und das schlechte Gefühl.“

Schritt 3: Warum kommt dieses Gefühl in mir auf?

____

____

Schritt 4: Akzeptiere die Antwort und beobachte.

Nimm wahr, ob du von deinem ursprünglichen Gefühl bereits ein Gefühl nach oben geklettert bist. Anhaltspunkte sind Worte und Phrasen wie „Ich bin wütend, ich sorge mich, ich fühle mich schuldig“. Wenn du Anhaltspunkte für das nächstbeste Gefühl auf der Skala hast, notiere es.

____

____

Schritt 5: Führe dich die Skala hinauf

Frage dich, welcher Gedanke dich zu deinem nächstbesten Gefühl führen könnte. Denke an etwas Besseres als vorher. Dein neuer Gedanke muss nicht zwangsläufig mit der Situation verknüpft sein. Stelle dir vor, wie gut dir ein besseres Gefühl tun wird.

____

____

Schritt 6: Lass los!

Entscheide dich dafür, das alte Gefühl und die limitierenden Gedanken loszulassen.

Ich entscheide mich proaktiv dafür, den Gedanken ____________________ und das Gefühl ____________________ loszulassen.

Was diesen Prozess so kraftvoll macht, ist die Tatsache, dass du dich nicht in den höchsten und schönsten Gefühlszustand pushen musst, sondern in kleinen Schritten in diese Richtung klettern darfst. Erlaube dir diese Freiheit. Hab Geduld. Kleine Schritte sind kraftvoller und befriedigender als der große Sprung.

Voraussetzung ist deine Bereitschaft, absolut ehrlich zu dir selbst sein zu wollen und der Wille, den nächstbesten Gedanken denken zu wollen, der dir das nächstbeste Gefühl schenkt. In dem Moment, in dem du deine wahren Gefühle akzeptierst und wertschätzt, erfährst du Erleichterung und kannst auf das nächste Energie-Level klettern.

Setzt du dieses emotionale System regelmäßig, konstruktiv und ohne Selbstverurteilung ein, kann es dir als mächtiges Werkzeug dienen, um deinen Geist von falschen und einschränkenden Überzeugungen zu befreien und ihn auf einen positiven Pfad zu steuern. Deine Emotional Guidance Scale kannst du dir wie einen Kompass vorstellen. Er hilft dir, dich auf dein Ziel auszurichten und in die gewünschte Richtung zu navigieren. Du bekommst immer mehr ein Gefühl dafür, was wirklich wichtig ist in deinem Leben – persönlich und beruflich.

Ein enorm hilfreiches Werkzeug! Schreibe die Skala am besten auf eine Karteikarte, klebe sie dir an den Rechner, steck sie dir ins Portemonnaie und trag sie immer bei dir. So kannst du deinen Gemütszustand schnell verbessern. Proaktiv!

Dieses Werkzeug hilft dir von Anfang an, dir deine Führungsrolle zu eigen zu machen, zu leben und mit deiner Persönlichkeit auszufüllen. Denn Gefühle, die dauerhaft ganz unten auf der Skala angesiedelt sind, werden dich in deinem Wachstum und deiner Weiterentwicklung stark behindern.

Du bist bereits Führungspersönlichkeit! Du musst da nicht reinwachsen!

Um das auch deinem Unterbewusstsein klarzumachen, nutze dazu folgende Affirmationen. Sie helfen dir, dich mit deiner Führungspersönlichkeit zu verbinden, eins mit ihr zu werden.

Ich bin genau richtig so, wie ich bin.

Ich bin bereit für Führung.

Ich bin ausgewählt, um zu führen.

Ich bin bereit, zu lernen.

Ich bin bereit für neue Herausforderungen.

Ich bin innerlich ruhig.

Ich bin die Führungsrolle.

Ich bin ich.

Ich wirke.

Einordnung von Führung

Bevor wir in dein Ziel „Führen mit innerer Kraft und äußerer Präsenz" tiefer eintauchen, möchte ich den Begriff Führung einordnen und in unserem Sinne eingrenzen. Das klassische und hierarchische Konzept von Führung wird in der heutigen Zeit mehr und mehr in Frage gestellt und wird (hoffentlich) in naher Zukunft keine Rolle mehr spielen. Vor allem in jungen Unternehmen und Startups wird die alte Schule des „Führens nach Hierarchien" durch neue Führungsansätze ersetzt. Ich umarme jeden neuen Ansatz, der den Human Factor – den Faktor Mensch – ins Zentrum von Führung rückt.

Die klassische Definition von Führung

Führung ist eine Methode, Menschen für gesetzte Ziele zu motivieren und sie auf den Weg der Zielerfüllung für den gemeinsamen Erfolg mitzunehmen. Der Führungsprozess ist eine „ständige Begleitung" der Geführten, um diese Ergebnisse zu erzielen.[20]

Wissenswert: Führung

Das Führen von Menschen, Prozessen, Situationen setzt auf das solide Fundament der Selbstführung auf. Führung und Selbstführung stehen in einem ständigen Rückkopplungsprozess. Aus diesem Prozess heraus entwickeln sich individuelle Führungskompetenzen, die zur gewünschten Führungspersönlichkeit heranwachsen.

---

20 https://de.wikipedia.org/wiki/Menschenf%C3%BChrung#F%C3%BChrungstheorien

Führen auf Distanz

In der Zeit der globalen Corona-Pandemie ab März 2020 rückte zwangsläufig eine „neue Art“ von Führung in den Fokus: das Führen auf Distanz. Bis dato wurde diesem Ansatz wenig Bedeutung geschenkt, was auch nicht notwendig war. Viele Aktivitäten, Veranstaltungen, Coachings, Trainings und das klassische Büro wurden von heute auf morgen in den Online-Bereich verlegt. Aus dem klassischen Büro, in dem Menschen physisch zusammenarbeiten, wurde urplötzlich ein Homeoffice – ein Büro zu Hause. Nur Wenige konnten dieser schnellen Veränderung folgen. Nur Wenige haben anfangs verstanden, was das ist und wie das geht. Mit dem Homeoffice verlagerte sich auch Führung in den virtuellen Bereich. Führungspersönlichkeiten mussten urplötzlich über den Bildschirm eines Computers oder Laptops führen, ohne zu wissen, welche Kompetenzen es dafür braucht. Sie mussten den Umgang mit Video-Tools lernen, sich entsprechend neue Führungswerkzeuge aneignen, ihr ganzes Führungsverhalten umkrempeln, Kommunikationsfähigkeiten hinterfragen, neue erlernen und im Sinne einer loyalen Führungskultur etablieren. Mitarbeiter:innen mussten sich am Küchentisch, im provisorischen Arbeitszimmer, zwischen Kindern und Hausarbeit einrichten. Plötzlich gab es keine Trennung mehr zwischen Arbeit und Privatleben. Zu Hause ist zu Hause. Konflikte waren vorprogrammiert. Die wenigsten verfügten am Anfang über eine Homeoffice-Infrastruktur. Fehlende Technik, strenger Datenschutz, Firewalls, langsame Datenleitungen sind nur einige gravierende Probleme, die die Zusammenarbeit schwierig bis unmöglich machte.

Ein enormer psychischer und physischer Kraftakt für alle: fehlende Technik, mangelnde Technikkompetenzen, Kinder zu Hause, Home Schooling und so weiter. Angst, Panik, negative Gedanken und Gefühle kamen auf, für deren Umgang die Menschen bis dato keine Strategie hatten. Somit bekam Führung über Nacht eine ganz neue Bedeutung: Selten wie nie zuvor standen der einzelne Mensch und seine Verletzlichkeit so sehr im Fokus.

Wie geht eine Führungspersönlichkeit damit um?

Das Führen auf Distanz fordert von Führenden eine solide Selbstführung. Immer wieder kommen wir darauf zurück, auf diese Essenz von Führung. Sie müssen gewillt sein, sich mit sich selbst auseinanderzusetzen und tief in ihre eigenen Herausforderungen einzusteigen. Sie müssen fähig sein, ihre eigene Angst und limitierenden Glaubenssätze in etwas Sinn- und Kraftvolles zu transformieren.

Doch wie geht das, Führen auf Distanz?

Es erfordert eine starke Selbstreflexion, die mit zahlreichen Fragestellungen einhergeht. Einige davon habe ich für dich niedergeschrieben. Solltest du eine der Führungspersönlichkeiten sein, die auf Distanz führen – wovon ich in diesen Zeiten ausgehe – können sie dich darin unterstützen, begleiten und stärken.

Nimm dein Inspirational Boom-Journal zur Hand oder schreibe direkt in die Zeilen und beantworte für dich folgende Fragen.

Wer möchte ich sein als Führungspersönlichkeit, die auf Distanz führt?

Bin ich überhaupt bereit und in der Lage, aus der Ferne zu führen?

Was heißt es für mich, aus der Ferne zu führen? Was brauche ich dafür? Welche neuen Gewohnheiten muss ich etablieren?

Inwiefern entspricht das meiner eigenen Persönlichkeit? Fällt mir Führen auf Distanz leicht oder eher schwer?

Wie sollen mich meine Mitarbeitenden auf dem Bildschirm wahrnehmen?

Wie kann ich dafür sorgen, dass sich meine Mitarbeitenden sicher, gesehen, gehört und respektiert fühlen?

Welche Rahmenbedingungen kann ich für einen sicheren virtuellen Raum schaffen? Welche Gewohnheiten, Routinen und Regeln brauchen wir als Team?

Wie kann ich einen regelmäßigen Austausch mit meinen Mitarbeitenden sicherstellen? Was und welche Formate braucht es dafür?

Wie kann ich meine Mitarbeitenden „fühlen" und ihre privaten und beruflichen Herausforderungen in dieser Zeit erspüren, erkennen, womöglich auch ansprechen?

Wie erkenne ich Unsicherheiten oder Blockaden meiner Mitarbeitenden und wie können wir sie gemeinsam bearbeiten?

Wie kann ich sichergehen und kontrollieren, dass meine Mitarbeitenden Aufgaben bekommen, in denen sie ihre Stärken einsetzen und weiterentwickeln können?

Wie kann ich einerseits Verantwortung übertragen und andererseits Arbeitsergebnisse kontrollieren, wenn ich den Arbeitsablauf jeder und jedes einzelnen im Homeoffice nicht kenne?

Wie können wir gemeinsam eine transparente Kommunikationskultur schaffen?

Wie kann ich sicherstellen, dass auch ich ausreichend mit meinem Team kommuniziere? Was brauche ich dafür?

Wie kann ich meine Mitarbeitenden dauerhaft motivieren und ihnen die Sinnhaftigkeit ihrer Aufgaben vor Augen führen?

In welchem Rahmen können wir uns gegenseitig Wertschätzung zeigen?

Wie können wir für regelmäßiges Feedback und Feedforward[21] sorgen?

Wie kann ich Ausgeglichenheit im Team und in mir selbst schaffen?

---

21 Im Gegensatz zum Feedback ist Feedforward zukunftsgerichtet. Es wirkt motivierend, trägt zu einer positiven Verhaltensänderung und zu einem höheren Mitarbeiter:innen-Engagement bei. Entwickelt von Marshall Goldsmith:
http://www.marshallgoldsmithfeedforward.com/html/FeedForward-Tool.htm

Lass die Antworten so stehen und schau sie dir regelmäßig an, um sie für dich zu justieren.

Führen auf Distanz hat mit der im März 2020 beginnenden weltweiten Corona-Pandemie eine ganz neue Bedeutung und einen konkreten Rahmen bekommen. Viele Menschen sind unsicher geworden, sie wollen geführt werden. *Tatjana Kiel*, als CEO von Klitschko Ventures selbst in einer hochverantwortlichen Position, hat ihre eigenen Erfahrungen dazu gemacht und ihren Umgang gefunden:

„Führung ist häufig wie ein enges Korsett. Ich möchte meinen Mitarbeitenden einen Platz geben, der zwar definiert sein muss, der aber sehr frei als Spielfeld organisiert werden kann. Wie meine Mitarbeitenden die Projekte leiten oder Aufgaben erfüllen, ist komplett ihnen überlassen. Mein Learning der vergangenen zwei Jahre Corona-Situation ist, dass die Menschen sehr viel mehr nach Sicherheit und Kontrolle von oben gesucht haben. Sie wollten mehr von oben geführt werden. Den Zahn musste ich ihnen als ihre Chefin ziehen, denn ich möchte und finde es wichtig, dass jede und jeder ein eigenes Spielfeld hat. Unser Mindset muss das gleiche sein. Diversität haben wir bei Klitschko Ventures über unterschiedliches Wissen und nicht über komplett unterschiedliche Mindsets."

Alternative Führungskonzepte

Ich habe drei spannende Konzepte herausgepickt, die hervorragend in unseren Rahmen „Führen mit Persönlichkeit" passen.

Agiles Führen

Beim **agilen Führen** geht es darum, sich schnell und wandelbar an Veränderungen anzupassen. Hier sind Führungspersönlichkeiten mit einem umfangreichen Spektrum individueller Führungskompetenzen und starken Führungsmuskeln gefragt, die in unterschiedlichsten Situationen sofort einsatzbereit sind und schnelle Entscheidungen treffen. Durch Digitalisierung, Globalisierung und der zunehmenden Vernetzung weltweit, nehmen wir das Weltgeschehen und die Kommunikation als immer schneller wahr. In der sogenannten VUCA-Welt (VUCA = volatil, uncertain, complex, ambiguous) sind die Zeitabstände zwischen der Veränderung und der Neuausrichtung immer kürzer. Sich auf Veränderungen vorzubereiten und vor allem einzulassen, ist für viele Unternehmen eine riesige Herausforderung – wenn es denn überhaupt möglich ist. Proaktiv reagieren ist das Motto; dafür braucht es geeignete Führungspersönlichkeiten.

Laterale Führung

Ein weiteres spannendes Konzept ist die **laterale Führung**. Als Führungskonzept ohne direkte Weisungsbefugnis durch eine Person basiert sie auf Vertrauen, Verständigung, Machtverteilung und Verbindlichkeit der Menschen im

Team oder in der Gruppe. Durch bewusstes und spielerisches Erzeugen und Verteilen von Macht innerhalb der Teams können Blockaden und Konflikte aufgedeckt, gelöst und neue Handlungsoptionen kreiert werden. Es gibt keine einzelne Leitungsperson mit disziplinarischer Weisungsbefugnis, wie wir sie in der klassischen hierarchischen Führung kennen. Die Einflussnahme auf die „zu Führenden" steht somit in keinem direkten Hierarchiebezug. Der Erfolg des Unternehmens besteht eher darin, innerhalb eines gemeinsamen Denkrahmens einen positiven Einfluss im Team zu erzeugen. Wichtige Erfolgsfaktoren sind zum Beispiel Expertentum, Kommunikationsfähigkeit, gemeinsame Reflexion.[22]

Transformationale Führung

Die **transformationale Führung** ist meinem Konzept von Führung, mit dem ich dich gleich bekannt machen werde, am nächsten. Im Sinne der Wortbedeutung transformieren = umgestalten, bewegt sich diese Form der Führung weg von egoistischen und eigenen Zielen, hin zu Werten und innerer Einstellung. Somit können transformationale Führungspersönlichkeiten Veränderungen aus dem Inneren heraus bewirken. Sie inspirieren und motivieren ihre Mitarbeitenden intrinsisch durch große Visionen, gemeinsame Ziele und ständige Reflexion. Sie unterstützen ihre Mitarbeitenden in ihrem Wachstum und sind nicht selten selbst ein Vorbild.

Schau dir noch einmal meine ausgewählten alternativen Führungsstile genauer an. Lies sie Zeile für Zeile, tauche ein und fühle dich hinein.

Welcher Stil resoniert mit dir und deiner Persönlichkeit am stärksten?

Warum genau dieser?

Meine Definition von Führung greift bekannte Definitionen auf, reflektiert meine eigenen Erfahrungen als Frau in leitender Position und basiert auf die jahrelange Arbeit mit Frauen in den unterschiedlichsten Führungspositionen. Vor allem aber stellt sie den Menschen in das Zentrum von Führung – die Führungspersönlichkeit selbst und die Personen, die geführt werden.

Fränzi Kühne beschreibt es so:

„Das ganze Führungssystem ist auf die einzelnen Bedürfnisse der Mitarbeitenden ausgerichtet. Als Führungspersönlichkeit musst du es schaffen, individuelle Lösungen zu finden, so dass das gleichzeitig für alle passt. Führungseigenschaften wie Zuhören etc., das sind Basics."

---

[22] https://de.wikipedia.org/wiki/Laterale_F%C3%BChrung

Ausgehend davon sollte sich Führung ganz genuin und individuell entfalten (dürfen). Sie entspringt den Stärken, Talenten, eigenen Zielen und basiert auf dem Charakter der Führungspersönlichkeit und geht einher mit zwei essenziell starken Führungsmuskeln: Selbstwert und Kommunikation. Ich begreife Führung als einen höchst individuellen und spirituellen Prozess, der seinen Ursprung in uns und unserer Art der Selbstführung hat.

Doch Fehlanzeige: Da es bereits festgelegte Begriffe und Rahmen von Führung gibt, bleibt das Natürliche, das Genuine auf der Strecke. Viele Führende kommen nicht mal auf die Idee, das „Konzept Führung" zu hinterfragen und sich die Frage zu stellen: Wie kann ich Führung für mich so gestalten, dass ich meiner Persönlichkeit, meinem Spektrum an Fähigkeiten und meinen Kompetenzen gerecht werde und so zu größtmöglicher Zufriedenheit und Erfolg finden?

Meine Interviewpartnerin *Tatjana Kiel*, seit 2016 CEO von Klitschko Ventures, ist eine wunderbare Führungspersönlichkeit. Eine Frau, die ihre Art des Seins und Führens ganz individuell auslebt und in der Führung aufleben lässt – auch wenn sie damit aneckt – sie bleibt dabei, denn sie kann nicht anders, als mit Persönlichkeit zu führen.

„Auf meinem Weg habe ich gelernt, Kopf und Bauchgefühl zu kombinieren. Je mehr Entscheidungen wir im Leben treffen, umso besser entwickeln wir unser Bauchgefühl. Ich kommuniziere sehr schnell und klar. Vielleicht kommt das manchmal recht hart rüber. Doch am Ende geht es darum, eben nicht um den heißen Brei herumzureden, sondern dadurch dem Gegenüber auch neue Möglichkeiten aufzuzeigen und am Ende einen guten Konsens für alle zu finden".

Auf Nachfrage, woher Tatjana diese Stärke und ihr Selbstbewusstsein nimmt, sagt sie, dass vor allem ihr Vater ihr diese Liebe und Gewissheit mitgegeben hat, dass sie genau so richtig ist, wie sie ist. Er hat ihr von Kindesbeinen an dieses solide innere Fundament gegeben, an dem sie nie zweifelt.

Wie wir schon von der FidAR-Präsidentin *Monika Schulz-Strelow* und von *Fränzi Kühne*, der jüngsten weiblichen Aufsichtsrätin in Deutschland, hören durften, spielt das Elternhaus oft eine entscheidende Rolle für den Mut der späteren Berufswahl. Doch diesen Segen haben nicht alle. Es gibt viele Menschen, die sich ihr inneres Fundament ganz alleine auf- und ausbauen müssen und hier und da nach stärkerer Orientierung im Außen suchen.

Zudem möchte oder muss nicht jeder Mensch in Führung gehen. Niemand darf missioniert werden, der nicht führen möchte. Dennoch – auch im Sinne der Selbstführung – können wir in jedem einzelnen Lebensbereich Führung übernehmen. Wenn wir das Gefühl haben, etwas ändern zu möchten, dann sollten wir tatsächlich auch Führung übernehmen – und dabei stets bei uns selbst anfangen.

Karin Heinzl – Gründerin, CEO, weibliche Führungspersönlichkeit, Mutter von zwei Kindern und multitalentierte Powerfrau – sagt über Führung:

„Ich empfehle, Führung auszuprobieren. Try it! Auch wenn es nur ‚for fun' ist. Wie ist es denn da oben? Ich finde die Welt so grandios und so fantastisch. Warum nicht nach dem streben und uns nach dem ausstrecken, von dem wir glauben, es nicht erreichen zu können? Wenn wir feststellen, dass Führung nichts für uns ist, können wir immer noch sagen: Ich hab's probiert, es ist nicht mein Ding. Aber ich empfehle: Probiert Führung einfach mal mit einer gewissen Leichtigkeit aus, wenn sie Euch angeboten wird. Selbst wenn es nur den Zweck hat, den nachkommenden Frauen zu zeigen, dass es möglich ist. Auch das ist Verantwortung, die wir Frauen haben. Liebe Frauen: Try it! Es macht Spaß."

Ein unglaublich kraftvolles Statement, um dich für Führung zu begeistern und zu ermutigen.

Die Art zu führen und die Akzeptanz, geführt zu werden, ändern sich gerade rapide. Vor allem junge Menschen akzeptieren alte Führungsstrukturen wie das Führen mit Hierarchien nicht mehr. Sie wollen die Arbeit in ihr Leben integrieren, mitgestalten und wirken – ohne 80 Stunden in der Woche zu arbeiten. Ich befürworte diesen Trend. Führung passiert nicht in 80 Stunden am Schreibtisch. Wichtige Führungsaufgaben lassen sich nur gemeinsam lösen, mit einem gesunden Abstand und einer hohen Selbstbestimmtheit.

Ich habe meine Interview-Gästin *Simone Menne* gefragt, wie sie sich Führung in der Zukunft vorstellt und wie wir sie gestalten können:

„Ich würde mir wünschen und vermute es auch, dass wir mehr in einem New-Work-Style im Sinne einer Holocracy führen. Das heißt, es gibt weniger Hierarchien und mehr Verantwortungsbereich für jede:n Mitarbeiter:in in irgendeiner Form. In diesem Sinne brauchen wir mehr Offenheit und mehr Vertrauen in Menschen, weniger Hierarchie und gleichzeitig einen gewissen Instinkt, eingreifen zu können, wenn was schiefläuft. Das ist jedoch sehr schwierig umzusetzen. Ich habe mich sehr mit Organisationsmodellen der Zukunft beschäftigt. Bisher haben es nur Unternehmen bis zu 100 Mitarbeiter:innen geschafft. Das ist bei einem Unternehmen wie der Post mit etwa 500.000 Mitarbeiter:innen sehr schwierig. In irgendeiner Form brauchen wir unterschiedliche Stufen, da der Vorstand oben auch mit persönlichem Vermögen haftet. Die größte Herausforderung in neuen Führungsmodellen ist jedoch die Verantwortung. Trotz neuer, offener Führungskonzepte braucht es Menschen, die verantwortlich sind und sich verantwortlich fühlen."

Für *Verena Pausder*, die sich stark für den chancengleichen Zugang zu digitaler Bildung vor allem für Kinder einsetzt, bedeutet eine neue Art der Führung, dass Führungsspitzen von sich aus stärker Verantwortung für konkrete Themen übernehmen, um sie voranzutreiben:

„An der Spitze braucht es eine Person, die sagt: Ich sehe die Dringlichkeit und Wichtigkeit des Themas, ich werde mich daran messen lassen und ich mache es zu meiner obersten Priorität. Wenn das so nicht möglich ist, muss diese Priorität auf mehrere Schultern verteilt werden."

Abb. 14: Be a leader – not a boss

Brigitta Nelte ergänzt:

„In Krisenzeiten, wie wir sie gerade haben, braucht es besonders Zuverlässigkeit, Ehrlichkeit, Offenheit und transparente Kommunikation."

Bevor wir tiefer in das Thema Führung einsteigen, schließe auch in diesem Buchteil eine Vereinbarung mit dir selbst:

Ich _______________ entscheide mich für selbstbestimmte Führung ohne Zweifel und ohne Führungsschmerzen. Ich vertraue meinen soliden Selbstführungskompetenzen und weiß, wie ich mich zurück ins Wohlergehen und in den inneren Frieden begeben kann. Alles ist in mir, was ich für die Führung von Menschen, Projekten oder Prozessen brauche. Dieses Buch hilft mir dabei, meine innere Führungspersönlichkeit zu wecken, sie zu stärken und sie mit Freude in all meine Lebensbereiche einfließen zu lassen. Ich lasse mich darauf ein und vertraue.

_________________________	_________________________
Datum und Ort	Unterschrift

Kapitel 1

„Zuerst ignorieren sie dich, dann lachen sie über dich, dann bekämpfen sie dich und dann gewinnst du."

Mahatma Gandhi
zitiert von Claudia Kessler

Dein Ziel: Führe mit innerer Kraft und äußerer Präsenz

In den kommenden 30 Tagen wirst du deinen Kompass auf deine Führungspersönlichkeit, deine eigenen Führungskompetenzen und deine starke Mitte ausrichten. Dieses Fundament lässt dir den Raum, dich auf Führung zu fokussieren, absolut wach und präsent zu sein.

Wie wäre es mit dieser stärkenden Affirmation?

Ich bin innerlich bereit für Führung. Ich fokussiere mich auf mein solides inneres Fundament und meine kraftvolle Präsenz als Führungspersönlichkeit und gebe meine Strahlkraft an die Menschen weiter, die ich führe.

Was bedeutet Führung für dich? Gehe kurz in dich und schreibe drei Schlagworte auf.

1.

2.

3.

Alle meine Interview-Gästinnen haben Führungserfahrungen. *Brigitta Nelte*, lange in einem Autokonzern in führender Position tätig, habe ich gefragt, was sie Führung gelehrt hat:

„Na völlig klar: Nicht alles selber machen zu müssen und delegieren zu können. Führung heißt ja nicht, alles selber zu machen. Würdest Du meine Mitarbeitenden fragen, wie ich geführt habe, würden sie sagen, dass ich mich nie in den Mittelpunkt gestellt habe und sie immer alles selber herausfinden mussten. Das hat zwar manchmal etwas länger gedauert, aber das hat viel Vertrauen geschafft. Wir mussten uns aufeinander verlassen. Vertrauen gegen Vertrauen."

Und wie beschreibst du deinen Führungsstil? Ich hake ich nach.

„Nicht in der ersten Reihe stehen. Für die anderen zuverlässig sein. Kontinuierlich dranbleiben."

Für mich verschmilzt Führung mit der Art, wie ich mich selbst führe. Führung bedeutet für mich, mich selbst und andere so zu führen, wie es meiner Persönlichkeit entspricht – ausgehend von meinen Stärken, Talenten und meiner Einzigartigkeit, nicht aus egoistischen oder selbstherrlichen Gründen. Mit meiner Art der Führung befähige ich Menschen, sich selbst, andere Menschen, komplexe Prozesse und herausfordernde Situationen klar, konsistent, kommunikationsstark, empathisch, mutig und zielorientiert zu führen. Dabei verfolge ich sowohl eigene Ziele als auch Team- und Unternehmensziele.

All das entspringt meiner Mitte, meiner inneren Kraft. Stichwort: Selbstführung. Du siehst, dass Selbstführung die fundamentale Basis von Führung ist. Deshalb ist mir so wichtig, dass du dich immer wieder damit auseinandersetzt und dir noch mehr Stabilität aus den Impulsen und Coaching-Übungen aus dem ersten Teil dieses Buches holst.

Als Führende fordere und fördere ich Menschen um mich herum – auch *dich* – proaktiv zu denken und zu handeln, ohne selbst zu sehr in den Vordergrund zu treten.

Meine Message als Frau in Führung ist:

Ich sehe dich. Ich höre dich. Ich fühle dich.

Ich wecke die besten Fähigkeiten, Talente, Kompetenzen und den energetischen Spirit in dir.

Ich rege deine Reflexionsfähigkeit an, mache sie mit deinem eigenen „Inner Work-Bereich" und deinem inneren Rock-Konzert bekannt und ermutige dich, so zu führen, wie es deiner Persönlichkeit entspricht.

Ich sehe Führung als einen soliden spirituellen Prozess. Spirituell deshalb, weil er stets in mir selbst beginnt und immer wieder zu mir selbst zurückkommt. Führen ist kein Job und auch keine Aufgabe. Führung ist nie erledigt. Führung ist eine Lebensphilosophie mit einer höheren Absicht. Keine mechanische Kraft, sondern eine innere Quelle, ein Licht, das im besten Fall auf andere abstrahlt. Jedoch darf Führung niemals vom EGO ausgehen. Sie entspringt deiner inneren Überzeugung und deinem Willen, über dich selbst hinauszuwachsen.

Fränzi Kühne hat eine ganz einfache Definition von Führung. Als sie Mitte zwanzig war, gründete sie mit zwei Partnern die erste Social-Media-Agentur in Deutschland mit dem seltsam-kreativen Namen TLGG – Torben, Lucie und die Gelbe Gefahr – und hat schon sehr früh Führungserfahrungen gesammelt.

„Klassische Führung hieß für mich damals: ausprobieren. Als wir TLGG gegründet haben, dachten wir: wir gucken mal. Das hat sich die ersten zwei, drei Jahre gut angefühlt – wie Agentur spielen. Die Mitarbeitenden wussten, dass sie in einem geschützten Raum agieren und uns vertrauen können. Wir haben uns stark mit der Belegschaft ausgetauscht. Alle konnten Prozesse mitgestalten. Irgendwann war es an der Zeit, ordentliche Strukturen zu etablieren. Wir haben uns Unterstützung durch ein Coaching eingeholt, um uns weiterzuentwickeln, unsere Organisation neu auszurichten und neue Impulse von außen zu kriegen."

Hier sieht Fränzi einen wichtigen Führungsmuskel:

„Es ist enorm wichtig zu erkennen, wann man sich Hilfe von außen holen muss und ein anderer Blickwinkel notwendig ist. Auch das ist Führung: zu erkennen, wann man selbst an die eigenen Grenzen stößt. Die eigenen Grenzen zu spüren und darüber hinaus zu wachsen ist eine Art Erfolgserlebnis, das mit etwas sehr Positivem verknüpft ist. Das fühlt sich sehr gut an."

Somit ist Führung stark mit unserer inneren Einstellung und Ausrichtung verbunden, wie du schon im ersten Teil des Buches zum Thema Selbstführung lesen und erleben durftest. Doch den Meisten ist dies nicht bewusst. Dieses Buch unterstützt dich darin, bewusster mit dir selbst, deinen Fähigkeiten und Führungskompetenzen umzugehen.

Deine Art zu führen drückt sich in deiner Präsenz, deiner Kommunikation, deinem Verhalten, deinen Reaktionen, deinen Entscheidungen, deinen Beziehungen, deiner Wach- und Klarheit anderen gegenüber aus. Wenn du deine wahrhaftige Führungspersönlichkeit erkennst, weckst und mutig auslebst, dann trittst du immer mehr mit einer starken Ausstrahlung und mit Charisma auf. Du kennst vielleicht den Begriff „charismatische Persönlichkeit"? Das Wort Charisma stammt aus dem christlichen Kontext und ist zurückzuführen auf das altgriechische Wort *char* = beschenken, Gunst erweisen. In diesem Kontext wird es als eine Gabe oder Liebenswürdigkeit bezeichnet. Seit dem 20. Jahrhundert steht Charisma für besondere Ausstrahlung, die sich wiederum in Führungspersönlichkeiten zeigen kann. Möchtest du charismatisch führen, mit Strahlkraft?

Im Dreiklang deiner Führungspersönlichkeit

In jedem Menschen steckt die Fähigkeit zu führen. Ich bin sogar davon überzeugt, dass in jedem Menschen eine Führungspersönlichkeit steckt. Alles ist bereits in uns angelegt. Wir sind hier, um zu leben und zu führen. Wir denken nur selten darüber nach und geben uns unbewusst der äußeren Überzeugung hin, dass Führung einem Schema F folgt. Ja, Führung folgt einem vermeintlichen System. Genau *das* ist das Problem. Doch in dieser Erkenntnis steckt gleichzeitig eine große Chance.

Gäbe es noch viel mehr Menschen wie dich, die sich mit dem eigenen Sein und Wirken auseinandersetzen, bräuchten wir diesem noch immer stark patriarchalischen Führungssystem nicht aufsitzen, sondern könnten so führen, wie es eben unserer Persönlichkeit entspricht – ohne Angst vor Ablehnung, ohne Zweifel, ohne uns ständig das OK und die Bestätigung von außen zu holen.

Doch die reine Erkenntnis, führen zu wollen oder zu können, ist zu vage, um die altbekannte Führung in eine Führung mit Persönlichkeit zu transformieren. Wir brauchen **Sicherheit, Gewissheit und Offenheit für Veränderungen**, um auch Kritik, Rückschläge und so manche Fehlentscheidung annehmen und aushalten zu können. Willst du wirklich führen, solltest du das mit Haut und Haaren. Damit meine ich keinesfalls 24/7 rund um die Uhr. Nein – damit meine ich Führung als dein Konzept, das in Harmonie mit deiner Persönlichkeit, deiner Karriere und deinem Privatleben steht. Das hast du selbst in der Hand. Auch wenn du jetzt vielleicht denkst, dass das in dem System, in dem du tätig bist, nicht möglich ist. Lass dir gesagt sein: Es ist möglich, wenn du es zulässt. Du musst dich nicht vom System, vom Unternehmen oder der Organisation, in der du arbeitest, kidnappen und verschlucken lassen. Du darfst auch innerhalb dieser fest abgesteckten Rahmenbedingungen wirken und frei sein.

Doch einen Haken gibt es: Deine Entscheidung für Führung ist mit Konsequenzen verbunden. Du darfst Führung zwar so gestalten, wie du es dir vorstellst, du kannst jedoch nicht auf allen Hochzeiten tanzen. Damit meine ich, dass du dein Privatleben anders gestalten musst. Vielleicht braucht es eine Kinderbetreuung, eine Putz- oder Einkaufshilfe? Auf jeden Fall braucht es ein flexibles und agiles Mindset, sich anderen und neuen Konzepten anzunehmen. Du brauchst ein Mindset, das mit all dem, was du tust, in Harmonie und im Einklang steht. Und: Mut!

Wir können als Führungspersönlichkeit nur wirken, wenn wir unsere Führungskompetenzen und unsere Art der Selbstführung mit unserer Führung in Harmonie bringen und immer wieder rückkoppeln.

Für diese Sicherheit, diese Gewissheit und diese Offenheit für Veränderungen braucht es folgenden Dreiklang:

Sicherheit = Führungskompetenz

Sicherheit erlangst du, indem du dir Führungsqualitäten aneignest, die allgemeingültig sind und die du individuell auf deine Persönlichkeit abstimmst. Stell dir vor, du stimmst ein Instrument. Dafür gibt es eine Technik. Du bist das zu stimmende Instrument.

Fülle dazu bitte die rechte Seite der Tabelle aus und stimme die allgemeingültigen Führungsqualitäten auf deine Persönlichkeit ab. Denke dich hinein und überlege, was zum Beispiel Kommunikationskompetenz für dich als Führungspersönlichkeit bedeutet. Du kannst dich beispielsweise fragen: Was bedeutet Kommunikationskompetenz für mich, wie definiere ich sie, wie kann ich sie in Führung ausleben und was genau brauche ich dafür?

allgemeingültige Führungsqualitäten	abgestimmt auf meine Persönlichkeit
Kommunikationskompetenz	
Flexibilität und Veränderungsbereitschaft	
Geduld	
Empathie	
Mut	
Perspektivwechsel	
anders Denken	

Entscheidungsstärke	
Kritik- und Konfliktbereitschaft	
Resilienz	
Reflexionsfähigkeit	
Zeitmanagement	
Organisationsstärke	
Entwicklungspotenzial	
Feedbackkultur	
Persönlichkeit	
Durchsetzungsstärke	

Mit der wiederholten Reflexion auf diese allgemeingültigen Führungsqualitäten erweiterst du mental und in der Durchführung dein solides Handwerkszeug, das du für Führung benötigst. Dadurch steigen deine Führungskompetenz und deine Führungssicherheit. Doch Obacht: Es ist ein *Prozess*, den du dir erlauben darfst. Viele meiner Führungsfrauen, die zu mir ins Coaching kommen, glühen vor Ungeduld und Verzweiflung, weil sie „immer noch nicht die komplette Firmenstruktur kennen", weil sie „immer wieder feststellen, dass sie doch nicht geeignet sind für die Führungsaufgabe und dass sie nicht genug ausgebildet sind", weil sie „Kritik nicht aushalten können, sich oft persönlich angegriffen fühlen und sofort in den Widerstand gehen", weil sie „nicht wissen, wie sie mit ihrem Team kommunizieren sollen", weil sie „Schwierigkeiten damit haben, ihre Mitarbeitenden auf ihre schlechte Performance hinzuweisen", weil sie „nicht wissen, wie sie ihr Netzwerk erweitern und nachhaltig pflegen können" und so weiter. Vielleicht kommt dir die eine oder andere Aussage bekannt vor? Sie zeigen: Alles braucht seine Zeit. Auch Führung. Erlaube dir diese Zeit, sonst blockierst du dich selbst.

Doch warum erlauben sich so viele Frauen diesen Prozess nicht? Wollen sie – und damit provoziere ich auch dich – beweisen, dass sie es eben *nicht* können? Suchen sie förmlich nach Beweisen, die darlegen, dass sie *nicht* geeignet sind? Brauchen sie Bestätigung, dass sie *nicht* gut genug sind, obwohl sie ganz genau wissen, dass das Quatsch ist? Nimm diese Sätze einfach hin. Sie sind real.

All diese oben aufgeführten Zweifel, Sorgen und Ängste, die vor allem wir Frauen mit uns herumtragen, entspringen unserem Geist, unserem Gedankengut. Dieses Phänomen hat sogar einen Namen – und du kennst es: Es handelt sich um das Imposter-Syndrom.

Wissenswert: Das Imposter Syndrom

Das Hochstapler-Syndrom, teilweise auch Impostor-Syndrom, Impostor-Phänomen, Mogelpackungs-Syndrom oder Betrüger-Phänomen genannt, ist ein psychologisches Phänomen, bei dem Betroffene von massiven Selbstzweifeln hinsichtlich eigener Fähigkeiten, Leistungen und Erfolge geplagt werden und unfähig sind, ihre persönlichen Erfolge zu internalisieren.[23]

Fühlst du dich manchmal als eine solche Hochstaplerin?

Ja, weil

Nein, weil

Gewissheit = deine stabile Selbstführung und die „Ich wähle neu"-Methode

Lass uns zurückkommen zum Dreiklang deiner Führungspersönlichkeit. Nun weißt du, wie du Sicherheit in deiner Führung herstellen und nachhaltig aufbauen kannst: Indem du dir Führungsqualitäten aneignest und sie auf deine Persönlichkeit abstimmst.

Gewissheit erlangst du durch eine klare, ehrliche und offene Selbstführung, wie du sie im ersten Teil des Buches gelernt hast. Du wirst dir bewusst, dass du es in der Hand hast. Das sollte dir ein großes Maß an Gewissheit verschaffen. Du bist dir deiner Selbst gewiss. Hier wird die Rückkopplung im Dreiklang sichtbar: deine solide Selbstführung gibt dir Sicherheit in deiner Führung.

Ich wähle neu: die Drei-Schritt-Methode

Am Beispiel des Imposter-Syndroms möchte ich dich mit einer kraftvollen Methode bekannt machen, die ich von einer meiner spirituellen Leader kennenlernen durfte: *Gabrielle Bernstein.* Sie hat die „Choose Again Method" mit ihrem Buch „Super Attractor" in die Welt gebracht.[24]

Solide Selbstführung als Basis sicherer Führung zeigt sich am Beispiel des Imposter-Syndroms in drei Schritten, die ich dir in der ICH-Form nahebringe. So kannst du sie sofort adaptieren. Du kannst sie auch als Affirmationen nutzen, die stets ein wundervolles Werkzeug sind, dich wieder mit dir und deinem Führungsalltag zu verbinden.

---

23 https://de.wikipedia.org/wiki/Hochstapler-Syndrom

24 https://gabbybernstein.com/choose-again/

Schritt 1: Ich erkenne den Gedanken

Ich erkenne, dass ich mich in einem Moment des Selbstzweifels vom Hochstaplersyndrom umgarnen und kidnappen lasse. Ich erkenne, dass mir meine Gedanken immer wieder dieselbe Geschichte erzählen.

Wie fühle ich mich mit dieser Erkenntnis?

Notiere drei bis fünf Schlagworte, die deine Gefühle widerspiegeln.

Schritt 2: Ich vergebe dem Gedanken

Ich vergebe mir diesen Gedanken, nicht gut genug zu sein und nicht in Einklang mit meiner Persönlichkeit und Kraft zu sein. Ich danke den negativen Gefühlen und Gedanken dafür, dass sie mir gezeigt haben, was ich nicht bin und was ich nicht möchte.

Schreibe hier deine eigene Vergebungsformel in maximal drei Sätzen auf:

Schritt 3: Ich wähle neu

Ich habe keine Lust mehr auf diese limitierenden Gedanken und Gefühle. Ich möchte mich wieder besser fühlen und weiß, dass nur ich selbst dafür sorgen kann.

Welcher Gedanke könnte mich jetzt darin unterstützen, mich besser und wieder gut zu fühlen? Nutze ergänzend die „Emotional Guidance Scale" von Abraham Hicks aus dem Kapitel „Warm-up" dieses zweiten Buchteils.

Was ist das bessere Gefühl, das mich von meinem negativen Gedanken (hier am Beispiel das Imposter-Syndroms) befreit?

Wenn dir spontan kein „besseres Gefühl" einfällt, weil dich dein negatives Glaubenssystem in dem Moment des Zweifelns zu sehr im Griff hat, atme. Lege eine Hand auf deine Stirn, eine Hand auf deinen Bauch. Schließe die Augen und atme auf vier Zeiten durch die Nase tief in den Bauch ein, halte dort den Atem auf zwei Zeiten. Atme auf vier Zeiten durch den Mund vollständig aus, halte den Atem auch hier auf zwei Zeiten. Wiederhole diese Atmung mindestens dreimal. So werden dein Kopf und dein Nervensystem klar und ruhig. Nun solltest du wieder einen klaren Gedanken und somit ein besseres Gefühl fassen können. Tue dies ohne K(r)ampf und ohne Druck. Wichtig ist, dass dein neuer Gedanke ein besseres Gefühl hervorruft als das, das du im ersten Schritt gefühlt hast.

Bist du anfällig für die ewig alten und negativen Geschichten deiner Gedanken, dann gehe zurück in den ersten Buchteil und wiederhole die Aufgaben zur „Selbstführung". Steige noch tiefer in die Gedankenspirale ein und mache das Journaling zur Königin deiner Routine.

Offenheit für Veränderungen = Führung

Ich nehme dich wieder mit zurück zum Dreiklang deiner Führungspersönlichkeit. Nun weißt du, wie du Sicherheit in deiner Führung herstellen kannst: Indem du dir Führungsqualitäten aneignest und sie auf deine Persönlichkeit abstimmst. Du kannst dich sofort mit der „Ich wähle neu: Die Drei-Schritt-Methode" von einem negativen Gedanken befreien und nach dem besten Gefühl greifen. Beides – Sicherheit und Gewissheit – wirken aufeinander und sie wirken auf deine Art der Führung. Sie sind quasi das Fundament für das Führen mit Persönlichkeit.

Führung kannst du nur lernen, indem du führst. Natürlich kannst du dir Wissen mittels Fortbildungen, Bücher, Gespräche aneignen. Dieses Wissen gibt vor allem deinem Geist eine gewisse Sicherheit. Dennoch musst du ins Tun kommen. Erinnere dich, als du Fahrradfahren gelernt hast. Hattest du eine Ahnung, wie das geht? Vielleicht. Hattest du eine Strategie, wie du es angehst und lernst? Vielleicht. Bist du sofort losgeradelt, ohne Stützräder? Vielleicht, aber sicher nicht. Hattest du am Anfang Angst? Ganz sicher. Hast du es dennoch gelernt und das relativ schnell? Ganz, ganz sicher. Kannst du es nun? Yes!

Was nun bedeutet es, offen für Veränderungen zu sein?

Führung ist wie ein wilder Fluss. Führung ist nicht planbar. Du wirst immer wieder überwältigt von neuen Themen, Aufgaben, Herausforderungen und Problemen. Es gibt ständig neue Anforderungen an dich, an dein Team, an dein Leben, an deine Beziehungen und deine Work-Life-Harmonie. Das solltest – nein, musst – du akzeptieren und annehmen. Egal, ob du gerade mit der Führung startest oder schon lange in einer Führungsposition bist: Ohne die Bereitschaft zur Flexibilität, ohne Mut zur Lücke, ohne das Kribbeln im Bauch machst du es dir schwer. Also: Sei offen für Veränderung, denn die klopft jeden Tag aufs Neue an deine Tür.

Du als Führungspersönlichkeit auf der Spitze deines Dreiklangs

Ganz oben stehst du. Über dem Dreiklang thronst du wie eine Königin, die Freude daran hat, andere Menschen unterstützend zu führen und sie bei ihrem Wachstumsprozess zu begleiten. Da Königinnen nicht das Bild mechanischer Kraftmaschinen vermitteln, lade ich dich zu einer kleinen Begriffsreise ein.

Dir ist sicher schon aufgefallen, dass ich durchgehend von Führungspersönlichkeiten und nicht von Führungskräften rede. Warum?

Ich bin sehr sensibel, wenn es um das Kreieren von Worten und Sprache geht. Worte machen etwas mit unserer Wahrnehmung. Sie docken ans Gefühl an und werden vom Unterbewusstsein aufgenommen. Worte haben die Power, uns in unserem Denken zu beeinflussen – ohne, dass wir es merken.

Das Wort Führungskraft verwirrt mich persönlich schon immer und ist nicht zufriedenstellend erklärt. Wie also kommt die Kraft in die Führung? Was ist „mit Kraft führen" nur gemeint? Wenn die Kraft als etwas gemeint ist, das aus dem Inneren der oder des Führenden kommt – wunderbar! Dann ist es genau das, worum es in diesem Buch und beim Führen mit Persönlichkeit geht. Der Begriff führt jedoch zu vielen Fragen, die unbeantwortet sind. Das folgende Zitat passt in unseren Rahmen. Lies es zwei- oder dreimal, um es in seiner Gänze zu erfassen.

Das folgende Zitat stammt vom antiken altgriechischen Schriftsteller Plutarch.

Eine von einem Löwen geführte Herde von Rehen ist gefährlicher als eine Herde Löwen, die von einem Reh geführt wird.

Weise Worte, die – auf die moderne Zeit übertragen – einen wichtigen Hinweis darauf geben, welche Eigenschaften, Fähigkeiten und Stärken eine Führungsperson hat oder braucht. Ein Reh, das Löwen führt, braucht andere Fähigkeiten als eine Löwin, die Rehe führt.

Welchen Führungsmuskel bräuchte zum Beispiel das Reh? Eine starke Selbstführung, einen wachen Geist, die Fähigkeit, mit Angst und Zweifeln umzugehen und Strategien, die Löwen zu bändigen und sie gleichzeitig in ihren Stärken zu stärken, sie als Unterstützer und nicht als Feinde zu betrachten.

Ich versetze mich kurz in das Reh: Ich fühle, dass ich enormen Mut brauche, der mich aus meiner Komfortzone herauskatapultiert und mich tausend Prozent fokussieren lässt. Aus meinen eigenen Erfahrungen als Frau in Führung und als Coachin für Frauenkarrieren erschließt sich daraus für mich zweierlei:

Entweder führst du mit überlegener und naturgegebener Kraft als Löwin, die in ihren Rehen stets ein Gefühl von Angespanntheit oder gar Angst erzeugt, ohne relevante Führungsqualitäten entwickeln zu müssen. Oder du führst als Reh, das sehr wohl überlegte Führungsqualitäten braucht, weil es eine Herde Löwen führt, die volle Aufmerksamkeit im Teamgefüge benötigen.

Wie ist das bei dir – Löwin oder Reh? Geh kurz in dich und schreibe deine spontane Eingebung auf:

Ich führe als __________________ und fühle mich dabei _______________

____

Umreiße und definiere nun deinen eigenen Dreiklang.

Führungskompetenz = Sicherheit

Was gibt mir Sicherheit in der Führung?

Welches ist meine „beste“ Führungsqualität? Was fällt mir besonders leicht?

Gewissheit = Selbstführung

In welchen Situationen oder bei welchen Themen bin ich mir meiner eigenen Fähigkeiten, Stärken und Kompetenzen gewiss?

Was brauche ich, um diese Gewissheit für mich selbst zu erlangen? Wer oder was kann mich darin stärken?

Offenheit = Führung

Wie definiere ich Offenheit in der Führung für mich persönlich? Welche Rahmenbedingungen braucht es dafür?

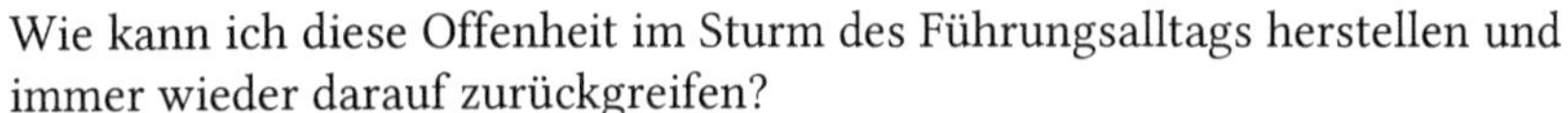

Wie kann ich diese Offenheit im Sturm des Führungsalltags herstellen und immer wieder darauf zurückgreifen?

1.1 Erkenntnis dieses Kapitels

Führung wirkt stets in beide Richtungen: Von der Führungsperson ins Unternehmen und vom Unternehmen zur Führungsperson. Die große Frage ist: Wie kannst du als Führungspersönlichkeit auf das Unternehmen wirken, ohne dich vom System Führung, das im Unternehmen herrscht, kidnappen und verschlucken zu lassen? Wie kannst du dich als Führungspersönlichkeit einbringen und Führungsstrukturen mitgestalten?

Überlege dir, was es für dich heißt, mit Persönlichkeit zu führen. Die vielen Anregungen auf den vorherigen Seiten dieses Buches helfen dir, deine eigene Definition zu erarbeiten.

1.2 Deine Learnings

1. Du hast unterschiedliche Führungskonzepte kennengelernt, die die Einordnung unseres Modells „Führen mit Persönlichkeit“ leichter macht.
2. Du hast dich mit Führungsstilen auseinandergesetzt und dir Gedanken über DEINE Art der Führung gemacht.
3. Du hast deine Kompassnadel ausgerichtet und dich im Dreiklang deiner Führungspersönlichkeit eingeordnet.

4. Du weißt nun, dass du für das Führen mit Persönlichkeit Führungskompetenz, Gewissheit und Offenheit brauchst und wie du diese Komponenten dauerhaft etablieren kannst.

Deine eigenen Learnings als Ergänzung:

Was hat dich am meisten angesprochen? Was ist nun besonders verankert?

Nun hast du eine genaue Zielrichtung, wo du mit dir als weibliche Führungspersönlichkeit hin navigieren möchtest. Im nächsten Kapitel beleuchten wir Führung von allen Seiten. Du spinnst dein Lebensnetz der Führung und lernst zahlreiche transformierende Coaching-Übungen kennen, die dich deinem Wunsch, so zu führen, wie es deiner Führungspersönlichkeit entspricht, immer näherbringt.

Kapitel 2

„Sie müssen Ihr Talent entdecken und benutzen. Sie müssen herausfinden, wo Ihre Stärke liegt. Haben Sie den Mut, mit Ihrem Kopf zu denken. Das wird Ihr Selbstvertrauen und Ihre Kräfte verdoppeln."

Marie Curie

Deine Ausgangslage: Führung liegt (in) dir

Wenn du bis hierhin gelesen hast, sind die folgenden Aussagen keine Überraschung für dich – oder doch?

Die Sonnen- und Schattenseiten von Führung

Wie alles im Leben, hat auch Führung zwei Seiten. Fangen wir mit den schönen Seiten an.

Die Sonnenseiten von Führung

- Führung ist keine Aufgabe, Führung ist eine Lebensphilosophie
- Führung ist viel mehr, als du selbst und dein EGO es je sein werden
- Führung richtig eingesetzt, kann die Welt verändern
- Führung hat keine allgemeingültige Definition
- Führung gibt Energie und führt zu Erfüllung
- Führung weckt Stärken und Talente in anderen Menschen
- Führung fordert andere Menschen in einem sicheren Rahmen heraus
- Führungskompetenzen und Führungsqualitäten stecken in jedem Menschen
- Führung steckt in mir

Wo Sonne scheint, ist auch Schatten. Lass uns die Schattenseiten von Führung anschauen:

Die Schattenseiten von Führung

- Führung ist keine Aufgabe, Führung ist eine Lebensphilosophie
- Führung ist viel mehr, als du selbst und dein EGO es je sein werden
- Führung richtig eingesetzt, kann die Welt verändern
- Führung hat keine allgemeingültige Definition
- Führung gibt Energie und führt zu Erfüllung
- Führung weckt Stärken und Talente in anderen Menschen
- Führung fordert andere Menschen in einem sicheren Rahmen heraus
- Führungskompetenzen und Führungsqualitäten stecken in jedem Menschen
- Führung steckt in mir

Na huch – merkst du was? Sind das etwa identische Aussagen?

Ja und nein. Finde es mit der folgenden Coaching-Übung selbst heraus. Jede einzelne Aussage macht etwas mit dir und deinem Unterbewusstsein. Diese Übung dient dazu, diese Trigger zu entlarven und mit ihnen zu arbeiten.

Ich will dich und deine Führungspersönlichkeit spüren. Schnapp dir einen Stift und gehe direkt in diese Übung. Denn bevor ich deine Führungspersönlichkeit spüren kann, musst du sie spüren. Jede Sonnenseite von Führung ist mit einer Schattenseite verbunden. Warum? Weil du erst die dunklen Wolken wegschieben musst, um dich von der Sonne küssen lassen zu können. Du musst erst durch diesen Prozess der Transformation, des Tuns und Machens, eh du wirklich wissen kannst, was Führung für dich bedeutet und welche Rolle du darin spielen möchtest. Dieser Prozess ist ein Ausschlussverfahren. Du wirst spüren, was du nicht mehr brauchst, wie und wer du nicht mehr sein möchtest.

Lass uns direkt in das erste Beispiel eintauchen:

Führung ist keine Aufgabe, Führung ist eine Lebensphilosophie.

Bevor du das behaupten und tatsächlich ausleben kannst, musst du diesen Wachstumsprozess zu deiner wahrhaftigen Führungspersönlichkeit erst einmal gehen. Am Anfang ist Führung eine Aufgabe. Du kommst dir hier und da als eine Erfüllungsgehilfin und Ausputzerin vor, lotest jedoch immer mehr aus, wer du in diesem Führungskontext bist und wer du sein möchtest. Du lernst und fühlst dich in der ersten Zeit deiner (neuen) Führungsposition unsicher, weil du (noch) nicht weißt, wie du Wichtiges und Notwendiges von Unwichtigem und nicht Notwendigem trennst. Du lernst von Tag zu Tag mehr über dein Umfeld, über dich, deine Stärken, Fähigkeiten und Talente. Du agierst am Anfang und für eine mittelfristige Zeit im Trial-and-Error-Modus. Du probierst dich aus, bis du zu dem Punkt kommst, zu ahnen, was es wirklich bedeutet, Führung zu übernehmen und zu leben. Erst wenn du deine Gedanken, dein Mindset, deine Gefühle, deine innere Einstellung, dein Handeln und Tun über die reinen Führungsaufgaben hinaus ausrichten kannst, ist dein Kompass bereit, dich zu navigieren. Führung ist mehr, als du selbst es bist.

Die folgende Übung hilft dir, deinen Kompass mehr und mehr auf Führung mit Persönlichkeit auszurichten. Schreibe zu jeder Sonnen- und Schattenaussage Deine Sonnengedanken und deine Schattengedanken auf UND notiere deine spontanen und intuitiven Transformationsgedanken dazu. Dadurch erlangst du Klarheit über deine Zweifel und inneren Widerstände und kannst direkt an ihnen arbeiten.

Ich mache die Übung an der folgenden Aussage deutlich:

Führung ist keine Aufgabe, Führung ist eine Lebensphilosophie

Du gehst in Resonanz mit jeder Aussage und wechselst die Perspektiven, wie es in der Tabelle dargestellt ist.

Sonne = Sonnengedanke = positive Assoziation = positiver Glaubenssatz

Schatten = Schattengedanke = negative Assoziation = limitierender Glaubenssatz

Gefühl = Transformationsgefühl = das, was du beim Aufschreiben der Gedanken fühlst

Aussage	Sonne	Schatten	Gefühl
Führung ist keine Aufgabe, Führung ist eine Lebensphilosophie	Ich habe die Kraft, zu gestalten und zu verändern.	Wie soll ich aus den täglichen Aufgaben eine Lebensphilosophie machen?	Angst Respekt nicht gut genug Aufbruch Neugier
Führung ist keine Aufgabe, Führung ist eine Lebensphilosophie			
Führung ist viel mehr als du selbst und dein EGO			
Führung richtig eingesetzt, kann die Welt verändern			
Führung hat keine allgemeingültige Definition			
Führung gibt Energie und führt zu Erfüllung			
Führung weckt Stärken und Talente in anderen Menschen			
Führung fordert andere Menschen in einem sicheren Rahmen heraus			
Führungskompetenzen und Führungsqualitäten stecken in jedem Menschen			
Führung steckt in mir			

2.1 Dein Führungs-Lebensnetz

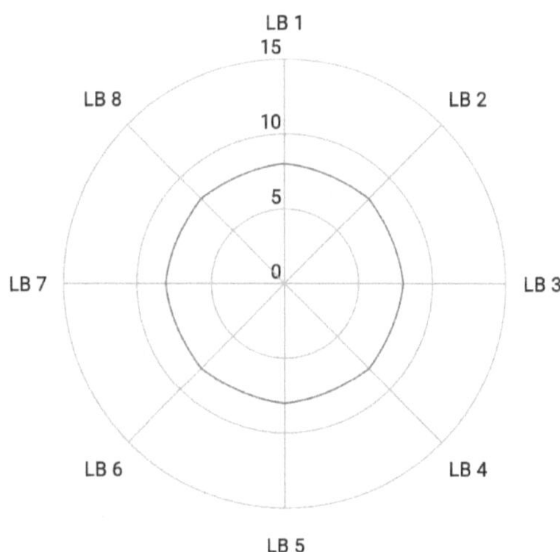

Abb. 15: Dein Führungs-Lebensnetz

Mit dieser vorangegangenen Coaching-Übung bist du deiner Führungspersönlichkeit wieder ein Stück nähergekommen. Spürst du schon ein bisschen Aufbruchstimmung?

Wie fühlst du dich in einem Wort?
Ich fühle (mich) ________________________________.

Du erinnerst dich an dein Lebensnetz, mit dem du im ersten Teil des Buches zum Thema Selbstführung gearbeitet hast? Es dient dir auch in diesem Buchteil, deine Führungskompetenzen noch stärker zu entblättern und dein Führungs-ICH besser kennenzulernen. Gehe zurück in die Einleitung des Buches zum Abschnitt „Spot on: Du bist hier richtig!“, um das Lebensnetz-Konzept zu verinnerlichen, zu verstehen und auf Führung anzuwenden.

Nimm dein Lebensnetz zur Hand und definiere als erstes, in welchen Lebensbereichen du bereits Führung übernimmst – unbewusst oder bewusst. Ersetze dazu die Abkürzungen LB1 bis LB8 mit eben diesen Bereichen. Das kann Familie sein, Freundschaften, Beruf … Vielleicht ist es dir kaum bewusst: Du übernimmst in jedem dieser Lebensbereiche Führung. Lege das Buch kurz zur Seite und tauche in jeden Lebensbereich so lebendig wie möglich ein, um dich dort in der Führung zu sehen. Es gibt kein Richtig oder Falsch. Du fühlst, wo du führst.

Nun schau dir dein Lebensnetz an und bilanziere:

Sind das die Bereiche, in denen ich wirklich Führung übernehmen möchte oder kann ich loslassen? Wo muss ich loslassen, um mich stärker meiner beruflichen Führungspersönlichkeit zu widmen und sie entsprechend weiterzuentwickeln? Was brauche ich dafür, um meine Führungsstärken zu stärken?

Los geht‘s!

Schritt 1: Identifiziere die Lebensbereiche, in denen du bereits starke Führungskompetenzen hast und die, die du stärken möchtest: LB1 – LB8

- ★ In welchen Bereichen hast du bereits eine starke Führungskompetenz? Schau dir noch einmal an, welche Lebensbereiche für dich wichtig sind (siehe Einleitung des Buches im Abschnitt „Spot on: Du bist hier richtig!“).
- ★ In welchen Bereichen möchtest und musst du sie stärken? Frage dich: Warum?

Schritt 2: Bestimme nun den Zufriedenheitsgrad

- ★ Wie zufrieden bist du in den jeweiligen Lebensbereichen mit deiner Führung?
- ★ Willst du dort überhaupt Führung übernehmen?
- ★ Übernimmst du vielleicht zu viel Führung in Bereichen, in denen du nicht führen musst oder möchtest?
- ★ Wähle in jedem Lebensbereich einen Wert zwischen 0 und 15
  0 = äußerst unzufrieden; 15 = sehr zufrieden
- ★ Führst du die Bereiche so, wie du es dir vorstellst?
- ★ Wo gibt es Potenzial nach oben?

Male die Bereiche zwischen den Werten 0–15 aus, dass sich ein buntes Spinnennetz ergibt. Sie offenbaren deine Fülle und deine Potenziale.

Notiere hier deine Lebensbereiche und deine Potenzial-Gedanken dazu. Nimm gern dein Inspirational Boom-Journal zur Hand, um mehr Freiraum für deine Gedanken zu haben.

LB 1 = ……

LB 2 = ……

Schritt 3: Deine Erwartungen

- ⋆ Bestimme nun deine Erwartungen und deine Wohlfühlzone. Welcher Lebensbereich braucht stärkere Führungskompetenz, Pflege, Aufmerksamkeit, Energie?
- ⋆ Um wieviel Wertpunkte möchtest du dein Potenzial in diesen Bereichen heben? Gehe Bereich für Bereich durch und mache dir Notizen.
- ⋆ Wie realistisch sind deine neuen Ziele? Sie sollten groß und sein und dich ein Stück weit herausfordern.

Schritt 4: Deine konkreten Maßnahmen

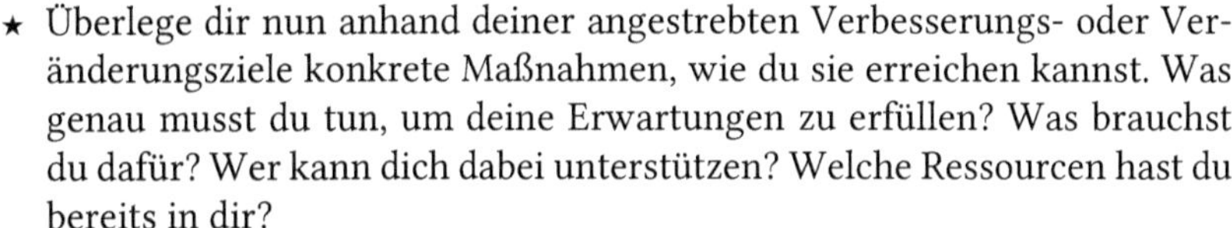

- ★ Überlege dir nun anhand deiner angestrebten Verbesserungs- oder Veränderungsziele konkrete Maßnahmen, wie du sie erreichen kannst. Was genau musst du tun, um deine Erwartungen zu erfüllen? Was brauchst du dafür? Wer kann dich dabei unterstützen? Welche Ressourcen hast du bereits in dir?

- ★ Notiere, welche Maßnahmen wirklich dazu beitragen, deinen erwünschten Zustand zu erreichen.
- ★ Frage dich immer wieder WARUM du hier und da Führung übernehmen und dich dort verbessern möchtest. Ein starkes Warum, das in deiner inneren Überzeugung entsteht, ist dein Motor für persönliche Erfüllung und beruflichen Erfolg.

Schritt 5: T.U.N. – Komm ins Machen und in die Umsetzung

- ★ Du hast dein Ziel, deine Meilensteine und Maßnahmen nun bestimmt.
- ★ Du kennst jetzt dein „Warum möchte ich meine Führungskompetenzen in diesem oder jenem Bereich weiterentwickeln?“
- ★ Reines Wünschen ist zu wenig. Du brauchst den Willen – einen wirklich starken Ruf nach Veränderung.

Auf einer Skala von 1 bis 10 – wie inspiriert bist du nun? (1=gar nicht; 10=sehr).

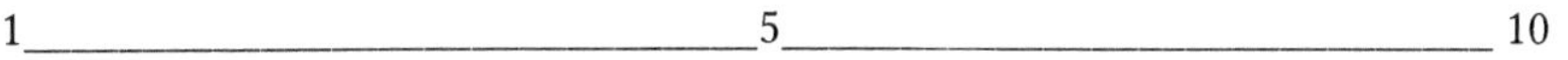

1____________________5____________________10

Wenn du mehr als 7 Punkte auf der Skala angibst, kannst du dich dafür feiern, ausgehend von deinen Selbstführungskompetenzen, den ersten wichtigen Schritt gegangen zu sein. Herzlichen Glückwunsch! Sich selbst feiern ist übrigens ein enorm starker Führungsmuskel, der gern mehr trainiert werden darf.

Wie feierst du dich und deine Erfolge?

Ich feiere meine Erfolge, indem ich ______________________________________

____.

Und nun? All das zu wissen und erarbeitet zu haben ist essenziell für die Stärkung deiner Führungspersönlichkeit. Du darfst nun in deine Umsetzungsenergie kommen.

Schau dir die Wortwolke an. Vielleicht findest du dort die Energie, die du zur Umsetzung brauchst. Ergänze gern und unbedingt, indem du deine eigene Wolke kreierst.[25]

Nutze dazu das kostenlose Tool in der entsprechenden Fußnote auf dieser Seite.

Eins steht fest: Führung erfordert Mut, Geduld, Stärke, Widerstandskraft, Flexibilität.

Ich wertschätze und bewundere jeden Menschen, der bereit ist, Führung zu übernehmen. Gäbe es mehr Menschen, die sich auf diesen Transformationsprozess von der Selbstführung zur Führung einlassen würden – wow, wir hätten eine andere Welt. Das ist meine tiefe Überzeugung.

Zur Erinnerung möchte ich dir diesen Weg noch einmal veranschaulichen und ihn um einen ganz wichtigen Aspekt ergänzen: Um die Menschen, die wir führen: Team, Gruppen, Abteilungen, ganze Firmen.

Denn nun – nachdem du dich im ersten Teil des Buches intensiv mit dir selbst auseinandergesetzt hast und du in diesem Teil deiner wahrhaftigen Führungspersönlichkeit immer mehr Entwicklungs- und Wachstumsraum gibst, durchbrechen wir die nächste Schallmauer:

---

[25] https://wordart.com/create

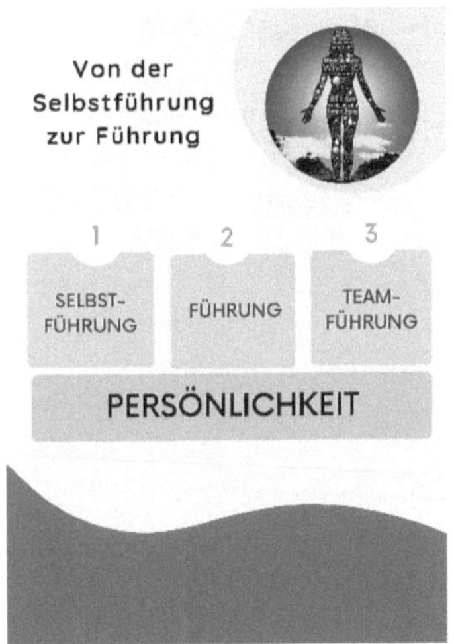

Abb. 16: Von der Selbstführung zur Führung

Du liest diesen Teil des Buches, weil du Menschen führst.

Führe Menschen so, wie du geführt werden möchtest. Führe dich selbst so, wie du andere Menschen führst.

Menschen zu führen, kann sehr komplex und herausfordernd sein. Es bereitet auch unglaublich viel Freude und kann zu großer Zufriedenheit und Erfüllung führen – wenn du es aus deiner Definition heraus richtig angehst.

Antje Boetius sieht in der Teamführung einen der wichtigsten Führungsmuskel, den sie bei großen Expeditionen trainiert hat:

„Sich breit und empathisch eindenken zu können in Teamaufgaben und Teamlösungen. Von kleinen bis großen Teams. Antizipieren zu können, was alle brauchen und wie man sich gegenseitig stärkt, so dass diese Herausforderung und die gute Arbeit drum herum vielfältig gelöst und organisiert werden kann. Ziele klar zu definieren und sich nicht mit Mittelmaß zufrieden zu geben, nicht schnell aufgeben. Das ist für mich das Allerwichtigste."

Einzelne Menschen und Gruppen zu führen braucht viel Persönlichkeit, Stabilität, Mut, Gelassenheit, Geduld und Erfahrung. Doch Obacht: Erfahrung fällt nicht vom Himmel. Erfahrungen möchten gemacht und gelebt werden. Es ist wie immer ein Prozess.

Da Prozesse Zeit und dein Commitment brauchen, darfst du dich mit Hilfe dieses Buches deiner ganz persönlichen Art der Führung nähern. Erlaube dir diesen Wachstumsprozess und komme ins Tun. Nur so kannst du essenzielle Führungserfahrungen sammeln.

Jahrelange Erfahrungen im Führen hat auch *Monika Schulz-Strelow*, ehemalige FidAR-Präsidentin und eine meiner großartigen Interviewpartnerinnen, die du in diesem Buch bereits kennenlernen durftest. Für sie stehen die Menschen im Mittelpunkt der Führung.

„Was mich auszeichnet? Humor und generell eine starke Zuneigung zu Menschen. Ansonsten hätte ich 15 Jahre FidAR als Präsidentin nicht auf diesem Niveau vorstehen können. Die Grundlage meiner Arbeit ist Vernetzung. Ich habe nicht so sehr den inneren Antrieb – ich, Monika Schulz-Strelow – sondern wir alle zusammen erreichen ein Ziel. Dieses Zusammen haben mir meine Eltern von klein auf mitgegeben und das hat mich schon immer angetrieben."

Menschen wollen geführt werden. Selbst dort, wo es keine offizielle Führungsperson gibt, wird sich immer jemand bewusst oder unbewusst in die Führungsrolle begeben. Denke kurz an eine private oder berufliche Situation, in der nicht festgelegt war, wer was wie macht. Nehmen wir das simple Beispiel eines Abends mit Freunden. Ihr verabredet euch telefonisch, an einem der kommenden Abende auszugehen. Ok, Verabredung steht. Wer nimmt nun das Zepter in die Hand, bringt Ideen auf den Tisch, organisiert die Kinotickets, reserviert einen Tisch im Restaurant? Für mich selbst kann ich die Frage sofort beantworten. Da ich selbst gern aktiv voran gehe und das als einen meiner starken Führungsmuskel identifiziert habe, nehme ich die Dinge auch gern in die Hand. Ich führe und stelle mir zuvor die Frage: Will ich Ideengeberin und Organisatorin sein? Ja. Somit liegt Führung in mir und bei mir. Ich führe mich selbst und ich führe die Menschen um mich herum, so dass wir on track sind.

Liegt Führung auch in dir? Gönne dir eine kleine Denkpause und praktiziere radikale Ehrlichkeit.

The Human Factor

Der wichtigste und zugleich unberechenbarste Faktor in Unternehmen und Organisationen ist der Mensch in seinen unterschiedlichsten Ausprägungen und Rollen. Im System *Führung* sind es die Menschen, die führen und die geführt werden. Manchmal ist der Mensch ein Fähnchen im Wind, manchmal die stabile Brandmauer. Gehe niemals davon aus, zu wissen, was die Menschen, von denen du geführt wirst oder die du führst, von dir erwarten. Gehe genauso wenig davon aus, dass ihr euch wirklich kennt. Erwarte niemals, dass dich die Menschen, von denen du geführt wirst oder die du führst, mögen. Bleibe realistisch und mache dir keine Illusionen.

Gruppen zu führen, ist die hohe Kunst der Führung, aber kein Hexenwerk. Mit Mut, aus der eigenen Komfortzone herauszutreten und mit der Bereitschaft und dem Willen, auch Unbequemes anzunehmen, lässt sich Führung ganz wunderbar lernen und üben. Zudem spielen Werte wie Verbindlichkeit und Zuverlässigkeit eine entscheidende Rolle, denn als Führungspersönlichkeit vermittelst du Sicherheit, Stabilität, Klarheit.

Oberste Voraussetzung ist deine Lernbereitschaft.

Zudem solltest du

- dich selbst enorm gut kennen, dir stets treu bleiben und dich selbst gut führen
- in der Lage sein, dein EGO und deine eigenen Interessen zurückzustellen
- offen, ehrlich und klar kommunizieren und aktiv zuhören
- zwischen den Zeilen, in den Gesichtern und in der Körpersprache lesen können
- fähig sein, die Bedürfnisse der Menschen, die du führst, zu berücksichtigen
- die Stärken und Defizite deines Teams kennen und ihre Stärken stärken

- Kritik und Konflikte annehmen und Lösungsvorschläge erarbeiten
- Distanz zu Personen und Situationen einnehmen können und nichts persönlich nehmen
- neugierig, offen, agil und flexibel sein
- durchsetzungsstark und entscheidungsfreudig sein
- Sinn und Freude in deiner Arbeit als Führungspersönlichkeit empfinden

Das und noch viel mehr ist Führung. Doch lass dich nicht abschrecken! Es ist ein Geschenk, andere Menschen zu führen – auch wenn es oft mit großen Herausforderungen und Führungsschmerzen einhergeht. Doch hey – Wachstum tut weh. Und wenn wir ehrlich sind, ist unsere Führungsrolle *das* Labor für die eigene Persönlichkeitsentwicklung. Du lernst so viel über dich! Du wächst über ungeahnte Grenzen hinaus und wirst selbst immer stärker – persönlich und beruflich. Solltest du zu den Leserinnen gehören, die noch am Anfang ihrer Karriere stehen, ist jetzt der richtige Zeitpunkt ernsthaft darüber nachzudenken, Führung zu übernehmen.

Doch zurück zum Human Factor.

Wenn du daran denkst, ein Team so zu führen, wie du es dir wirklich vorstellst – mit Persönlichkeit, innerer Stärke, Klarheit – welcher Gedanke, welche Stimme deines inneren Rock-Konzerts wird plötzlich laut? Schreibe diesen Gedanken oder diesen Glaubenssatz auf:

Indem du den Gedanken oder den Glaubenssatz aufs Papier bringst, ist er in der Welt und bereit, transformiert zu werden. Es ist gut, dass du diesen Gedanken hast, denn er ist ein sicheres Zeichen dafür, dass du bereit bist, daran zu wachsen. Schenk ihm erst einmal keine Bedeutung und lass uns eintauchen in deine Rolle als Führungspersönlichkeit.

Führung bringt ein gewisses Rollenverständnis mit sich. Du schlüpfst in keine Rolle. Du übernimmst auch keine Rolle.

Du bist die Rolle.

Diese Unterscheidung ist wichtig. Indem du die Führungsrolle bist, identifizierst du dich mit ihr. Du koppelst sie nicht (mehr) von dir ab und du machst sie zu einem Teil von dir. Es könnte sein, dass nun der eine oder andere Widerstand in dir hochkommt. Wir wollen uns oft ein Türchen offenlassen und uns nicht hundert Prozent hineinbegeben. Das beobachte ich immer wieder bei den Frauen, mit denen ich arbeite. Eine meiner Coachees hat beispielsweise eine nächsthöhere Führungsrolle übernommen. Ich habe sie in diese neue Rolle hinein begleitet und unterstützte sie auf ihrem Weg. In der ersten Session fragte ich sie, wie sie ihre neue Rolle sieht. Sie schaute mich mit großen Augen an und sagte: „Ich muss erstmal in die neue Führungsrolle reinwachsen und schauen." Ich fragte, was sie damit meint. „Naja, es ist Neuland – mehr Verantwortung, mehr Mitarbeiter:innen. Ich weiß ja noch gar nicht, wie ich das machen soll." Ich bat sie, sich gerade hinzusetzen, die Augen zu schließen, tief ein- und auszuatmen und folgenden Satz dreimal hintereinander zu sagen:

Ich bin die Führungsrolle.

Ich bin die Führungsrolle.

Ich bin die Führungsrolle.

Sie tat es und ich konnte ihre Angst förmlich spüren. Sie war nun noch erschrockener. „Wirklich?" fragte sie. Ich sagte: Ja, wirklich. Ich ermutigte sie, vom ersten Tag an die Führungsrolle zu sein und das Hintertürchen beherzt zuzuschlagen.

Wenn du dich für Führung entscheidest, musst du auch Führung sein. Kleiner Reminder: Wir reden hier nämlich nicht von Führungskräften, die Aufgaben erfüllen oder nach Kräften führen, sondern wir reden über die Attitude von Führungspersönlichkeiten, die mehr sind als sie selbst und die Führung als Lebensphilosophie anerkennen.

Indem du die Rolle bist, gehst du ganz anders mit ihr und dir um. Du füllst sie ganz anders aus. Du fühlst dich innerlich stärker. Du nutzt andere Worte. Du bist klarer in deinen Gedanken und deiner Kommunikation. Du trittst konsistenter auf. Du nimmst deine besten Eigenschaften, Fähigkeiten, Stärken und Talente mit in deine Art des Führens. Das ist Persönlichkeit. Wahrhaftige Persönlichkeit. Führungspersönlichkeit.

Die Menschen, die du führst, brauchen dich als Persönlichkeit. Denn sie dienen dir und du dienst ihnen. Gemeinsam müsst ihr Ziele erfüllen, unwegsames Terrain durchschreiten und in Krisenzeiten zusammenhalten. Deine Aufgabe ist es, dafür zu sorgen, dass du deine Leute wertschätzt, sie forderst und förderst und dass sie ihre Aufgaben mit einem Sinn und mit Freude erfüllen.

Wie kannst du das erreichen?

Indem du mit der nötigen Distanz nah am Team bist. Das klingt paradox, ist jedoch ganz schlüssig.

In meinen Führungspositionen habe ich immer intuitiv mit Herz, Verstand, purer Persönlichkeit und nach Erfahrungswerten geführt. Vielleicht inspirieren dich einige meiner „Führungsrituale"?

Führungsrituale

Führungsritual 1: Der Rundgang

Ich bin mehrmals die Woche durch die Büros gegangen und habe jeder und jedem Einzelnen einen guten Morgen gewünscht. Ich habe mich nach dem Befinden erkundigt. Manchmal haben wir ein paar Minuten privat über dies und jenes gesprochen, manchmal nicht. Dann fragte ich, ob etwas anliegt, das ich entscheiden, anstoßen oder unterzeichnen muss, so dass wir sofort kleine Dinge erledigen konnten. Das kannst du übrigens auch eins zu eins im Onlinebereich beim Führen auf Distanz umsetzen.

Mehrwert dieses Führungsrituals:

- ⋆ Wertschätzung gegenüber jeder und jedem Einzelnen
- ⋆ Du siehst die Entwicklung deiner Mitarbeiter:innen
- ⋆ Der regelmäßige Kontakt lässt dich erspüren, ob sie mit ihren Aufgaben zufrieden, unter- oder überfordert sind
- ⋆ Erledigung kleiner Aufgaben und dadurch Einsparung zusätzlicher Termine

Führungsritual 2: Die offene Tür

Um unnötige zusätzliche Meetings und einen zu vollen Terminkalender zu vermeiden, habe ich „die offene Tür" eingeführt. Immer wenn meine Tür offenstand, konnten meine Mitarbeitenden ohne Termin zu mir kommen, um Entscheidungen abzuholen oder auch mal ein Wort loszuwerden.

Mehrwert dieses Führungsrituals:

- ⋆ Wertschätzung unser aller Zeitressourcen
- ⋆ Effizienz durch schnelle Erledigung von Aufgaben
- ⋆ Aufrechterhaltung des engen Kontakts zu einzelnen Mitarbeiter:innen
- ⋆ Erfassung des Gemütszustands einzelner Mitarbeiter:innen und der Teamdynamik

Führungsritual 3: Führung abgeben

Wir alle kennen sie: elend lange und viel zu viele Meetings, die oft kein wirkliches Ziel verfolgen und daher selten konkrete Ergebnisse hervorbringen. Ich habe meine Mitarbeitenden aktiv in das Organisieren und Abhalten von Meetings einbezogen und ihnen im Kleinen die Führung übertragen. Zudem habe ich die Meetingstruktur gestrafft.

Mitarbeitende aktiv einbeziehen und Führung übertragen

1. Die Agenda wurde nicht von mir vorgegeben, sondern war ein Gesamtwerk des Teams mit den drei bis fünf wichtigsten Themen der Woche, auf die sich das Team im Vorfeld einigen und vorbereiten musste.

   Effekt: Es wurden nur wirklich relevante Themen besprochen und bearbeitet.

2. Die Moderation lag in den Händen des Teams: Sie wechselte wöchentlich.

   Effekt: Meine Mitarbeitenden lernten, auf den Punkt zu kommen, vor der Gruppe klar und deutlich zu reden und die Gesprächsführung zu übernehmen.

3. Jede Person erfasste während des Meetings die für sie wichtigsten drei bis fünf Punkte.

Effekt: Alle waren wach und mussten aufpassen und wir sparten uns das Protokoll. Am Ende des Meetings hatte jede:r eine Minute Zeit, das aus ihrer oder seiner Sicht wichtigste in Schlagworten zu kommunizieren. So hatten wir ein Gesamtprotokoll und ganz klare Actionpoints.

Straffung der Meetingstruktur

1. Es gab ein Meeting in der Woche, in dem alles klar, kurz, effizient besprochen wurde.
   Effekt: Jede:r berichtete über die wichtigsten Punkte. Kein Blabla mehr.
2. Das Meeting war für exakt eine Stunde angesetzt – nicht mehr, nicht weniger.
   Effekt: Hundertprozentiger Fokus auf den Inhalt und das Ziel des Meetings.

Mehrwert dieses Führungsrituals:

- ★ Du lernst als Führungspersönlichkeit wirklich zu führen, abzugeben, zu delegieren
- ★ Du bringst den Mitarbeitenden absolutes Vertrauen entgegen
- ★ Du ermutigst deine Mitarbeitenden, selbstbestimmt zu entscheiden, was wichtig ist
- ★ Du gibst Führung ab und förderst so ein diverses Meinungsbild

Kleine Rituale mit großer Wirkung. Adaptiere sie und reichere sie mit deinem eigenen Stil und deinen Ideen an. Sie helfen dir dabei, auf der einen Seite loyal und empathisch, und auf der anderen Seite kritisch, durchsetzungsstark und klar zu führen.

The Human Factor im sich wandelnden System

Zweifelsohne steht der einzelne Mensch im Zentrum deiner Führungsphilosophie. Doch das ist nur halb zu Ende gedacht. Dieser Mensch wiederum steht im Zentrum eines Systems, einer Organisation – in diesen 2020er Jahren sogar im Mittelpunkt eines starken Wandels und einer kaum zu kontrollierenden Dynamik.

Stecken du, dein Team, deine Firma, auch in einem Wandel? Wie begegnest du diesem Wandel?

Vielleicht hast du gerade den Impuls zu sagen, dass ihr nicht in einem Wandel steckt. Ist dem so, möchte ich dir gern widersprechen. Die ganze Welt ist im Wandel, somit auch viele Unternehmen und vor allem die Menschen, die in diesem System tätig sind. Ob du willst oder nicht. Das, was in der Welt geschieht, macht was mit den Menschen. Unbewusst tragen wir es alle mit und kollektiv in uns.

In diesem Moment, in dem ich diese Zeilen beende, haben wir Februar 2022. Deutschland befindet sich (wie der Rest der Welt) seit März 2020 in mehreren Lockdowns. Über zwei Jahre, die geprägt waren von großen und schnellen Veränderungen, Unsicherheiten, prekären Dauerzuständen in Familien, die sich von jetzt auf gleich mit Homeschooling auseinandersetzen und ihre Kinder bei Laune halten mussten. Zwei Jahre, in denen die meisten Arbeitnehmer:innen von zu Hause aus arbeiten mussten, was vor der „Corona-Zeit“ in vielen Organisationen unmöglich war. Sie mussten ihre eigenen Computer verwenden, sich zum ersten Mal in ihrem Leben mit einer komplexen Online-Welt auseinandersetzen, sich aus der Distanz führen lassen, und ja – sie mussten führen. Sich selbst, Menschen, Unternehmen, Ziele, Prozesse, Familien, Kinder, die Freizeit, das Leben, ihre Gedanken, ihre Gefühle, ihre Energie und schwindende Kraft.

Das. Ist. Wandel.

Menschen sind immer im System zu betrachten, in dem sie leben, wirken, arbeiten. Somit ist es deine Aufgabe, sie als Teil dieses Systems zu sehen. Warum? Weil Systeme Menschen zu dem machen, was sie sind. Systeme prägen, lenken, verändern. Oftmals ohne, dass wir es bewusst wahrnehmen.

Somit ist es schlau, dass du dir dieses System, in dem du führst, genau anschaust. Für ein besseres Verständnis nennen wir das System für einen Moment: Unternehmen. Damit meine ich das Unternehmen, in dem du tätig bist. Wenn du eine eigene Firma hast, dann ist das nicht „das Unternehmen“, sondern „dein Unternehmen“.

Schau dir genau an:

- ⋆ Von welchen Werten ist das Unternehmen geprägt?
- ⋆ Welche Strukturen herrschen im Unternehmen? Welche sind relevant für deine Arbeit als Führungspersönlichkeit, für dich persönlich, für deine Mitarbeiter:innen?
- ⋆ Sind diese Strukturen essenziell für die Erfüllung deiner Führungsaufgaben?
- ⋆ Fühlst du dich im Einklang mit der Unternehmenskultur, den Unternehmenszielen?
- ⋆ Wie siehst du die Menschen im Unternehmen und besonders in deinem Team? Entfalten sie ihre Persönlichkeit? Haben sie Freude an dem, was sie tun? Werden sie gesehen, wertgeschätzt, gehört? Warum arbeiten sie im Unternehmen?
- ⋆ Wie gestalten die Menschen das Unternehmen mit? Fühlen sie sich im Einklang mit der Unternehmenskultur, den Unternehmenszielen? Setzen sie sich für das Unternehmen ein?

Es ist wichtig, dass du als wahrhaftige Führungspersönlichkeit den Rundumblick mitbringst und sowohl das Unternehmen als auch die Rolle und das Verhalten deiner Mitarbeiter:innen im Unternehmen berücksichtigst. Wenn du diesen Gedanken verinnerlichst, verstehst du bestimmte Verhaltensweisen oder Leistungskurven deiner Mitarbeiter:innen womöglich besser. Es ist oft das große Ganze, das uns motiviert oder demotiviert. Die Werte, die uns prägen und die Wünsche und Ziele, die wir in diesem Unternehmen verwirklichen können oder nicht. Fühlen sich Menschen in dem Unternehmen, in dem sie arbeiten, gesehen und gehört, fassen sie Vertrauen, fühlen sich sicher und gestärkt. Vertrauen ist die Basis dafür, auch in Krisenzeiten Seite an Seite zu stehen.

Dann brich das Ganze auf dein Team herunter. Auch dein Team ist ein System. Es gibt kraftvolle Teamübungen, um die Teamtemperatur zu erfassen, warum beispielsweise Ziele nicht erreicht werden oder warum einige Mitarbeiter:innen wenig Leistung bringen im Gegensatz zu anderen. Eine sehr schnelle und einfache Coaching-Übung möchte ich an dieser Stelle mit dir teilen, die du im halbjährlichen Abstand wiederholen solltest.

Teamübung – Der Weitsprung

Nutze eines der kommenden Team-Meetings, um herauszufinden, wie deine Mitarbeiter:innen zum Unternehmen und heruntergebrochen zu ihrer Arbeit im Team stehen.

Voraussetzungen für alle:

★ Offenheit, Ehrlichkeit
★ Mut und Veränderungsbereitschaft
★ Willen der Mitgestaltung
★ klare Kommunikation
★ Wirken im sicheren Raum ohne Verurteilung anderer

Deine Vorbereitung:

★ Bereite dich wirklich gut auf diese Übung vor, denn sie kann zu schnellen positiven Veränderungen führen.
★ Konkretisiere dein Ziel, was du mit dieser Übung wirklich herausfinden, erfassen und gegebenenfalls verändern möchtest. Welche konkrete Herausforderung, welches Problem möchtest du mit dieser Übung lösen? Vielleicht hast du festgestellt, dass die Performance im Team sinkt? Das kann mit dem oben erwähnten Wandel und mit dem Unternehmen an sich zusammenhängen. Die Ursache kann aber auch innerhalb des Teams zu suchen sein.
★ Um in dieser Übung Antworten zu finden, brauchst du valide Fragen, die sich wiederum von deinem Ziel ableiten, welche konkrete Herausforderung du lösen möchtest. Nutze dazu die Beispielfragen zum „System Unternehmen" weiter oben. Du kannst zum Beispiel jede Person im Team fragen: Wieviel Prozent deiner Arbeitskraft und deiner Arbeitszeit fühlst du dich im Einklang mit den Unternehmenswerten?
★ Entlang deiner Fragen erhältst du ein sehr klares Bild, wie es einzelnen Mitarbeiter:innen geht und ob sie im Einklang mit dem Unternehmen und deiner Führungsphilosophie stehen – ohne dass du diese konkrete Frage stellen musst.

So geht's:

★ Öffne den sicheren, offenen und vorurteilsfreien Raum und bitte um Konsent.[26]

---

[26] Es gilt der Konsent, wenn keiner einen Einspruch zu den Regeln/der Methode/der Entscheidung hat. Konsens dagegen erfordert von allen Beteiligten eine Zustimmung.

- ⋆ Lege ein langes Seil (oder etwas Vergleichbares) als gerade Linie auf den Boden.
- ⋆ Am Anfang des Seils steht der imaginäre Wert 0 Prozent, am Ende des Seils steht der imaginäre Wert 100 Prozent.
- ⋆ Alle stellen sich an dem 0-Prozent-Punkt auf.
- ⋆ Nun stellst du deine erste Frage und bittest jede:n Mitarbeiter:in, sich dahin zu stellen, wo sie sich prozentual zugehörig fühlen.
- ⋆ Fordere jede Person auf, in drei Sätzen oder in maximal fünf Schlagworten zu erläutern, warum es diese Prozentzahl ist. Wichtig ist, dass es wirklich nur diese drei Sätze oder maximal fünf Schlagworte sind. Gibst du mehr Raum, läufst du Gefahr, dass es zu einer handfesten Grundsatzdiskussion kommt, die an anderer Stelle geführt werden sollte.
- ⋆ Notiere dir unbedingt die Antworten, um darauf reagieren zu können. Denn du *musst* darauf reagieren, Konsequenzen ziehen oder Veränderungen anstoßen.
- ⋆ Wiederhole dies mit allen Fragen, die du mitgebracht hast.

Diese Teamübung kannst du auch online durchführen. Mit einem virtuellen Seil – einer Skala von 1 bis 10, schön aufbereitet als Slide.

Nachbereitung

- ⋆ Schau dir deine Fragen, die von den Mitarbeiter:innen gewählten Prozentzahlen und deren Argumentationen und Antworten genau an und analysiere sie.
    - ○ Welche Wahrheit sprechen die Prozentzahlen?
    - ○ Wie schwerwiegend sind die Argumentationen und Antworten? Definiere und skaliere für dich, was schwerwiegend ist.
    - ○ Was bedeuten die Ergebnisse für eure weitere Zusammenarbeit?
- ⋆ Wie möchtest, kannst und musst du darauf reagieren?
- ⋆ Was brauchst du dafür?
- ⋆ Wer kann dich in deiner Entscheidung unterstützen?
- ⋆ Entscheide dich klar für deine weitere Vorgehensweise.

Der nächste Schritt:

- ⋆ Teile deinem Team in einem der nächsten Meetings deine Ergebnisse, Gedanken und Schritte dazu mit.
- ⋆ Öffne den Raum zur Diskussion und gemeinsamen Lösungsfindung.
- ⋆ Gehe mit maximal drei konkreten Schritten in die Umsetzung.

Puh – wie geht‘s dir nach dieser Übung? Ich finde sie großartig! Doch sie verlangt viel von dir ab. Viele unterschiedliche Führungsmuskel wirken hier zusammen: Mut, Selbstvertrauen, Vertrauen ins Team, Bereitschaft für Konsequenzen, Offenheit für Kritik und Konflikte, eine unerschütterliche Selbstführung, Flexibilität, Agilität, radikale Ehrlichkeit und den Willen, in die anschließende Analyse, Umsetzung und Veränderung zu gehen. Du wirst aus deiner Komfortzone herauskatapultiert und spürst in jeder Zelle deines Körpers, was es heißt zu führen.

2.2 Erkenntnis dieses Kapitels

Die größte Erkenntnis ist wohl die, dass Führung keine Aufgabe ist, sondern eine Lebensphilosophie. Führung geht stets von dir und deinem inneren Kern aus und strahlt auf andere ab. Du kannst mit dem neu erlernten System der Sonnen- und Schattenseiten von Führung ganz bewusst entscheiden, wie du führen möchtest und auf äußere Umstände eingehen. Du weißt dein Team zu schätzen und in deine Arbeit als wahrhaftige Führungspersönlichkeit aktiv einzubeziehen – mit Nähe und gleichzeitiger Distanz. Du bekommst mehr und mehr ein Gefühl dafür, was es wirklich heißt, die eigene Führungsrolle zu sein und sie entsprechend auszuleben.

2.3 Deine Learnings

1. Du hast dich intensiv damit auseinandergesetzt, dass DU von Anfang an die Rolle bist und nicht erst in eine Führungsrolle hineinwachsen musst.
2. Du hast dich mit Teamführung und entsprechenden Ritualen vertraut gemacht, die es für eine empathische Führung und ein starkes Miteinander braucht.
3. Du hast die Bedeutung von Mitarbeitenden allumfassend beleuchtet und den Wert des „Human Factor" verinnerlicht.

Deine eigenen Learnings als Ergänzung:

Was hat dich am meisten angesprochen? Was ist nun besonders verankert?

Kapitel 3

„Nur wenige Menschen sehen ein, dass sie letztendlich nur eine einzige Person führen können und auch müssen. Diese Person sind sie selbst.“

Peter F. Drucker, Begründer der modernen Managementlehre

Dein Weg: Übernimm Führung für Körper, Geist und Zeit

Als Führungspersönlichkeit musst du gesund sein! Du brauchst deine Kräfte, deine Energien, deinen Atem, einen wachen Geist und schnelle Beine. Es ist deine Pflicht, für dich zu sorgen, dich zu nähren, deinen Körper zu bewegen, deinen Geist täglich zu fordern und deinen Gedanken regelmäßig Ruhe zu gönnen. Vor allem in einer Führungsposition brauchst du einen starken Fokus auf dich als Mensch – sonst ist Führung niemals das, wofür du jeden Morgen aufstehst. Für deine geistige Selbstfürsorge und innere Führungskompetenz hast du im ersten Teil des Buches bereits viele Anregungen und praktische Übungen an die Hand bekommen. Nun geht es darum, diese Werkzeuge beherzt zu nutzen – denn Werkzeuge wollen genutzt werden. Ich kann es nicht oft genug betonen:

Führe dich selbst so, wie du andere führen möchtest.

Behandle dich selbst so, wie du andere behandeln möchtest.

Die wohl schwierigste Führungsaufgabe in unserem Leben ist die, uns selbst gesund und fit durchs Arbeits- und Privatleben zu führen. Meist fangen wir erst damit an, wenn es hier und da zwickt, wir etwas älter sind oder wir merken, dass wir doch mehr Energie bräuchten.

In diesem dritten Kapitel beschäftigst du dich mit DEINEM wichtigsten Werkzeug: deiner Gesundheit als Frau in Führung. Denn nur, wenn du gesund bist, sind im übertragenen Sinne auch die Menschen, die du führst, gesund. Dieses Kapitel ist das wohl wichtigste und zugleich schwierigste in diesem Buch. Es kann dein Leben verändern, dich klarer werden lassen und dir viel Freiraum für dich, deine Gesundheit, deine Beziehungen und deinen Erfolg schaffen – wenn du es zulässt und dich wirklich damit auseinandersetzt.

Führung ist in all unseren Lebensbereichen präsent. Unabhängig davon, ob du in einer Führungsposition bist oder nicht – um stark, klar, authentisch und mit Freude führen zu können, braucht es dich als starke Führungspersönlichkeit. Und diese Stärke beginnt in dir, die sich in deinem Erfolg und deiner Erfüllung als Führende ausdrückt.

Wie wäre es mit dieser Affirmation?

Meine Gesundheit ist nicht verhandelbar.
Bei allem was ich tue, setze ich meine Gesundheit an erster Stelle.
Alles was ich tue, tue ich bewusst.
Bei allem was ich tue, geht es mir gut.

Diese Affirmation unterstützt dich dabei, auf deinem Erfolgspfad zu bleiben.

- ⋆ Bei allem was ich tue, setze ich meine Gesundheit an erster Stelle.
- ⋆ Alles was ich tue, tue ich bewusst.
- ⋆ Bei allem was ich tue, geht es mir gut.

Diese drei Sätze sind nicht immer leicht umzusetzen. Nicht alles, was wir tun, tun wir bewusst und bei nicht allem geht es uns gut. Doch darum geht es: Mach dir bei allem was du tust bewusst, wie es dir damit geht.

Folgende Tipps können hilfreich sein, deine Affirmation so zu leben, dass sie jeden Tag ein Stück mehr zu deiner Realität wird.

Tipp 1

Definiere, was Gesundheit für dich bedeutet und notiere die drei wichtigsten Schlagworte. So hast du den Resonanzboden, den du für die Beurteilung, was dir guttut oder nicht, brauchst.

Gesundheit bedeutet für mich:

1

2

3

Tipp 2

Handle jeden Tag ein Stück bewusster und gehe alles, was du über den Tag verteilt tust, bewusst an. Schreibe dir die Dinge auf, die du machen musst und die Dinge, die du tatsächlich tust. Am besten mit einer Zeitangabe, wie lange diese Aktivitäten dauern.

- ⋆ Nutze bewusst dein Handy (und stelle fest, dass du vielleicht zu oft dein Handy nutzt).
- ⋆ Dokumentiere, wieviel Wasser du trinkst, wie du dich ernährst.
- ⋆ Bereite dich bewusst auf den Tag vor.
- ⋆ Fokussiere dich auf maximal drei Ziele, anstatt alles parallel machen zu wollen.
- ⋆ Mache bewusst Pausen. Arbeite bewusst. Nimm wahr, wieviel du wirklich arbeitest.

Tipp 3

Fühle in dich hinein, bei allem was du tust und frage dich:

- ⋆ Tut mir das, was ich gerade tue, wirklich gut?
- ⋆ Woran erkenne ich, dass mir die Dinge guttun – was führt dazu, dass ich mich gut fühle?

- ★ Was tut mir gar nicht gut?
- ★ Was brauche ich dafür, dass ich mich auch mit unangenehmen Aufgaben gut fühle?

Reduziere die Dinge, die dir nicht guttun und mache mehr von den Dingen, die dir guttun.

So, und nun lass uns eintauchen in deine Strategien für Führungsgesundheit. Zuerst schauen wir uns die Top-Gesundheits-Herausforderungen an, von denen vor allem Frauen in Führung berichten. Vielleicht erkennst du dich darin wieder?

Gesundheitliche Herausforderung Nummer 1: Zeit

Ich werde wahnsinnig. So gern würde ich mehr für mich tun!

Ich habe schon lange keinen Sport mehr getrieben.

Ich esse nicht gut, weil ich keine Zeit habe, gesund zu kochen.

Ich komme nicht zur Ruhe, weil ich immer für andere da bin.

Meine Familie zehrt an mir, ich zehre an mir, mein schlechtes Gewissen zieht sich wie ein dunkler Vorhang über mein Leben.

So kann das nicht weitergehen!

Es kann doch nicht sein, dass mich die Arbeit so sehr dominiert?

Wo bleibt die Freude?

Kommt dir einer der Sätze „meiner Frauen“ bekannt vor?

Eine der größten Herausforderungen der Frauen, mit denen ich zusammenarbeite und die ich auf ihrem beruflichen und persönlichen Weg begleite, heißt:

Zeit, die an allen Ecken und Enden fehlt. Doch das ist ein Trugschluss! Zeit ist immer gleich und im Überfluss da, wir nutzen sie nur nicht so, dass sie uns dienlich ist.

Zeit ist kostbar. Wenn sie erst einmal weg ist, ist sie weg. Sie ist nicht auffüll- oder aufholbar. Vor allem wird Zeit noch kostbarer, wenn sie an unserer Gesundheit nagt. Wenn wir sie hergeben – dieses wundervolle Geschenk – für Arbeit, Fremdbestimmung, Feuerlöschen.

Eine einfache Rechnung rüttelt jetzt vielleicht an deiner Grundüberzeugung, dass du als Führungspersönlichkeit immer für andere verfügbar sein musst. Musst du nicht. Darfst du nicht. Kannst du nicht.

Wir alle haben jeden Tag die gleiche Stundenanzahl an Zeit: 24 Stunden.

Eine Woche hat sieben Tage. Somit stehen uns wöchentlich 7 x 24 Stunden Zeit zur Verfügung, was in Summe 168 Stunden sind.

Nehmen wir an, du schläfst sieben Stunden pro Nacht. Hochgerechnet auf eine Woche sind das 7 x 7 = 49 Stunden. Somit ergibt sich: 168 – 49 = 119 Stunden zur freien Verfügung.

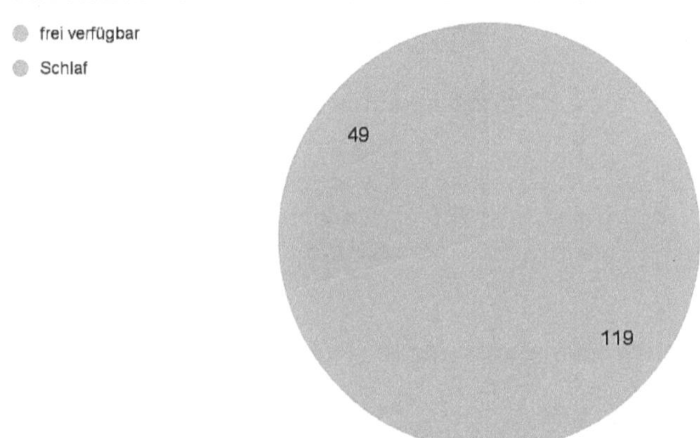

Abb. 17: Wie nutzt Du Deine wöchentlichen Zeitstunden?

Sieht das nicht wunderbar aus – 119 Stunden zur freien Verfügung! Wofür nutzt du sie? Wieviel deiner Zeit steckst du in die Arbeit? Leider höre ich diese Sätze nur allzu oft:

- Ich arbeite 60 Stunden und mehr in der Woche.
- Ich komme erst nach 18 Uhr zum Arbeiten, da ich den ganzen Tag mit den Problemen und Herausforderungen meines Teams beschäftigt bin.
- Mein Chef zehrt ständig an mir und überhäuft mich mit Aufgaben.
- Ich weiß nicht, was am wichtigsten ist.
- Ich arbeite sehr gern am Wochenende, denn dann habe ich Ruhe.

Uff – kein Wunder, dass du das Gefühl hast, keine Zeit zu haben.

Erlaube mir bitte diese kritische Frage: Wer bestimmt über deine Zeit?

Denke kurz darüber nach und schreibe hier auf, wer deine Zeit-Dirigenten sind.

Deine Arbeitszeit ist der wohl kritischste Anteil deines Zeitkontingents.

Überschlage die Stunden, die du in der Woche arbeitest. In unserem Rechenbeispiel gehen wir von den klassischen 40 Stunden pro Woche aus. Dieser Wert bezieht sich auf die durchschnittliche Wochenarbeitszeit eines / einer Angestellten in Deutschland. Wenn du in Führung bist, kommen vielleicht bis zu 10 Stunden mehr dazu. Das jedoch, my love, sollte das Höchste der Gefühle sein.

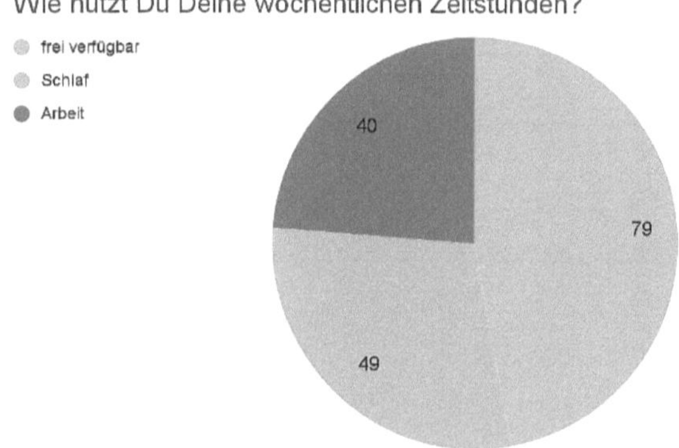

Abb. 18: Wie nutzt Du Deine wöchentlichen Zeitstunden?

Deine frei verfügbaren Stunden pro Woche schrumpfen auf 79. Diese Stunden darfst du dir außerhalb der Arbeit und deines Schlafpensums so einteilen, dass es dir gut geht.

79 Stunden nur für dich zur freien Verfügung! Was hättest du für ein freies, selbstbestimmtes und gesundes Leben, wenn da nicht ... wäre.

Natürlich ist es zu kurz gedacht, das Leben „nur“ in Schlaf, Arbeit und Freizeit einzuteilen.

Fülle diese Tabelle aus und ergänze, um deine Aktivitäten und deine Zeitnutzung zu dokumentieren und zu skalieren. Du wirst realisieren, wofür du deine Zeit hergibst und immer stärker darüber nachdenken, wie du deine Zeit in Zukunft sinnvoll nutzen kannst. Unter dieser Tabelle hast du einige Zeilen Platz für deine Aha-Erkenntnisse.

In der Tabelle habe ich einige Beispiele von gängigen täglichen Aktivitäten aufgeführt. Ergänze immer wieder und versuche so genau wie möglich zu sein.

Aktivitäten	Dauer	Was genau?	Priorität? 1 – 10 1= keine 10 = höchste	Wie geht's schöner, was kann weg?
Schlaf				
Morgenroutine				
Körperpflege				
Arbeit				
Essen				

Sport				
Familie				
Freunde				
Einkauf				
eMails checken				
Handynutzung				
Summe: tägliche Stundenzahl				

Was sind deine Aha-Erkenntnisse?

Zum Beispiel: OMG – Ich checke tatsächlich alle fünf Minuten mein Handy!

Take back your time control!

Hole dir deine Zeit zurück und lasse dich von ihr weise durch dein Leben begleiten. Wertschätze deine Zeit und nutze sie für Dinge, die für dich, dein Leben, deine Gesundheit und deine Beziehungen am wichtigsten sind. Nutze sie mit Bedacht und Fokus. Verabschiede dich von Multitasking. Das gibt es nicht. Das Gehirn ist nicht dazu in der Lage.

In der Zeit, in der du arbeitest, arbeitest du.

In der Zeit, in der du mit deiner Familie zusammen bist, bist du mit der Familie zusammen.

In der Zeit, in der du isst, isst du.

In der Zeit, in der du Sport machst, machst du Sport.

In der Zeit, in der du im Meeting sitzt, bist du im Meeting.

In der Zeit, in der du telefonierst, telefonierst du.

Du verstehst, was ich meine. Wenn du nur eines aus diesem Kapitel mitnimmst, dann die Erkenntnis, dass es nur ein Grad an Veränderung braucht. Und diese Veränderung heißt: Fokus auf das, was du tust. So schätzt du deine Zeit und dein Leben und lädst mehr Zeit in dein Leben ein.

Verschwende sie nicht für anderer Menschen Meinungen oder für schlechte, limitierende Gedanken und Glaubenssätze.

Die Zeit ist für dich, wenn du sie entsprechend führst. Auch das ist Führung.

Du bist die Dirigentin deines Lebens, deiner Energie, deiner Zeit.

Vergiss nicht:

- ★ Du führst dich morgens aus dem Bett
- ★ Du führst dich durch den Morgen und durch den ganzen Tag
- ★ Du führst deinen Körper, deinen Geist, deine Gedanken, deine Emotionen
- ★ Du führst dich durch sämtliche kleine, mittlere und große Entscheidungen
- ★ Du führst dich durch stürmische Zeiten
- ★ Du führst dich durch dein tägliches Energie-Level
- ★ Du führst dich von Aufgabe zu Aufgabe
- ★ Du führst dich in deinen Fokus
- ★ Du führst deinen Willen

Wie immer ist es leichter gesagt als getan. Woher weißt du denn, was wichtig ist? Was brauchst du, um dich zeit-wertschätzend und weniger gestresst durch den Tag zu führen?

Vielleicht hilft dir ein tägliches Ritual, eine Routine?

Ich glaube an Routinen und Rituale. Sie unterstützen mich darin, mit mir verbunden zu bleiben, mich zu fokussieren und mich immer wieder zurückzubringen zu meinen wichtigsten Zielen, Absichten und Werten.

Meine eigene Morgenroutine sieht so aus:

- ★ Ich wache zwischen 6:30 Uhr und 7 Uhr auf – ohne Wecker.
- ★ Noch bevor ich die Augen aufschlage, scanne ich gedanklich meinen Tag und meinen Terminkalender.
- ★ Ich atme dreimal tief durch, horche in mich hinein und überlege, mit welchem Energie-Level ich diesem Tag und den Menschen um mich herum begegnen möchte und welche Gedanken ich haben möchte.
- ★ Ich stehe auf, Zähneputzen.
- ★ Ein großes Glas heißes Wasser.
- ★ 30 Minuten Bewegung – Crosstrainer, Pilates, Yoga – was immer mein Körper braucht
- ★ Körperpflege
- ★ Mit einem großen Latte Macchiato sitze ich um 8 Uhr am Schreibtisch und mache erst dann das Handy an.
- ★ Um 10 Uhr frühstücke ich und nehme mir eine Stunde Zeit dafür.
- ★ Ab 11 Uhr geht die Arbeit in Fokus-Zeitblöcken weiter.
- ★ Wenn möglich, keine Termine vor 11 Uhr.

Nicht jeder Mensch braucht Morgenroutinen. Mir gibt es Sicherheit und Stabilität. Wie du in deinen Tag startest, hängt von deiner Persönlichkeit und deinen Vorlieben ab. Wichtig ist jedoch, dass du bewusst in deinen Tag startest und nicht hineinstolperst. Egal wie das für dich aussieht. Das gleiche gilt für den Abend. Wie du den Tag ausklingen lässt, ist entscheidend für deinen Schlaf und deine Gedankenhygiene.

Brauchen wir wirklich Strategien oder Routinen, um gut und gesund durch einen herausfordernden Tag zu kommen? Meine Interviewpartnerin *Verena Pausder* ist Unternehmerin, Mehrfachgründerin, Expertin für Digitale Bildung, Hochschulrätin, Gründerin der Initiative #stayonboard,[27] Mutter von drei Kindern und SPIEGEL-Bestseller-Autorin.[28] Bei diesem Arbeitspensum braucht es eine große Portion Achtsamkeit, Planung, nicht-verhandelbare Auszeiten nur für sich.

Ich habe Verena gefragt, wie sie sich gesund hält und ob sie bestimmten Routinen folgt:

„Ich weiß genau, wann ich Pausen brauche und was ich konkret brauche, um dieses Tempo gehen zu können: Sport und Schlaf. Das meine ich jenseits von Familie und Kindern. Wenn ich zu wenig schlafe – nicht nach ein oder zwei Nächten, aber nach drei, vier Nächten – und wenn ich zu wenig Sport treibe, dann halte ich das Tempo, das ich gehe, nicht durch. Damit weiß ich, dass mein Abend nicht jeden Abend erst um Mitternacht enden darf. Und wenn ich Sport machen möchte, muss das wie jeder andere Termin in meinem Kalender stehen, sonst wird es nicht passieren."

Was sind deine Aha-Erkenntnisse?

- ★ Plane, plane, plane. Auch wenn du keine Planerin bist: Plane die wichtigsten Dinge, die du für dich selbst tun kannst und schreibe sie in deinen Kalender! Sonst werden sie nie passieren.

Wenn du sie nicht planst und du dir nicht aktiv Zeit dafür einräumst, sind das die Dinge, die als allererstes hinten runter fallen – zu Lasten deiner Gesundheit und Zufriedenheit.

Du möchtest jeden zweiten Tag Sport treiben?

Blocke dir die Zeit in deinem Kalender.

Du möchtest dir jeden Tag 20 Minuten Zeit zum Lesen nehmen?

Blocke dir 20 Minuten zum Lesen.

Du möchtest täglich 30 Minuten an die frische Luft gehen?

Plane diese Zeit täglich ein.

---

[27] https://stayonboard.org/

[28] https://verenapausder.de/dasneueland/

Somit werden diese Aktivitäten fester Bestandteil deines Lebens und kurz- bis langfristig sind sie nicht mehr wegzudenken. Sie werden zu einer neuen Gewohnheit. Neue Verhaltensweisen und Gewohnheiten etablieren sich mehr und mehr, wenn du sie mindestens 21 Tage hintereinander ausgeführt hast.

Doch wie führt sich eine erfolgreiche und sehr beschäftigte Frau wie *Verena Pausder* selbst? Welche Führungsmuskeln trainiert sie täglich?

„Ich bin eine Anti-Prokrastinatorin! Das heißt: Ich schiebe nur Sachen in die Zukunft, die unwichtig und leicht sind. Die schweren, herausfordernden und wichtigen Dinge erledige ich sofort. Wenn ich zum Beispiel mein eMail-Postfach öffne, scanne ich den Eingang und öffne die Mail, die am Wichtigsten und Schwierigsten erscheint. Mit dieser Vorgehensweise habe ich am Ende des Tages im schlimmsten Fall noch einige wenige Dinge offen, die mir aber nicht den Schlaf rauben. Das hilft mir sehr. Es gibt mir die Freiheit, aufzuhören mit der Arbeit, wenn ich keine Lust oder keine Energie mehr habe. Ich nenne das meine ostwestfälische Disziplin, die ich als Kind anerzogen bekommen habe, nach dem Motto: Das Glück ist mit den Tüchtigen und von nix kommt nix. Ich habe quasi eine natürliche Bereitschaft, direkt in den Schmerz reinzugehen."

Was sind deine AHA-Erkenntnisse?

- ★ Schiebe Wichtiges nicht auf und erledige die Dinge, die schwierig sind, sofort. Somit entgehst du der Zeitfalle, bis spät in die Nacht arbeiten zu müssen, nutzt deine größte Energie (die über den Tag abnimmt) und schützt dich, deine Gesundheit und deine Gedanken.

Ertappst du dich gerade bei dem Gedanken, dass das in einer Führungsposition nie funktioniert?

Doch, das tut es – wenn du es willst, du dich aktiv dafür entscheidest und dein Umfeld darüber informierst. Du musst dich nicht den Strukturen und Systemen des Unternehmens, in dem du tätig bist, als Opfer ergeben. Du darfst mitgestalten. Du entscheidest, wie du mit den Umständen und Herausforderungen umgehst, und du entscheidest, was aktuell am Wichtigsten für dich ist.

Der US-amerikanische Bestseller-Autor Stephen R. Covey[29] – berühmt für zahlreiche Selbsthilfe-Bücher und Management-Lehren über hocheffiziente Gewohnheiten[30] – sagte:

I'm not a product of my circumstances. I'm a product of my decisions.

Und genau so sehe ich das auch. Du bist nicht das Ergebnis deiner Umstände. du bist das Ergebnis deiner Entscheidungen. In dem Moment, in dem sich Verena Pausder für das Schwierigste oder Herausforderndste zuerst entscheidet, ist sie das Ergebnis ihrer Entscheidungen und nicht des Umstandes, dass es schwierig werden könnte.

---

[29] https://de.wikipedia.org/wiki/Stephen_Covey

[30] https://www.franklincovey.com/the-7-habits/

Lass das sacken und kreiere nach und nach eine neue Gewohnheit, die dir das Leben einfacher macht.

Warum ist dein Zeitmanagement so entscheidend für deine Gesundheit? Weil Stress der Killer Nummer eins ist.

Stress kann:

- ⋆ deine Karriere ruinieren
- ⋆ deine Gesundheit ruinieren
- ⋆ deine Beziehungen zerstören
- ⋆ dir deine Lebensfreude nehmen
- ⋆ dir deinen Fokus nehmen
- ⋆ dich deiner unendlichen Möglichkeiten berauben
- ⋆ dich in einer negativen Gedankenspirale gefangen halten

Auch wenn es provokant klingt, ist es dennoch wahr:

Du und nur du allein entscheidest, ob und wie sehr du gestresst bist.

Gesundheitliche Herausforderung Nummer 2: Perfektionismus

Der liebe Perfektionismus. Nagt er auch an dir, in dir und um dich herum? Der Perfektionismus und du – das ist wie eine lange On-Off-Beziehung. Eine Hass-Liebe, die das Leben peitscht. Eine Hass-Liebe, die dich vielleicht weit gebracht hat in deiner Karriere, von der du eventuell fast schon abhängig bist, ohne es zu merken? Ohne Perfektionismus keine Führungsposition? Denkst du das? Lebst du schon zu lange in dieser toxischen Beziehung und hast das Gefühl, dass sie dich auffressen könnte?

Ich habe gute Nachrichten:

Du kannst dieser Beziehung, die dir eventuell nicht guttut, entfliehen – wenn du sie beim Namen nennst und sie als das akzeptierst, was sie ist: ein Karriere- und Gesundheits-Killer.

Willst du wissen, wie? Bleib dran. Bevor wir eintauchen, ein paar Fakten zum Perfektionismus. Stellen wir ihn ein letztes Mal ins gleißende Rampenlicht, bevor der Vorhang ein für alle Mal fällt.

Wissenswert: Perfektionismus

Der Begriff Perfektionismus ist nicht einheitlich definiert. Ich bin überzeugt davon, dass es DEN Perfektionismus nicht gibt. Er ist ein Phänomen, ein psychologisches Konstrukt, das mit dem übertriebenen Streben nach Perfektion und Fehlervermeidung einhergeht.

Forscher:innen sind sich jedoch einig, dass sich Perfektionsstreben im Wesentlichen in zwei Hauptdimensionen ausdrückt:

Das perfektionistische Streben nach Vollkommenheit, das mit hohen persönlichen Standards und einer Überorganisiertheit einhergeht.

Die perfektionistische Besorgnis, Fehler zu machen (übertriebene Fehlervermeidung), die mit Zweifeln an der eigenen Leistung und oftmals mit der Angst vor Bewertung einhergeht.

Perfektionistische Menschen neigen dazu, sich in sämtlichen Lebensbereichen ständig selbst zu optimieren. Sie sind der Meinung, dass sie nur etwas wert sind, wenn sie leisten, erfolgreich sind und dies auch zeigen. Machen sie Fehler oder zeigen sie Schwäche, verurteilen sie sich scharf dafür.

Perfektionisten konzentrieren sich tendenziell vor allem darauf, immer beschäftigt zu sein – auch mit unwichtigen Dingen. Pause machen oder Ruhephasen einlegen fällt ihnen schwer. Sie neigen dazu, sich selbst zu sabotieren und auszubeuten. Sie gehen oft über ihre Grenzen und kennen kein SCHLUSS JETZT.

Kritik vertragen sie häufig nicht. Schließlich geben sie ihr Bestes, und Kritik bestätigt sie, dass sie noch immer nicht alles gegeben haben und noch mehr dafür tun müssen.

Sie fühlen sich persönlich angegriffen.

Hohe Ansprüche zu haben, ist nichts Schlechtes. Schließlich wollen wir es zu etwas bringen und mit unseren Aufgaben wachsen. Haben wir ein gesundes Verhältnis zu unserem Anspruchsdenken, kann dies der Motor für etwas ganz Großes sein. Bei mir war es so und ich möchte dir eine kleine Geschichte erzählen.

Ich war (zu) lange (zu) perfektionistisch. Stets im Kampf mit mir selbst. Immer wollte ich alles richtig machen, zu den Besten, Klügsten, Coolsten und Schönsten gehören, selbst die Beste sein, die Klügste, die Schönste, die Schnellste, die die am besten malt (ich kann gar nicht malen), die die am besten schwimmt. Ich erinnere mich an meine erste Stunde im Schwimmunterricht. Die gesamte dritte Klasse fuhr mit dem Schulbus in den Nachbarort ins Schwimmbad. Von nun an war wöchentliches Schwimmtraining angesagt. Ich habe es gehasst! Dennoch war mein innerer Perfektionsliebling damals schon immer dabei, mit einer strammen Peitsche in meinem Kopf. Ich wollte es von Anfang an perfekt machen. Zu diesem Zeitpunkt konnte ich noch nicht schwimmen. Der Lehrer teilte die Klasse in Schwimmer:innen und Nichtschwimmer:innen ein und fragte in die Runde: Wer kann schwimmen? Die Hälfte der Klasse riss die Arme in die Luft. Ich merkte, wie auch mein Arm wie ein Pfeil nach oben schnellte. Für mich – oder für meinen inneren Perfektionsliebling – kam überhaupt nicht in Frage, mich zu den Nichtschwimmer:innen zu gesellen. Schließlich strebte ich nach Perfektion und meine innere Antreiberin ließ nichts anderes gelten. Bääm! Plötzlich war ich Schwimmerin, obwohl ich gar nicht schwimmen konnte. Da hatte ich mir was eingebrockt. Mich übermannte die sehr übertriebene Angst vor dem Tod. Du solltest wissen, dass Perfektionismus und Angst ein Dreamteam sind. Sie arbeiten super eng zusammen und es passt kein Blatt dazwischen.

Sofort mussten wir ins tiefe Wasser springen und zeigen, was wir konnten. Die Angst wurde größer, denn erstens konnte ich nicht schwimmen und zweitens mag ich Wasser nicht besonders. Ist einfach nicht mein Element (auch das noch). Doch selbstverständlich sprang ich. Nichtspringen war überhaupt keine Option. Mein Wille und die Stimme im Kopf waren so unendlich stark, dass ich einfach sprang. Irgendwie konnte ich mich über Wasser halten. Alles bewegen, was geht. Ich schluckte Unmengen Chlorwasser, mein Herz sprang fast heraus, doch ich hielt mich an der Wasseroberfläche. Als ich mich nach einigen Minuten total erschöpft und halb tot aus dem Wasser schleppte, überkam mich eine goldene Welle des Stolzes und der Genugtuung: Ich hatte etwas Großes gewagt und geschafft. Mut wird belohnt.

Auf den Schultern des Perfektionismus sitzen Engelchen und Teufelchen:

Das Engelchen ist der unbändige Mut, der dich unmöglich Geglaubtes erreichen lässt. Das Teufelchen ist die flammende Angst, die dich in die Hölle schickt.

Beides gehört zueinander und ist untrennbar. Engelchen und Teufelchen sind im ständigen Kampf. Zeit meines Lebens hat das Engelchen gesiegt – der Mut. Auch wenn ich unzählige Momente der Angst erlebt und ausgehalten habe – mein Mut war und ist nach wie vor stärker.

Diese Erfahrung als 12-Jährige im Schwimmbad werde ich nie vergessen. Sie zieht sich durch mein Leben und steht sinnbildlich für alles, was ich neu anfange und vor dem ich im ersten Moment vor Angst zusammenzucke und riesigen Respekt habe. Der Sprung ins kalte Wasser hat für mich eine positive Bedeutung. Denn aufgrund dieser damals sehr einschneidenden Erfahrung (ich hätte ertrinken können), weiß ich, dass ich alles schaffen kann. Ich vertraue meinen inneren und äußeren Kräften und ich danke meinem inneren Perfektionsliebling, der mir zum damaligen Zeitpunkt eine sehr große Unterstützung war und meinen Kopf über Wasser hielt. Doch mit dieser Erfahrung gab ich diesem Perfektionisten in mir eine große Bühne, auf der er in den kommenden drei Jahrzehnten eine Mega-Show abziehen sollte.

Fast forward: 25 Jahre später. Boston, USA. Ich stand auf einer großen Bühne, verkabelt, Moderationskarten in der Hand, schicker Anzug. Vor mir ein großer Raum gefüllt mit Journalist:innen aus der ganzen Welt. Gehen, stehen, sehen. Das ist mein Motto, wenn ich auf die Bühne gehe, um meinem Perfektionsliebling den Wind aus den Segeln zu nehmen. Ich schaute sie an, selbstbewusst, lächelnd. Doch innerlich tobte ein Sturm. Mein Herz sprang fast aus mir heraus, wie damals in den Tiefen des Schwimmbads. Doch diesmal vor freudiger Erwartung und Aufregung, wie ich das wohl alles meistern werde. Ich hatte es geschafft: Ich stand auf einer Bühne, habe mich wieder einmal getraut aus der

Komfortzone herauszutreten. Da stand ich also als Moderatorin. Ich moderierte ein Panel mit Wissenschaftlern – in Englisch, mit hochdotierten Persönlichkeiten. In einer fremden Sprache, in einem fremden Land, vor der internationalen Presse – boah, sowas hatte ich vorher noch nie gemacht. Noch immer packt es mich, wenn ich an diese Erfahrung denke. Es war eine großartige Veranstaltung. Nach anfänglicher Hyper-Nervosität habe ich mich wohl gefühlt auf der Bühne. Am Abend davor habe ich mit meinem Perfektionsliebling einen Deal geschlossen: Du darfst mich bis zum Start der Veranstaltung antreiben, mich perfekt und bis ins kleinste Detail vorbereiten und pushen. Doch wenn ich dann im Rampenlicht stehe, übernehme ich. Du darfst von unten Beifall klatschen und stolz auf mich sein.

Seitdem lebe ich ein einfaches Konzept:

Sei perfekt unperfekt. So öffnen sich alle Türen. Habe Mut zur Lücke und sei gespannt, wie du dich meisterhaft schlägst.

Das Geheimnis: Drehe den Spieß um

Ich möchte dich ermutigen und inständig bitten, dich mit deinem Streben nach Perfektion bewusst auseinanderzusetzen und es nicht einfach so hinzunehmen. Wenn du dieses Perfektionsstreben nicht in dir hast – herzlichen Glückwunsch! Dann darfst du diese Passage überspringen und dich direkt der vier-Schritte-Gesundheitsbox weiter unten widmen.

Perfektionistische Menschen sind oft sehr willensstark. Nach außen hin wirken sie tough und stark. Im Innern sind sie oft zerbrechlich und sensibel. Ihr Bestes geben sie häufig aus den falschen Gründen, die in der Außenwelt begründet sind: Sucht nach Anerkennung und das Verlangen nach Beachtung. Der Wunsch, dazugehören zu wollen. Sie möchten zeigen, dass sie die perfekte Besetzung für diese Position sind und wollen vermeintliche Erwartungen nicht enttäuschen. Dieses Streben ist gefährlich, denn du setzt deine eigene Persönlichkeit aufs Spiel und legst dir nach und nach eine Ritterrüstung zu, die dein wahres, wundervolles, eckiges und einzigartiges Ich versteckt.

Zudem kann es sehr anstrengend, energieraubend und zermürbend sein. Ständig diese Gedanken darüber, wie ich denn nun dazugehören kann, ob ich respektiert, gesehen, gehört, gefühlt werde und wie ich auf mich aufmerksam machen kann. Immer eine Schippe drauflegen und vermeintliche Erwartungen anderer Menschen erfüllen. Vermeintlich deswegen, weil wir die Erwartungen anderer Menschen meist gar nicht kennen. Es ist lediglich unsere Annahme. Doch ich sage dir was:

Du bist nicht auf dieser Welt, um die vermeintlichen Erwartungen anderer Menschen zu erfüllen.

Es sei denn, du kennst diese Erwartungen und entscheidest dich, sie zu erfüllen.

Es gibt aber auch den guten Perfektionismus, der nach innen gerichtet ist. Wie heißt es so schön in der Coaching-Welt: Werde die beste Version von dir selbst!

Uiiii, welch hoher Anspruch, den viele Menschen als Druck empfinden und somit missverstehen.

Werde die beste Version deiner selbst ist inneres Wachstum. Niemand definiert für dich, was das bedeutet – nur du. Und hier kommt die Lösung, wie du deinen Perfektionsliebling bändigen und zu einem deiner besten Freunde machen kannst.

Drehe den Spieß um!

Es gibt keinen von außen definierten Perfektionismus, obwohl alle Welt glaubt, dass es ihn gibt und wir nach ihm streben (sollten). Niemand kann von dir erwarten, dass du perfekt bist, dass du perfekt führst, dass du perfekt kommunizierst und perfekte Entscheidungen triffst. Wenn es jemand von dir erwartet, ist es die Definition derjenigen Person, die es eben von dir erwartet. In dem Moment, in dem du diese Erwartung von jemanden annimmst, wird es zu deiner eigenen – und somit auch zu deinem Problem. Denn nun denkst und handelst du nicht mehr entsprechend deines eigenen Ziels, sondern richtest dich nur darauf aus, die Erwartungen der Person zu erfüllen. Doch wie willst du den Perfektionsanspruch dieses Jemand erfüllen? Mission impossible! Was es heißt, perfekt zu sein, definiert und interpretiert jeder Mensch für sich selbst. So auch du. Das macht es ab jetzt einfacher.

Nur du definierst, was es heißt perfekt zu sein.

Reiche deinem Perfektionismus die Hand und schließe Frieden.

Ich lade dich ein, dich mit deinem Perfektionsstreben bewusst auseinanderzusetzen, um ein gutes Verhältnis zu ihm ohne Druck aufzubauen.

Wie stehst du zum Perfektionismus? Bist du selbst perfektionistisch veranlagt? Stehst du dazu oder machst du dir was vor? Oftmals sehen sich perfektionistisch orientierte Menschen selbst nicht so. Das ist gefährlich, denn dauerhaftes und permanentes Streben nach Perfektion kann die Gesundheit gefährden: psychisch, mental, physisch.

Lass uns einen kleinen Test machen, mit dem du herausfindest, ob du zum Perfektionismus neigst oder sogar eine Meisterin des Perfektionismus bist.[31]

Bist du bereit, dich deiner Wahrheit zu stellen? Kreuze Ja oder Nein an.

1. Ich bin detailverliebt und beleuchte bei all meinen Aktivitäten und Entscheidungen alle möglichen Eventualitäten.

   Ja Nein

2. Bevor ich eine eMail abschicke, lese ich sie noch mindestens dreimal durch und finde immer etwas zu verbessern.

   Ja Nein

---

[31] Dieser Test ist angelehnt an https://karrierebibel.de/perfektionismus/

3. Ständig vergleiche ich mich mit anderen.
   Ja Nein
4. Immer habe ich das Gefühl, es noch besser machen zu können und zu müssen.
   Ja Nein
5. Ich bin nie fertig mit meiner Arbeit, da es immer etwas zu verbessern oder korrigieren gibt.
   Ja Nein
6. Ich erwarte von mir selbst stets die besten Leistungen und bin oft unzufrieden.
   Ja Nein
7. Oft denke ich, dass ich Anforderungen, die an mich gestellt werden, nicht erfüllen kann.
   Ja Nein
8. Ich fühle mich ständig von mir selbst unter Druck gesetzt, so dass ich immer weiter mache.
   Ja Nein
9. Ich bin oft total erschöpft und sehe nicht mehr die schönen Dinge des Lebens.
   Ja Nein
10. Ständig umgibt mich diese Angst: Angst vor Fehlern, vor Kritik, vor dem Scheitern.
    Ja Nein
11. Mein Selbstwertgefühl ist von meinen Leistungen abhängig.
    Ja Nein
12. Negative Kritik nehme ich persönlich. Ich zweifle an mir und meiner Kompetenz.
    Ja Nein

Bei wie vielen Aussagen hast du Ja angekreuzt? Zähle deine Ja-Antworten zusammen.

0 – 3

Offensichtlich neigst du nicht sehr zum Perfektionismus. Auf der einen Seite ist das großartig. Auf der anderen Seite könnte es sein, dass du die Dinge zu sehr auf die leichte Schulter nimmst. Horch in dich hinein, ob du das richtige Maß an Perfektionismus, Ehrgeiz und Willensstärke für deine Führungsaufgaben mitbringst.

4 – 7

Es sieht so aus, als hättest du ein gesundes Verhältnis zum Perfektionismus. Du weißt, wann du alles geben musst, kannst dich dann aber auch wieder zurücklehnen. Du kennst deine Stärken, deine Kompetenzen und weißt, was du leisten kannst. Deine gesunde Einstellung von Anspannung und Entspannung ist ein wunderbar starker Führungsmuskel. Dennoch schaue dir an, welche Fragen du mit Ja beantwortest hast und gehe in die Reflexion, ob es „gefährliche“ Fragen sind oder eher „harmlose“.

8 – 12

Du scheinst die Königin des Perfektionismus zu sein – und das ist nicht positiv gemeint. Achte auf dich und frage dich: Sind mein Glück, meine Zufriedenheit, mein Erfolg und meine Freude von meinen Leistungen abhängig? Wie fühle ich mich bei all dem Druck, den ich mir selbst mache? Tut mir das gut? Vielleicht ist es an der Zeit, etwas gegen dein Perfektionsstreben zu unternehmen und einen Gang runterzuschalten. Was könnte das sein?

Mit dieser sehr persönlichen Bestandsaufnahme, beantworte bitte die weiteren Fragen.

Warum wir uns so ausführlich damit beschäftigen? Weil Perfektionismus ein so unfassbar großer Schmerzpunkt, eine Falle und ein Verhalten ist, dessen Schwere uns oft nicht bewusst ist. Viele – mich eingeschlossen – spielen den Perfektionsdrang herunter und sind der festen Überzeugung, dass das doch gar nicht so schlimm sei. Doch, ist es. Deswegen get your butt off the ground und mach hier weiter:

Wie definierst du Perfektionismus?

In welcher Beziehung stehst du zum Perfektionismus?

Schreibe drei Situationen auf, in denen dein Perfektionsstreben sichtbar und spürbar ist.

Wie fühlst du dich in diesen Situationen? Was machen diese Situationen mit dir?

Warum strebst du nach Perfektion? Was steckt dahinter?

Wow! Ich bin stolz auf dich, dass du den Mut hattest, so richtig tief einzutauchen. Das ist wichtig und wird dich definitiv weiterbringen. Bei dem nächsten Anflug von Perfektionismus denkst und fühlst du deine Antworten.

Zum Schluss noch ein **Pro-Tipp** von mir:

Etabliere und pflege deine eigene Fehlerkultur

Die Tasse ist nicht kaputt, nur anders.

Diese Weisheit stammt aus Japan und heißt Kintsugi. Noch nie gehört? Dann wird es Zeit, dass du diese Weisheit kennenlernst.

Kintsugi ist eine traditionelle japanische Reparaturmethode für Keramik- oder Porzellanbruchstücke.[32] Jetzt fragst du dich vielleicht, was das mit deiner Fehlerkultur zu tun haben soll. Eine ganze Menge. Wie du mittlerweile weißt, arbeite ich stark mit inneren Bildern. Stell dir eine kaputte Tasse vor.

Sie hat viele Risse, hier und da ist eine Ecke herausgebrochen. Ist sie deswegen unvollkommen? Nein! Wir können ihr einen außerordentlichen Wert geben und sie liebevoll reparieren. Somit wird sie einzigartig und sticht im Sammelsurium aller anderen Tassen als etwas besonderes heraus. So ist das auch mit unseren Fehlern. Die Interpretation und Vorstellung dessen überlasse ich dir.

Was siehst du, wenn du dir eine zerbrochene Tasse vorstellst?

Welche Wirkung hat dieses innere Bild der Tasse auf dich?

32 https://de.wikipedia.org/wiki/kintsugi

Wie interpretierst du dieses innere Bild bezüglich des Themas Perfektionismus und Fehlerkultur?

Fehler gehören zum Leben dazu. Sie sind große Lehrmeister und bringen uns immer weiter. Jedoch nur, wenn du bereit bist, sie anzunehmen und aus ihnen zu lernen. Ich finde die Idee des Kintsugi so wundervoll bezeichnend dafür, dass Fehler nicht schlimm sind. Sie sind Teil unserer persönlichen und beruflichen Weiterentwicklung. Habe den Mut, Fehler zu machen, reflektiere sie und lerne aus ihnen. Ohne Fehler keine Weiterentwicklung, kein Wachstum, kein Wegweiser für deinen Karriereweg. Kintsugi zeigt auf beeindruckende Weise, wie wir mit Fehlern umgehen könn(t)en:

- ★ Nimm Fehler an und verurteile dich nicht dafür.
- ★ Schau dir den Fehler genau an und analysiere ihn, so dass du ihn kein zweites Mal machst.
- ★ Sei dankbar für den Fehler – er kann der Anfang zu etwas Besserem oder Größerem sein.

Aus Fehlern kann Großes entstehen. In der Forschung und Wissenschaft beispielsweise ist der Irrtum die rechte Hand des Fortschritts. Wissenschaftliche Studien beruhen auf Annahmen, die entweder verifiziert (bestätigt) oder falsifiziert (widerlegt) werden.

Take home message

Befreie dich vom Perfektionismus, trau dich Fehler zu machen und genieße dein Wachstum. Beobachte dich bei allem, was du tust, sei kritisch und wohlwollend – vor allem sei achtsam und bewusst.

Methoden und Tools für eine stabile Gesundheit als Führungspersönlichkeit

Deine eigene Vier-Schritte-Gesundheits-Toolbox

Schritt 1 – Erfasse deine Health-Faktoren

Halte kurz inne und schreibe auf, wie du dich im Arbeitsalltag, der auch mal stressig sein kann, gesund hältst und was konkret du dafür brauchst.

Es muss nicht die einstündige Morgenroutine sein, die derzeit von vielen erfolgreichen Menschen gepriesen wird. Es sind eher die kleinen Dinge, die dich und deinen Geist gesund erhalten, die dir Freude bereiten und dir die nötige Energie geben, die du für deinen Arbeitsalltag brauchst. Jeder Mensch ist anders. Jeder Mensch hat andere Bedürfnisse, Vorlieben, einen anderen Biorhythmus.

Wie wäre es beispielsweise mit zehn Minuten Yoga am Morgen oder zwischendurch? Oder dreimal tief durchatmen vor jedem Meeting oder jeder Begegnung? Wie wäre es mit einer starken Affirmation oder einem kraftgebenden Mantra? Workout, Bewegung, Power-Posing vor schwierigen Gesprächen? Oder einfach mal die Erlaubnis, nichts zu tun: Lesen, auf der Couch zu liegen, Musik zu hören? Unser Geist braucht Pause, um Energie und Kraft für neue Ideen, Lösungsansätze und schwierige Situationen zu sammeln. Er funktioniert nicht wie ein Computer – auch wenn wir es uns manchmal wünschen.

All das und noch viel mehr unterstützen deine mentale und physische Gesundheit, die du brauchst, um die Führungspersönlichkeit zu sein, die du sein möchtest und die ganz sicher in dir steckt.

Fülle nun die Tabelle aus.

Wie bleibe ich gesund?	**Was brauche ich dafür?**	**Wie setze ich es um?**

Schritt 2 – Lass deine Synapsen funken

In dem Diagramm weiter unten lade ich dich ein, hinter die Kulissen meines eigenen kleinen Gesundheitszentrums zu schauen. Übertrage auch du deine Ergebnisse aus der Tabelle in eine grafische Darstellung deiner Wahl – gern auch mit Zettel und Stift. So kommst du direkt zu deinem Aha-Effekt. Die meisten Menschen brauchen Bilder, Visualisierungen, Grafiken – verbunden mit positiven Gedanken und Gefühlen, um die Erfahrungen direkt im Gehirn zu verankern und von dort aus ins Unterbewusstsein zu schicken. Dinge verankern sich stärker, wenn wir sie sehen, darüber reden, sie wiederholen und immer wieder mit einem guten Gefühl verbinden.

Wieviel Prozent deiner Zeit verwendest du zum Beispiel für deinen Handykonsum? Ist dir diese Zeit bewusst? Soll das genau so sein? Wenn du nicht weißt, wie oft du auf dein Handy schaust, was genau du dort tust – Instagram scrollen, Facebook checken, anderer Leben hinterherjagen – dann schau dir jeden Abend die Nutzungsdaten an, die in den Einstellungen deines Telefons hinterlegt sind. Gehe auf Einstellungen und je nach Modell findest du in dem Bereich „Nutzung oder Wellbeing“ die grafische Aufarbeitung mit allen Details zu deinem Nutzerverhalten. Du wirst erstaunt sein ... Ich war sehr überrascht und erschrocken. Ich kam auf knapp vier Stunden am Tag: WhatsApp auf, Musik-App an, Instagram, LinkedIn, Bilder gucken, eMails checken und so weiter. Was für eine Zeitverschwendung! Sofort habe ich alle Push-Nachrichten, Pings und Dings deaktiviert und mir angewöhnt, in meinen Fokuszeiten das Handy in den Flugzeugmodus zu schicken, mir einen Timer auf 90 Minuten zu stellen und diese 90 Minuten konzentriert durchzuarbeiten. Nur so war ich auch in der Lage, dieses Buch zu schreiben. Kerze an, Pianomusik im Hintergrund, keine Ablenkungen – nur ich, mein Laptop, meine über die Tastatur fliegenden Finger und mein Buch.

Lass uns in meine Grafik unten einsteigen, so dass du ein Beispiel für eine Gebrauchsanleitung hast.

Die Prozentzahlen beziehen sich auf das, was du in dem Moment machst. Wenn du dir beispielsweise meine Säule Workout anschaust, siehst du 100 Prozent aktuell, 100 Prozent bei Minderung/Steigerung. Warum? Weil ich während meines Workouts 100 Prozent bei der Sache bin und diese Aktivität genau so beibehalten möchte. Nur ich und mein Workout.

Wenn ich workoute, dann workoute ich.

Im Bereich *Pausen* habe ich noch viel Luft nach oben. Ich habe festgestellt, dass ich zu wenig Pausen in meinen Arbeitstag integriere. Aktuell sind es 70 Prozent und ich möchte gern auf 100 Prozent Pausen kommen. Das heißt: Wenn ich mich für Pausen entscheide, dann ALL IN und die Pause im Hier und Jetzt ohne Arbeit genießen. Auch hier Fokus auf Pause.

Wenn ich Pause mache, mache ich Pause.

Interessant ist die Aktivität des Geistes in den Pausen, wie er mich überlisten möchte. „Na, lass uns doch den Fachartikel lesen, den du letztens gespeichert hast. Ist doch ganz gemütlich beim Mittagessen.“ Hmmm, sehr verlockend. Aber das klingt nach Arbeit! Versuche bitte, in den Pausen Dinge zu tun, die nicht mit deiner Arbeit zu tun haben.

Interessant ist auch die Säule *Herausforderungen*. Dabei geht es um vorausschauendes Denken: Welche Herausforderungen könnten demnächst auf mich zukommen und wie kann ich mit ihnen umgehen? Da habe ich noch Potenzial, obwohl ich mir meine Woche schon sehr genau anschaue: Wen treffe ich? Welche Termine habe ich? Was könnte haarig werden? Wie kann ich meine Energie entsprechend ausrichten? Wie möchte ich reagieren? Wie möchte ich kommunizieren? Das hilft enorm und macht frei!

In der Gesundheits-Box geht es um den Fokus auf das, wofür du dich entscheidest!

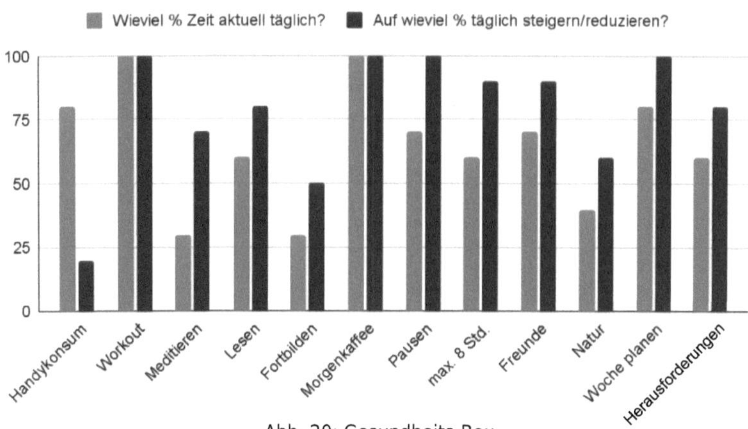

Abb. 20: Gesundheits-Box

Schritt 3 – Fange die Räuber

Nachdem du dich bis hierhin auf das Positive und auf das, was du wirklich willst, konzentriert hast, darfst du dich nun mit den Dingen beschäftigen, die dir nicht so guttun und die dir Energie rauben. Auch wenn du Widerstand verspürst: Sie gehören zu uns und wir müssen uns mit ihnen auseinandersetzen. Erkenne sie, umarme sie und erlaube dir, sie nach und nach loszulassen, um Platz für Positives und Neues zu schaffen.

Liste deine wichtigsten Energieräuber und das dazugehörige Gefühl auf. Nutze Spalte drei für die damit verbundenen Gefühle: Wie würdest du dich ohne sie fühlen? Was auch immer es ist: Liste die Dinge auf, die dir Energie rauben.

Dieses Beispiel in der Tabelle hilft dir dabei, die Räuber zu identifizieren und zu eliminieren:

Energieräuber	Mein Gefühl	Wie wäre es ohne sie?
ständige Verfügbarkeit	ausgelaugt nicht wertgeschätzt	Freiheit Selbstbestimmung
Handykonsum	meinem Leben nicht gerecht werden	entspannter Unabhängigkeit

Schritt 4 – Kündige die Freundschaft

Im letzten Schritt kündige den Energieräubern die Freundschaft und überlege dir, welche von den Räubern dich besonders beeinträchtigen, ob du sie wirklich brauchst, wie du sie loswirst oder wodurch du sie ersetzen kannst (wenn das überhaupt nötig ist).

Fülle dazu diese Tabelle aus:

Energieräuber	Brauch ich es j/n?	ersetzen durch
ständige Verfügbarkeit	n	klar kommunizieren Zeitfenster definieren
übermäßiger Handy- konsum	n	Handykonsum definieren bewusste Zeit dafür planen Klarheit für Verfügbarkeit

Drücke auf Neustart

Nun hast du ein sehr genaues Bild davon,

- ★ was du an einem Tag alles tust, womit du deine Zeit nutzt und womöglich verschwendest.
- ★ Du kennst die exakte Anzahl von Stunden, die dir täglich oder wöchentlich zur Verfügung stehen.
- ★ Mit der vier-Schritte-Gesundheits-Toolbox hast du eine Methode gelernt, um dich wieder auf mentale Gesundheit zu programmieren: Du kennst deine Energieräuber und weißt, dass sie dir nicht guttun. Du hast erste Impulse gesammelt, um sie zu zähmen oder sie komplett zu eliminieren.

Mit dieser Achtsamkeit wirst du schon sehr bald eine große Erleichterung spüren. Doch auch hier gilt: Wiederholung, Wiederholung, Wiederholung. Dein Unterbewusstsein lässt sich so leicht nicht umprogrammieren. Es braucht die richtige Nahrung – mehrmals am Tag.

Wie also schaffst du es, mental gesund zu bleiben?

Hier helfen Affirmationen, wie du sie in diesem Buch schon kennengelernt hast. Zusätzlich bewähren sich Mantras – einfache, kleine Sätze, mit denen du dein Unterbewusstsein nähren kannst, indem du sie dir mehrmals täglich nach einem für dich funktionierenden Schema vorsprichst. Vor allem vor schwierigen Gesprächen, kniffligen Führungsaufgaben oder vor Präsentationen sind diese Tools hilfreich.

Meine stärksten Mantras spreche ich in bestimmten Situationen laut aus. Ich habe sie in Englisch formuliert, da sich so die Bedeutung für mich extra stark entfaltet. Indem ich DON'T mit DO kombiniere, verstärke ich das nicht verhandelbare Gefühl von AUF GAR KEINEN FALL. Studien zeigen, dass die Verneinung in diesem Falle für das Gehirn sehr gut aufgenommen und verarbeitet wird.[33]

Meine Mantras	Wofür sind sie gut?
I don't do overwhelm. deutsch: Ich lasse mich nicht überwältigen.	Um mich nicht von Aufgaben, äußeren Umständen, Stress überwältigen zu lassen.
I don't do more than one thing at a time. deutsch: Ich tue nicht mehr als eine Sache auf einmal.	Um mich auf DIE EINE Sache zu fokussieren und anderes sein zu lassen.

[33] https://www.jstor.org/stable/10.1086/663212

I'm always in the right place. deutsch: Ich bin immer richtig dort, wo ich gerade bin.	Da wo ich bin, bin ich immer richtig.
I don't do care. deutsch: Ist mir egal.	Wenn mir Dinge zu viel werden, mich die Meinungen anderer „ärgern", ich das Gefühl habe, alles auf einmal machen zu müssen.

Bevor du deine eigenen Mantras kreierst, trete kurz zurück und frage dich:

Was sind die TOP 3 meiner negativen Gedankenschleifen, die sich in meinem Kopf wiederholen? Ist es Überforderung? Sind es Schuldgefühle? Aufschieberitis? Der Blick auf mein Handy, wenn ich aufwache? Terminstress? Irgendetwas anderes?

Welche Mantras könnten dir dabei helfen, diese negativen Gedankenschleifen zu eliminieren und deine mentale Gesundheit zu stärken? Welche Mantras resonieren mit dir und deiner Persönlichkeit? Welche könntest du im Schlaf laut aussprechen, so dass es dir sofort besser geht?

Meine drei TOP-Mantras	Wofür sind sie gut?

Wendest du sie mehrmals täglich an, können Mantras und Affirmationen Großes bewegen.

Dein Energie-Kessel

Ich möchte dieses kleine Affirmations-Mantra-Toolset um ein weiteres wundervolles Instrument ergänzen: Die bewusste Entscheidung für deine Tagesenergie. Um dein Unterbewusstsein optimal zu nähren, möchte ich dich einladen, dich stärker mit deinem Energie-Level zu befassen, um dich seicht durch sämtliche Herausforderungen tragen zu lassen.

Meine sehr weise Freundin *Heike Armonat-Meyer* ist Gesundheits-Coachin, Yoga- und Pilates-Trainerin.[34] Vor allem aber ist sie TCM-Expertin und sehr bodenständige Naturheilkundlerin.[35] Sie lehrt in ihrer Naturheilpraxis in Berlin die Prinzipien der TCM. Die Traditionell Chinesische Medizin versteht Körper, Geist und Seele als eine Einheit, in der Yin und Yang als das Prinzip der Gegensätze eine entscheidende Rolle spielen.

Das chinesische Schriftzeichen steht für Tag und Nacht, Licht und Schatten, Wärme und Kälte, Ruhe und Aktivität, Feuer und Wasser. Die fünf Elemente Holz, Feuer, Erde, Metall und Wasser sind charakteristisch in der TCM und der Kompass, um die Gesundheit wieder ins Gleichgewicht zu bringen. In der TCM geht es immer darum, eine Harmonie der Gegensätze und das verlorene Gleichgewicht der Kräfte im Körper wieder herzustellen. Yin ist das schwarze Feld im Symbol und steht für dunkel, weich, feucht, kalt, negativ, passiv, ruhig, weiblich. Yang ist das helle Feld und steht für hell, hoch, hart, heiß, positiv, aktiv, bewegt, männlich. Haben wir zu viel Action, Bewegung, Stress im Leben, dann erhöht sich unser Yang und das Yin wird schwächer. Um wieder in Balance zu kommen, braucht es Yin-stärkende Maßnahmen, wie Ruhe, Spazierengehen, Lesen, Ausruhen. In der TCM geht es immer darum, diese Balance wiederherzustellen und die Lebensenergie Qi wieder fließen zu lassen.

Mit dem folgenden Bild möchte ich dir die wichtige Bedeutung unserer Yin- und Yang-Energie verdeutlichen.

Stell dir vor ...

Jeder Mensch wird mit seinem persönlichen Maß an Energie geboren – mit einem großen, gusseisernen Kessel voller frischer und brodelnder Lebensenergie, der lebenslang auf einer brennenden Feuerstelle steht. Am Ende unseres Lebens ist der Kessel leer, denn es kommt nichts hinzu. Wir haben nur diese Menge an Energie und müssen lebenslang damit haushalten. Da unser Leben stets in Wellen und Phasen verläuft, schwindet die harmonische Ausgeglichenheit von Yin und Yang an jedem Tag. Es ist nicht vermeidbar und es ist normal, dass Yin und Yang sich abwechseln in ihrer Ausgeprägtheit. Nach aktiven Yang-Phasen ist es daher wichtig, achtsam wieder in die ruhige, entspannte Yin-Energie zu wechseln. Die stark bewegende und dynamische Yang-Energie will brennen. Ist sie über einen längeren Zeitraum dominant, laufen wir Gefahr, auszubrennen. Achten wir nicht auf uns, brennt unsere Lebensenergie Qi im Kessel unwiederbringlich nieder. Wir müssen also dafür sorgen, das Gleichgewicht regelmäßig

---

[34] https://zeitfenster-naturheilpraxis.de/

[35] https://de.wikipedia.org/wiki/Traditionelle_chinesische_Medizin

herzustellen. Beispielsweise mit Entspannungs- und Ruhephasen und geeigneter Ernährung. Anspannung. Entspannung. Work-Life-Harmonie. Die Energie in deinem Kessel ist die Ressource, die du zur Verfügung hast. Sie wird nicht mehr, sondern du musst dafür sorgen, sie stets in Harmonie zu bringen.

Doch wie machen wir das in einem stressigen Führungsalltag?

Ob Yin und Yang aus der Balance ist, merken wir unter anderem daran, dass wir gestresst und antriebslos sind, ein dünnes Nervenkostüm haben, wir gereizt auf harmlose Dinge reagieren, uns alles zu viel ist, wenig Freude empfinden oder Schlafprobleme und andere gesundheitliche Beeinträchtigungen haben. Alles, was sich anders als sonst und nicht gut anfühlt, können Alarmsignale sein. Wenn du dieses Gefühl hast, gehe in die Reflexion und frage dich:

Was tut mir JETZT gut?	Was brauche ich dafür?
ein Spaziergang	Bereitschaft, den Willen und Zeitpriorität
das Telefonat mit der Freundin	meine Couch, einen Tee, Ruhe
dreimal durchatmen	zwei Minuten und einen ruhigen Platz
Powerposing oder Tanzen	einen ungestörten Ort und Lust, alles rauszulassen, was sich gestaut hat, um dich mit deinen Powerposen zu stärken
Entscheidungen treffen, die für mich und meine Gesundheit sprechen	Aufgaben delegieren

Diese Reflexionsfragen, deine Vier-Schritt-Gesundheits-Toolbox und das bewusste Haushalten deiner Energie, helfen dir dabei, auch in herausfordernden Zeiten ausgeglichen und geerdet zu bleiben.

Rühre deinen Energie-Kessel kräftig um – proaktiv

Wende das von mir immer wieder gepredigte Prinzip der Pro-Aktivität an, indem DU entscheidest, wie du deinen Tag gestaltest und wie du ihm begegnest.

So geht's:

Du wachst morgens auf. Was tust du als erstes? Nein, nicht snoozen. Nein, nicht das Handy in die Hand nehmen. Nein, nicht sofort aus dem Bett springen.

Stattdessen:

Lass die Augen geschlossen. Lege beide Hände auf den Bauch, atme einmal tief ein und aus. Lächle. Gehe gedanklich deinen Tag durch, indem du ihn dir so genau wie möglich vor Augen führst, ihn visualisierst. Jedoch nicht von einem

Ort der Angst, Sorgen oder des Zweifelns – sondern von einem sicheren Ort der Liebe und Dankbarkeit und in dem Wissen, dass DU entscheiden darfst, wie dein Tag verlaufen wird. Pro-Aktiv.

Höre und spüre genau hin:

- ⋆ Was fühlst du in dem Moment, wenn du an deinen Tag denkst?
- ⋆ Welche Termine stehen an? Welche erfüllen dich mit Freude, welche mit Sorge (ohne in einen sorgenvollen Zustand zu verfallen)?
- ⋆ Mit welchen Menschen hast du heute zu tun? Wen wirst du online oder offline treffen, mit wem wirst du kommunizieren?
- ⋆ Welche Entscheidungen wirst du treffen?
- ⋆ Welche Herausforderungen stehen an?
- ⋆ Worauf freust du dich am meisten?
- ⋆ Wieviel Zeit wirst du für dich, deine Freundschaften, deine Familie haben?
- ⋆ Wieviel Stunden Zeit hast du zur freien Verfügung? Wie nutzt du sie? Oder entscheidest du dich bewusst für zwei Stunden mehr Arbeit?

Tauche für ein paar Minuten dort ein und lass dich treiben. Lächeln nicht vergessen!

Wenn du deinen Tag mental gescannt hast, entscheide dich für die Energie, die dich durch all die Aufgaben, Gespräche, Situationen tragen darf.

Auf einer Skala von 1 bis 10 (1=keine Energie; 10=sehr hohe Energie):

Mit welcher Energie möchtest du diesem Tag begegnen?

Schreibe die Zahl auf – jeden Tag aufs Neue.

Machst du diesen Energie-Check täglich, wirst du in relativ kurzer Zeit immer mehr Ruhe empfinden und feststellen, dass du mit deinen eigenen Gedanken und deinem Willen deine innere Einstellung und somit auch dein Handeln verändern kannst. Gerade als Führungspersönlichkeit stehen täglich Aufgaben und Herausforderungen an, die uns überwältigen können. Deine gewählte Energie wird dich tragen, deine Affirmationen und Mantras gehen dir in Fleisch und Blut über. Sind wir energetisch und mental auf den Tag, auf Menschen, auf Situationen vorbereitet, wird das Leben leichter. Du stolperst nun nicht mehr in deinen Tag hinein, sondern erlebst ihn von Anfang an bewusst mit Klarheit und starken Entscheidungen. So kannst du den Umgang mit Herausforderungen planen und lässt dich zukünftig nicht mehr überwältigen und aus der Bahn werfen.

Vielleicht kommen gerade komische Gedanken hoch wie:

- ⋆ Ich bin in Führung und soll mich mit solchen Banalitäten auseinandersetzen?
- ⋆ Ich habe es auch ohne diesen Eso-Kram zu etwas gebracht.
- ⋆ Ich brauche das nicht, mir geht's ok so, wie es ist.

Was immer auch in diesem Moment hochkommt: es ist ok. Lass es zu, nimm es an und reflektiere, ob diese Sätze wirklich wahr sind und aus deiner tiefsten Überzeugung stammen, oder ob dein Geist sich wehrt.

It's always your choice!

Dann stehe auf und gehe ins Bad. Schau dich im Spiegel an, blicke dir tief in die Augen und frage dich:

Guten Morgen, Liebes! Auch wenn du noch ziemlich zerknirscht bist – was brauchst du heute, um dieses Energie-Level aufrechtzuerhalten?

Die Antwort wird aus deiner Intuition herauskommen und dafür sorgen, dass du plötzlich eine starke innere Ruhe und Gewissheit verspürst. Deine innere Ausrichtung ist sehr entscheidend für deine mentale und psychische Gesundheit.[36]

3.1 Erkenntnis dieses Kapitels

Gesundheit ist das A und O. Vor allem, wenn du täglich leisten und schnelle Entscheidungen treffen musst. Höre auf, dir einzureden, dass du als Führungspersönlichkeit keine Zeit für Sport oder gesunde Ernährung hast. Wenn du tief in dich hineinhorchst, ist das nicht wahr. Getreu dem Motto meiner US-amerikanischen Vorbild-Coachin *Marie Forleo*:[37]

Everything is figureoutable!

Es gibt für alles einen Lösungsansatz – auch wenn er vielleicht anders aussieht, als du ihn dir im Moment wünschst. Ich teile an dieser Stelle einige meiner everything-is-figureoutable-Lösungsvorschläge mit dir. Lass dich von ihnen inspirieren. Passe sie an dein Leben an.

Ich möchte ...	I can figure it out this way ...
mehr Sport treiben	Ersetze „Sport" durch Bewegung. Mache die Natur und deinen Alltag zu einem riesigen Sportplatz. Ich laufe zum Beispiel Treppen, anstatt den Lift zu nehmen. Ich gehe zu Fuß einkaufen, anstatt mit dem Auto zu fahren. Ich mache Kniebeugen während des Zähneputzens oder Kochens. Mehrmals die Woche gönne ich mir 15 Minuten Yoga.
mich gesünder ernähren	Trinke gleich nach dem Aufstehen ein großes Glas Wasser, um dich mit Flüssigkeit zu versorgen und deinen Stoffwechsel anzukurbeln. Nimm täglich frisches Obst und Gemüse zu dir. Genieße dein Essen, iss bewusst. Ich esse zum Beispiel morgens immer das Gleiche: Porridge mit ganz viel frischem Obst. Da es eine Routine ist, geht's

[36] Unterschied zwischen mental und psychisch: https://wikiunterschied.com/mental-vs-psychisch/

[37] https://www.marieforleo.com/2020/12/everything-is-figureoutable-paperback/

	schnell, mein Hirn muss dabei nicht denken. Du kannst sonntags planen, was du in der Woche essen möchtest und möglichst viel vorbereiten. Oder schließe ein Kochbox-Abo ab.
mehr Zeit mit meiner Familie verbringen	Plane bewusst Familienzeit ein und schreibe sie in deinen Kalender. Nutze kleine Pausen für einen Kaffee mit dem Liebsten oder für eine halbe Stunde Spielplatz mit deinem Kind.

Für alles gibt es eine Lösung. Auch für deine Bedürfnisse! Erlaube dir, diese Bedürfnisse zu haben, sie auszusprechen und sie im Sinne deiner Gesundheit ernst zu nehmen und entsprechend zu handeln.

Dieses Kapitel hat dir wichtige Tools an die Hand gegeben, die es dir leichter machen, einen gesunden Führungsalltag zu etablieren.

3.2 Deine Learnings

1. Du hast Gesundheit für dich neu definiert.
2. Du hast dich mit dem Thema Zeit beschäftigt und dich mit deinem Zeitnutzungsverhalten auseinandergesetzt.
3. Du kennst deine täglichen Aktivitäten und hast Inventur gemacht, was bleiben darf, was weg kann.
4. Du hast Ideen für einen guten Start in den Tag erhalten.
5. Du weißt nun, dass du das Ergebnis deiner Entscheidungen und nicht deiner Umstände bist.
6. Mit der Vier-Schritte-Gesundheits-Box bist du gut aufgestellt für aufkommende Herausforderungen.
7. Mantras und Affirmationen sind von nun an deine ständigen Begleiter.
8. Du entscheidest fortan proaktiv, mit welcher Energie du den Tag gestaltest.
9. Everything is figureoutable – für alles gibt es eine Lösung.

Deine eigenen Learnings als Ergänzung:

Was hat dich am meisten angesprochen? Was ist nun besonders verankert?

Dein 30-Tage-Trainingsplan

So stärkst du deine Führungsmuskeln

In den kommenden 30 Tagen hast du die Möglichkeit, drei deiner wichtigsten Führungsmuskel zu stärken. Stärke sie durch tägliches Üben. Nimm dir für jeden Muskel zehn Tage konsequentes Training vor. Am Ende dieses Buches findest du eine Auflistung aller Führungsgmuskel, die in diesem Buch besprochen wurden – aus meiner eigenen Erfahrung und aus den Erfahrungen meiner Interview-Gästinnen.

Ich habe die für mich drei wichtigsten und stärksten Führungsmuskel herausgepickt. Feel free und finde deine eigenen Führungsmuskel, die du stärken möchtest.

1. Entscheidungsstärke und Mut
2. Anti-Prokrastinieren
3. Hin zu, anstatt weg von

Führungsmuskel 1

Entscheidungsstärke und Mut

Inspiriert von Simone Menne und Claudia Kessler

Komm ins Tun! Dein Zehn-Tage-Trainingsplan für Führungsmuskel 1

Welche wichtige Entscheidung steht an, die du klar, zweifelsfrei schnell treffen musst?

Suche dir für die kommenden zehn Tage jeden Tag eine kleine Herausforderung oder eine Situation, die du klar und mutig entscheidest. Das können kleine Dinge sein, die dich nicht sofort aus der Komfortzone katapultieren (gern auch große Dinge, die dich doch aus der Komfortzone stoßen) und übe. Wenn du zehn Tage lang immer wieder kleine Entscheidungen bewusst und mutig triffst, wirst du auch in der Lage sein, große Entscheidungen bewusst und mutig zu treffen.

Wenn es nur eine Sache gibt, an der eine Führungspersönlichkeit gemessen wird, dann ist es ihre Fähigkeit, schnell solide Entscheidungen zu treffen. Von deinen Entscheidungen als Führungspersönlichkeit hängen Arbeitsprozesse und Ergebnisse ab. In deiner Verantwortung liegt es, Dinge durch deine Entscheidungen voranzutreiben oder sie hinauszuzögern.

Nun ist es gar nicht so leicht, solide Entscheidungen zu treffen. Zu viele Optionen, Unentschlossenheit, Unsicherheit, Zweifel, Ängste und blockierende Glaubenssätze stehen uns oft im Weg. Schieben wir eine Entscheidung zu lange hinaus, werden wir als unsicher wahrgenommen. Wir können schnell Respekt und Kompetenz einbüßen.

Wie kannst du deinen Entscheidungs- und Mutmuskel trainieren?

Pro-Tipp von Claudia Kessler

Wir können den Mutmuskel trainieren, indem wir immer wieder Dinge tun, die uns Angst machen.

Es sind die kleinen Dinge, die deinen Mutmuskel trainieren.

Mit dieser Playlist kommst du immer mehr in deine Entscheidungsstärke:

1. *Analysieren*

Jede Entscheidung beginnt mit der Analyse, worüber entschieden werden muss.

- ⋆ Was musst du bis wann entscheiden?
- ⋆ Welche Auswirkungen wird deine Entscheidung auf was und auf wen haben?
- ⋆ Welches Ergebnis wünschst du dir mit deiner Entscheidung zu erreichen?
- ⋆ Was erwarten andere, die von der Entscheidung betroffen sind?
- ⋆ Was brauchst du, um solide und klar zu entscheiden?
- ⋆ Wie bekommst du das, was du für eine klare Entscheidung brauchst?

2. *Informationen sammeln und Recherchieren*

Du solltest stets gut informiert sein, denn Informationen sind die Grundlage für solide Entscheidungen. Pflege deine Kontakte und dein Netzwerk. Sie können dir bei der Beschaffung von Informationen behilflich sein und dir womöglich bei der Entscheidungsfindung helfen. Sei stets kooperativ mit deinem Team, deinen Mitarbeitenden, den Menschen um dich herum. Du solltest wissen, woran deine Mitarbeitenden aktuell arbeiten und wie es ihnen damit geht. Baue Vertrauen auf. Sei nicht eitel, lass dein EGO aus dem Spiel, lass dich unterstützen.

3. *Abwägen*

Liegen dir mehrere Entscheidungsoptionen vor, solltest du Vor- und Nachteile abwägen. Dabei helfen Fragen wie:

- ★ Welche Vorteile hätte Entscheidung A?
- ★ Welche Nachteile hätte diese Entscheidung?
- ★ Was wiegt mehr – Vorteil oder Nachteil?

Schreibe eine Pro- und Kontraliste oder fertige eine Entscheidungsmatrix an, um dich rational der Entscheidung zu nähern:

Optionen für die Entscheidungsfindung	Option A Pro	Option B Pro
Kriterium 1	2	1
Kriterium 2	1	1
Kriterium 3	3	2
Punktzahl: Durchschnitt	2	1

Gehe nicht nur logisch und mit dem Kopf an eine Entscheidung, sondern höre auf dein Bauchgefühl. Dieses trügt uns nicht und sollte stets mit einbezogen werden.

4. *Reverse Thinking*

Wenn du zu einer ersten Entscheidung gekommen bist, frage dich:

- ★ Wie fühlt sich diese Entscheidung nun an? Bist du mit ihr im Alignment, ist es stimmig?
- ★ Wie fühlt sich diese Entscheidung an, wenn du ein Jahr weiterdenkst?
- ★ Was wäre, wenn es doch die falsche Entscheidung war?
- ★ Was wäre das Schlimmste, was passieren könnte?
- ★ Was wäre das Beste, was durch deine Entscheidung passieren könnte?

5. *Trainiere deinen Mutmuskel, indem du – wie Claudia Kessler es vorschlägt – mit den kleinen Dingen übst.*

6. *Bewusst entscheiden*

Im Alltag treffen wir täglich rund 20.000 Entscheidungen – hat der Hirnforscher Ernst Pöppel herausgefunden.[38] Die meisten davon laufen vollautomatisiert ab und greifen auf unseren Erfahrungsschatz zurück. Viele treffen wir bewusst. Es sind oft die kleinen Entscheidungen, die uns hin- und herschwanken lassen: Was ziehe ich heute an? Gehe ich zum Sport oder entspanne ich lieber? Trinke ich noch die zweite Tasse Kaffee? Mache dir diese kleinen Ent-

[38] https://www.wiwo.de/erfolg/trends/ernst-poeppel-im-interview-die-beamten-im-kopf/5446616.html

scheidungen bewusst und übe in den typischen Alltagssituationen, klar zu entscheiden, um auf große Entscheidungen vorbereitet zu sein. Auch die kleinen Entscheidungen erfordern Mut – Mut zur Entscheidung.

7. Klarheit

Mache es dir zur Gewohnheit, mit absoluter Klarheit zu entscheiden. Sobald du dich entschieden hast, überdenke es kurz noch einmal, wäge ein letztes Mal ab und bleibe dabei. Sei dir bewusst, dass eine Entscheidung *für* etwas auch eine Entscheidung *gegen* etwas anderes ist.

8. Verantwortung abgeben

Befähige deine Mitarbeitenden, selbständig zu entscheiden. Gib Verantwortung ab und lasse dir die Entscheidungen aufbereitet vorlegen, so dass du die dir vorgelegten Entscheidungsoptionen nur noch abwägen musst. Frage deine Mitarbeitenden, warum sie so entschieden haben und lerne von ihnen.

9. Perfekt unperfekt

Perfektionismus ist ein Mythos. Perfekt sein zu wollen ist der Tod für erfolgreiches Führen. Es gibt auch keine perfekten Entscheidungen. Sei mutig und entscheide schnell, wenn du alles hast, was du für eine Entscheidung brauchst. Du kannst ewig über eine Entscheidung brüten und am Ende doch zu keiner kommen. Mut zur Lücke, Mut zum Bauchgefühl, Mut zur Entscheidung. Erinnere dich: *DU* entscheidest, was perfekt ist. Niemand anderes.

Das Schöne und Befreiende ist: *Du* darfst proaktiv entscheiden. Denn *DU* bist die Führungspersönlichkeit mit Entscheidungsfreiheit. In dieser Rolle wird von dir erwartet, dass *DU* entscheidest und nicht zögerst.

Wie sieht es mit deiner Entscheidungsstärke aus? Entscheidest du schnell und solide oder eierst du herum aus Unsicherheit, Angst, Zweifel, dass du falsch entscheiden könntest?

Was sind deine größten Entscheidungsblockaden?

Führungsmuskel 2

Anti-Prokrastinieren

Inspiriert von Verena Pausder

Komm ins Tun! Dein Zehn-Tage-Trainingsplan für Führungsmuskel 2

Stop doing the wrong things!

Wenn du zu den Menschen gehörst, die „gern" Dinge aufschieben, dann wird es Zeit, diese Dinge einzuordnen, sie zu erledigen, zu delegieren oder sie an die systematische Müllabfuhr abzugeben – also zu eliminieren.

Liste alle Aufgaben auf, die du gerade am Wickel hast:

Schau dir deine Aufgaben genau an, fühl dich rein und stelle dir die wichtige Frage:

Was davon kann und muss weg?

Nutze dazu die Methode der systematischen Müllabfuhr am Ende dieses zweiten Führungsmuskeltrainings.

Was also kann weg davon?

Schreibe alle Aufgaben auf, die nicht (mehr) deinen eigenen und den Teamzielen dienen. Gnadenlos aufschreiben.

Dann stelle dir die wichtigste Frage:

Wie schnell kann ich mich davon trennen?

Entgifte, entschlacke, befreie dich und dein Team mutig, mit Blick nach vorn, von all dem Ballast.

Pro-Tipp von Verena Pausder

Schiebe Wichtiges nicht auf.

Erledige die Dinge sofort, die schwierig sind.

Ich habe diesen Führungsmuskel gewählt, weil das Prokrastinieren oder Aufschieben von Aufgaben bei vielen Führungspersönlichkeiten ein großes Thema ist. Du bist also nicht allein damit. Ich verstehe das. Bei all den Entscheidungen, die du in deiner Rolle als Führungspersönlichkeit treffen musst, bei all der Fremdbestimmung und dem Termindruck, ist es alles andere als leicht, Wichtiges von Unwichtigem zu trennen. Sehr häufig sind es die fehlende Zeit und somit die Fehleinschätzung, was wirklich wichtig ist. Oft sind es auch Dinge, die wir lästig finden, die uns unangenehm und schwierig erscheinen. Das mögen unser inneres Rock-Konzert und unser plappernder Geist nicht.

Denke an eine Aufgabe oder Situation, in der du Dinge aufgeschoben hast oder immer wieder aufschiebst. Was sind das für Aufgaben?

Beispiele: Personalthemen, Gespräche vorbereiten, Texte lesen, Unterschriften leisten, Recherchieren, komplexe Lösungen finden

Was denkst du, wenn die Aufgabe vor dir liegt und der Impuls des Aufschiebens aufkommt?

Beispiele: anstrengend, keine Lust, keine Zeit, mache ich später, ich brauche Ruhe

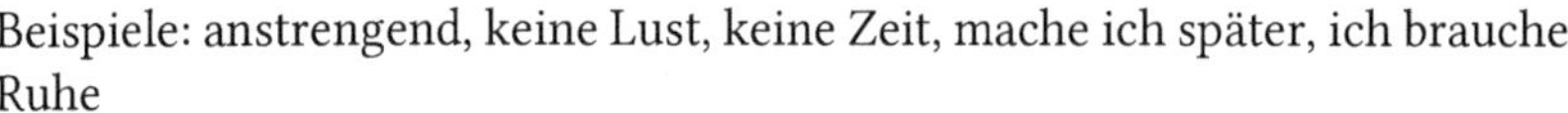

Wie bist du bisher damit umgegangen, was hast du mit den Aufgaben gemacht?

Auf einer Skala von 1 bis 10 – wie zufrieden warst bzw. bist du mit dieser Lösung des Aufschiebens?

1=gar nicht zufrieden; 10=sehr zufrieden

Wie wäre es stattdessen am schönsten und zufriedenstellendsten für dich?

Wer oder wie wärst du ohne die Aufschieberitis?

Hilfsfragen: Was wäre anders, was würde sich verändern, welche Möglichkeiten hättest du?

Worauf wartest du? Entscheide dich jetzt für das, was am wichtigsten ist. Sei mutig, dich für die maximal drei wichtigsten Dinge des Tages zu entscheiden!

Prokrastinieren und Aufschieben sind fast immer mit einem großen Leidensdruck verbunden. Doch warum quälen wir uns so? Werden die Aufgaben besser, wenn wir sie auf den allerletzten Drücker erledigen? Sind wir zufriedener, wenn wir sie erst einmal aufschieben und am Ende in Panik geraten? Nein! Viele fragen sich: „Warum nur schiebe ich die Dinge auf? Ich weiß doch, dass mir das nicht guttut." Tu mir bitte einen Gefallen und höre auf, nach dem Warum zu fragen. Führungsaufgaben wollen erledigt und nicht aufgeschoben werden! Wenn du sie immer und immer wieder aufschiebst, wirst du dich die ganze Zeit damit befassen, warum du sie aufschiebst. Diese Gedanken beschäftigen dich rund um die Uhr und rauben dir wertvolle Zeit.

Stelle dir klügere Fragen:

- Welche Dinge schiebe ich immer wieder auf?

★ Ist ein Muster erkennbar?
★ Wer, was oder welche Entscheidungen sind daran gekoppelt?
★ Wie schaffe ich es, aus der Prokrastinationsfalle wieder herauszukommen?
★ Was und wen brauche ich dafür?

Dann kremple die Ärmel hoch und pack es direkt an.

Scanne deinen Terminkalender, deine Aufgaben, deine To-Do-Liste und priorisiere nach dem Eisenhower-Prinzip.[39] Du kennst das Prinzip sicher und ich werde nicht müde, es immer wieder zu erwähnen. Es kann ein Game Changer sein, nach diesem System zu arbeiten.

Ich wähle diese Methode, weil sie sehr leicht verständlich und schnell umzusetzen ist. Mit dieser Zeitmanagement-Methode des Eisenhower-Prinzips trennst du wichtige und dringende Aufgaben von unwichtigen und nicht dringenden Aufgaben. So schaffst du dir auf einem Blick eine solide Entscheidungsgrundlage. Jetzt musst du nur noch entscheiden und mutig sein, Dinge wie eine Müllabfuhr zu entsorgen.

Nach diesem Prinzip ist es entscheidend, wichtige und dringliche Aufgaben sofort zu erledigen und unwichtige, nicht dringliche zu delegieren oder gar zu eliminieren.

Wichtig, aber nicht dringlich exakt terminieren selbst erledigen	**Wichtig und dringlich** sofort selbst erledigen
Weder wichtig noch dringlich nicht bearbeiten eliminieren	**Nicht wichtig, aber dringlich** delegieren

Vielleicht fragst du dich, wie sich wichtig und dringlich voneinander unterscheiden?

Wichtig sind die Dinge, die du als wichtig und hohe Priorität für dich und deine Arbeit definierst. Es sind beispielsweise Aktivitäten, die für die Erreichung deiner Ziele, deiner Vision und deiner Mission notwendig sind. Möchtest du zum Beispiel als Führungspersönlichkeit stärker für dein Team da und nicht so viel unterwegs sein, dann ist das wichtig, aber nicht dringend. Du hast vielleicht festgestellt, dass du zu weit weg von deinen Mitarbeitenden bist, und weißt immer weniger über sie: Wie es ihnen geht, ob sie mit ihrer Arbeit zufrieden sind oder ob sie etwas brauchen, um eine bessere Performance abzuliefern. Du weißt, dass deine Präsenz immer wichtiger ist und du kannst nur selbst dafür sorgen. Wie dringend es ist, entscheidest du.

---

[39] https://www.lernen-heute.de/selbstmanagement_eisenhower.html

Dringend sind Dinge, die eine Deadline haben. Sie sind planbar und sollten dann, wenn sie an der Reihe sind, zügig erledigt werden. Zum Beispiel die Fertigstellung einer Präsentation, die Bestellung von Arbeitsmaterialien, der Leitfaden für die Krisenkommunikation.

Dieses einfache und kraftvolle System hilft dir dabei, schnell zu entscheiden und abzuarbeiten.

Pro-Tipp

Wenn du dich wieder bei dem Gedanken des Prokrastinierens ertappst, mache dir die fünf-Sekunden-Regel zu eigen. Denke nicht weiter nach, lass dein Rock-Konzert gar nicht erst warmlaufen, gib ihm nicht die Stimme des Zweifelns, Aufschiebens, keine-Lust-habens. Mach einfach!

Sage laut:

5-4-3-2-1 and GO

Und dann machst du einfach. Punkt.

Bearbeite das Wichtigste, den größten Brocken zuerst. Und zwar in dem Zeitfenster, in dem du gemäß deines Biorhythmus fokussiert und ohne Störung arbeiten kannst. Widerstehe der Versuchung, dich mit Kleinigkeiten aufzuhalten, nur weil sie schnell erledigt werden können. Kleinvieh möchte gestreichelt werden und macht auch Mist. Streicheln und Ausmisten können sehr lange dauern. Wichtig und dringend, statt unwichtig und nicht dringend.

Vielleicht helfen dir für den letzten Zipfel der Überzeugung die inspirierenden Worte meiner Interview-Gästin und CEO von Klitschko Ventures *Tatjana Kiel*, die einen starken Willen für ein essenzielles Führungswerkzeug hält.

„Willenskraft ist nicht gleich starker Wille – das ist das Spannende. Willenskraft ist Umsetzungsenergie – im Englischen willpower – die sich aus der mentalen und körperlichen Stärke zusammensetzt. Das bedeutet, sich nach vorne zu bewegen."

Nutze auch du deine willpower, deine Umsetzungsenergie, vor allem für die Dinge, die dir lästig, aber wichtig sind. 5-4-3-2-1 – GO!

Systeme und Organismen produzieren „Abfall" – Dinge, die nicht mehr gebraucht und aussortiert werden müssen. Ich möchte dir am Ende dieser Trainingseinheit noch ein großartiges Tool mit an die Hand geben: Die systematische Müllabfuhr.[40]

Die systematische Müllabfuhr kann dich dabei unterstützen, aus einer unsortierten und unklaren Aufgabenlage ein schlankes, effizientes, überschaubares und gut händelbares System zu etablieren. Denn machen wir uns nichts vor: Wir Menschen – und gerade Menschen in Führung – neigen dazu, eher mehr

---

[40] Eine der wichtigsten Managementaufgaben, erfunden und geprägt vom US-amerikanischen Ökonom und Pionier der modernen Managementlehre Peter Ferdinand Drucker.

als weniger zu machen. Oftmals machen wir zu viele unterschiedliche Dinge auf einmal, die zu keinem Ziel führen und somit nicht nützlich sind. Das ist ein Grund für das Aufschieben von Aufgaben – pure Überforderung der Entscheidung, was wichtig ist und zuerst gemacht werden muss.

Die systematische Müllabfuhr kannst du im Kleinen für dich als Person anwenden, aber auch für dein Team und die gesamte Organisation. Sie wirft einen kurzen Blick zurück und richtet sich dann stolz in Richtung Zukunft. Die entscheidende Frage, die du dir stellen darfst (sogar stellen musst, wenn du zu viele Aufgaben hast und aufschiebst), lautet:[41]

Was von all dem, was ich heute tue, würde ich nicht mehr neu beginnen?

Das ist eine sehr komplexe, aber wirksame Frage, die nicht mit dem Gedanken zu verwechseln ist, was ich lieber hätte nicht beginnen sollen. Dies wäre die falsche Frage, denn alles, was du als Führungspersönlichkeit als System einführst oder beginnst, sollte einem Ziel dienen und nützlich sein. Dennoch dreht sich die Welt weiter, Kundenbedürfnisse, Unternehmen und Arbeitsabläufe ändern sich.

Hinter dieser komplexen Fragestellung steckt die einfache Frage:

Was kann weg?

Was sollte ich, was sollten wir, nicht mehr tun?

Dahinter wiederum steckt eine Bestandsaufnahme dessen, was sich vielleicht lange Zeit bewährt, aber im Laufe der Zeit und der Weiterentwicklung, abgenutzt hat. Eine Inventur, wenn du so willst.

Du bist dran. Beantworte die Fragen:

Was von dem, was ich / wir heute tun, würden wir nicht mehr beginnen?

Was sollten wir künftig oder ab sofort nicht mehr tun?

[41] siehe Fredmund Malik: Führen. Leisten. Leben.

Führungsmuskel 3

Hin zu, anstatt weg von

Inspiriert von Christina Baier

Komm ins Tun! Dein Zehn-Tage-Trainingsplan für Führungsmuskel 3

Erfasse in den kommenden zehn Tagen „weg von"- und „hin zu"-Situationen und entscheide, wie du mit der Aufgabe/Situation umgehst. Ist „weg von" berechtigt und warum? Kann die „weg von"-Situation in die systematische Müllabfuhr übergeben werden? Oder wird daraus eine „hin zu"-Aufgabe/Situation, auch wenn sie noch so herausfordernd ist? Nimm deine Vision, deine Werte, deine Ziele zur Hilfe.

Die Übung weiter unten im Kapitel unterstützt dich dabei.

Aufgabe/ Situation	Relevanz der Aufgabe	Entscheidung	weg von > hin zu > Müllabfuhr?

Blockierende Glaubenssätze, Mangeldenken und der vermeintliche, oft von uns selbst erzeugte Erwartungsdruck sind keine guten Karrierebegleiter. Sie hindern das Aufblühen unserer Führungspersönlichkeit und zwängen uns in eine Ecke, in der wir nicht sein wollen. Du hast so viel mehr in dir, als du es im Moment siehst und dir selbst zutraust. So viel mehr, als du dir erzählst. Doch wie entfesselst du dein Potenzial als Führungspersönlichkeit – mit allen Konsequenzen, ohne davor wegzurennen, sondern tief einzutauchen? Eine Möglichkeit ist es, sich selbst zu beobachten und sich beispielsweise von Wegbegleiter:innen oder professionellen Coaches unterstützen zu lassen.

Christina Baier ist wie ich eine professionelle Business-Coachin und war in einer anderen Zeit, wie sie sagt, Spezialistin für Führungskräfteentwicklung in der Corporate World. Auch ich war lange in der Unternehmenswelt tätig. Zu ihren Kund:innen gehören aktuell so genannte Business-Celebrities: Das sind Unternehmer:innen-Persönlichkeiten, die im öffentlichen Leben stehen und oft eine hohe Führungsverantwortung innehaben. Es sind High Performer, die sehr viel leisten (müssen). Auch du bist als Frau in Führung eine High Performerin, denn du leistest viel, übernimmst Verantwortung und triffst wichtige Entscheidungen. Wenn dir das noch immer nicht bewusst ist, dann mache es dir bewusst. J.E.T.Z.T.

Pro-Tipp von Christina Baier

Was High Performer ausmacht? Sie entwickeln sich „hin zu“ anstatt „weg von“. Sie richten den Blick immer nach vorn mit einer klaren Ausrichtung auf das, was sie erreichen wollen – auf ihre Zukunft.

Sie überlassen nichts dem Zufall und gehen Schritt für Schritt nach vorn. Sie leben und arbeiten im Einklang ihrer Vision, haben Bilder im Kopf, konkrete Vorstellungen davon, wie und wer sie morgen sein wollen.

Autsch, das ist die hohe Kunst der Selbstführung, die sich unmittelbar in deiner Art zu führen ausdrückt. Auch hier siehst du wieder, wie beides untrennbar zusammengehört.

Bevor du gleich losrennst – also „hin zu“ – nimm einen tiefen Atemzug, sammle dich und schreibe drei bis fünf „weg von“-Situationen auf, die dir schwer zu schaffen machen und aus denen du gern „hin zu“-Situationen backen würdest. Welches Gefühl hast du beim „Ich gehe lieber weg von…?“

Als Beispiel zeige ich dir eine meiner Lieblings-„weg-von“-Situationen auf, die ich mit diesem System auflösen konnte. Denn ich weiß, warum ich meine monatliche Umsatzsteuererklärung machen muss und möchte. Mittlerweile weiß ich es sehr zu schätzen, meine Zahlen blind zu kennen.

„weg von“-Situationen	verbundene Gedanken	„hin zu“-Transformation
monatliche Umsatzsteuererklärung	Ach nö. Keine Lust, Zeitverschwendung. In dieser Zeit könnte ich produktiver sein und mich mit Dingen beschäftigen, die mir Freude bereiten und meine Kundinnen unterstützen.	Ich bin Unternehmerin. Um erfolgreich zu sein muss ich meine Zahlen, Ziele und Visionen kennen. Es erfüllt mich zu sehen, dass mein Umsatz wächst und ich meine Kosten unter Kontrolle habe.

Um nach „hin zu“ zu kommen, schlage ich dir folgende Schritte vor:

1 Mache dir deine „weg von“-Situationen bewusst und schreibe sie auf – wie beispielsweise in der Tabelle.

2 Entscheide dann nach deinem Prinzip der Entscheidungsfindung (zum Beispiel nach dem Eisenhower-Prinzip), ob das „weg von“ wirklich nicht relevant und wichtig ist oder ob du tatsächlich prokrastinierst und aus bestimmten Gründen aufschiebst.

3 Gehe ins Gefühl: Wenn ich bei „weg von“ bleibe – wie fühle ich mich dann? Welche Gedanken gehen mir durch den Kopf? Will ich so denken und mich fühlen oder rauben mir eben diese Gedanken und Gefühle eher Zeit, Energie, Freude?

4 Überlege dir zu jedem „weg von“ eine „hin zu“-Alternative. Wo ist das Fünkchen Licht in der „weg von“-Situation? Warum könnte es von Vorteil sein, dich dem „hin zu“ zuzuwenden? Wenn es kein Vorteil gibt: Kann das weg – also WIRKLICH „weg von“?

5 Denke vom Ende her. Nimm deine Vision und deine Ziele zur Hilfe, die dich bei deiner Entscheidung, deinen Gedanken, deinen Gefühlen und deinem Warum unterstützen.

6 Wenn du zu einer Entscheidung des „hin zu“ gekommen bist, gehe mit einem starken Warum, Freude und Enthusiasmus.

7 Oder wähle mutig und beherzt die systematische Müllabfuhr „weg von“.

Pro-Tipp von mir

Bist du dir unsicher, wo es dich hinziehen darf, und du beispielsweise zwei oder mehr Optionen zur Auswahl hast, dann setze dich still auf einen Stuhl oder auf den Boden, nimm eine bequeme Sitzhaltung ein, schließe die Augen.

Wenn du in der Stille angekommen bist, stelle dir laut oder im Inneren die Frage:

Wie fühlt es sich an, wenn ich hin zu Situation A gehe?

Spüre in dich hinein:

- Fühlst du eher eine Freude, ein Ausdehnen deines Herzens?
- Fühlst du eher ein Zusammenziehen, Kleinerwerden, Enge in der Brust?

Wie fühlt es sich an, wenn ich hin zu Situation B gehe?

Spüre in dich hinein:

- Fühlst du eher eine Freude, ein Ausdehnen deines Herzens?
- Fühlst du eher ein Zusammenziehen, Kleinerwerden, Enge in der Brust?

Da Veränderungs- und Entscheidungswünsche nicht allein über Worte ins Unterbewusstsein rücken, braucht es zusätzlich die emotionale Erfahrung und eine Visualisierung. Bist du dir deiner zu treffenden Entscheidung nicht sicher, kannst du ein Körperschemabild erstellen und darin deine aktuellen Gefühle gegenüber der zu treffenden Entscheidung darstellen.

So geht's:

- ⋆ Male einen schematischen Körperumriss auf ein Blatt Papier.
- ⋆ Zeichne die negativen körperlichen Empfindungen, die der Gedanke an die Entscheidung hervorrufen, mit einem roten Stift ein: Was genau fühlst du? Wo genau im Körper spürst du es – drückt der Magen, lastet ein Druck auf der Brust oder auf den Schultern, bekommst du schwere Beine, hängen dunkle Wolken in deinem Kopf, hängen die Mundwinkel herunter, brennen die Augen?
- ⋆ Verbinde die ins Bild gemalten Emotionen mit einer Farbe, einem Geruch, einem Geräusch, einem Klang und erzeuge so ein klares Bild deiner Emotionen.
- ⋆ Mache nun genau das Gleiche für eine positive Entscheidung.
- ⋆ Zeichne die positiven Empfindungen mit einem grünen Stift ein, die der Gedanke an die Entscheidung hervorrufen: Zieht sich der Mund nach oben, werden deine Beine leichter, fühlt es sich klarer im Kopf an?
- ⋆ Belege dein Bild mit Klängen, Farben, Gerüchen.

Geh nun noch einmal rein in die Entscheidungsfindung und betrachte sie mit Distanz ausgehend von diesen beiden Bildern.

Wo zieht es dich stärker hin?

Höre auf die Weisheit deines Körpers! Dein Körper gibt dir die entscheidenden Signale und somit die richtigen Antworten. Es ist nicht immer Kopfsache: Nimm dein Bauchgefühl zur Hilfe. Das trügt uns selten. Vielleicht denkst du jetzt: Das ist doch albern. Ist es nicht!

Mache nach dieser sehr intensiven Coaching-Übung eine Pause und lege das Buch zu Seite. Dann komme wieder und widme dich deinen Führungsmuskeln.

Welche sind deine drei wichtigsten Führungsmuskel und warum?

Mit diesen vielen neuen und wegweisenden Erkenntnissen schließen wir den zweiten Teil des Buches ab. Ich bin enorm stolz auf dich, dass du noch dabei bist. Du meinst es ernst mit deiner persönlichen und beruflichen Weiterentwicklung.

Der rote Teppich für die Königsklasse der Führung ist ausgerollt.

Bist du bereit? Dann lass uns schreiten.

Teil drei – Etablieren

30 Tage Führen als Vorbild

Be a leader, not a boss

„Meine Mutter sagte mir immer:
Kamala, du magst die Erste sein, die viele Dinge tut,
aber stell sicher, dass du nicht die Letzte bist."

Kamala Harris, Vizepräsidentin der USA

Dein Trainingsplan für deine Role Model-Muskeln

In diesem dritten Buchteil erarbeitest du:

Kapitel 1: Dein Ziel: Führe dich selbst und andere als Vorbild

Kapitel 2: Deine Ausgangslage: Ein starker Führungsmuskel, der andere stärkt

Kapitel 3: Dein Weg: Von der Führungskraft zur Führungspersönlichkeit

Du kannst dir gar nicht vorstellen, wie sehr ich schätze, dass du bis hierhin gekommen bist. Ich bin stolz auf dich! Du hast dich mit den Methoden einer starken Selbstführung auseinandergesetzt und dich in den vergangenen Wochen zu einer selbstbewussten und klar ausgerichteten Führungspersönlichkeit entwickelt.

Bist du bereit für die Königsklasse der Führung?

Bist du bereit, einen anderen Blickwinkel einzunehmen und dein Mindset neu zu justieren? Lass uns gemeinsam eine der spannendsten Etappen deiner Führungsreise antreten. Zur Einstimmung sage dir diesen Satz mindestens zehnmal laut auf – auch wenn es sich seltsam anfühlt:

Ich bin ein Vorbild.

Niemand wird zum Vorbild geboren. Es ist kein Berufsstand und auch kein Status, den wir uns selbst geben. Es ist eine Art Orden, den wir von Menschen verliehen bekommen, die unsere Arbeit, unser Wirken oder unsere Persönlichkeit schätzen. Menschen werden zu Vorbildern gemacht – durch das, was sie leisten, wie sie auftreten, was sie in der Welt und in den Menschen selbst bewegen und verändern und wie sie führen.

Bevor wir uns gemeinsam auf diese spannende Reise machen, schauen wir noch einmal zurück. Mir ist es wichtig, dass du dieses Buch nicht nur liest, sondern dass du es lebst. Dass du die Übungen aus tiefstem Herzen mit Sinn und Freude bearbeitest und dir das herauspickst, das du aktuell brauchst, um deinen Zielen als Führungspersönlichkeit näher zu kommen.

1.1 Reflexion

Reflexion: Selbstführung

Beantworte die Reflexionsfragen schnell und aus dem Bauch heraus. Blättere nur zurück, wenn es unbedingt sein muss. Wenn die Zeilen nicht ausreichen, nimm dein Journal zur Hand und schreibe dort hinein.

Was sind deine wichtigsten Learnings aus dem Buchteil Selbstführung?

Welche Herausforderungen, Glaubenssätze, negative Gedanken kamen bei der Bearbeitung des ersten Buchteils auf?

Wie bist du mit diesen Herausforderungen umgegangen?

Welche(n) Selbstführungsmuskel möchtest du stärken?

Warum hast du dich für diese(n) Selbstführungsmuskel entschieden?

Wie trainierst du diese(n) Selbstführungsmuskel, in welchen Zeitabständen, wie gehst du vor und wer unterstützt dich dabei?

Was hast du aus dem Bereich der Selbstführung ausprobiert und erfolgreich umgesetzt?

Welche Veränderungen an dir und deinem Umfeld nimmst du wahr?

Welche Inhalte, Übungen, Botschaften aus dem Buchteil Selbstführung wirst du weitergeben und an wen?

Reflexion: Führung

Beantworte die Reflexionsfragen schnell und aus dem Bauch heraus. Blättere nur zurück, wenn es unbedingt sein muss. Wenn die Zeilen nicht ausreichen, nimm dein Journal zur Hand und schreibe dort hinein.

Was sind deine wichtigsten Learnings aus dem Buchteil Führung?

Welche Herausforderungen, Glaubenssätze, negative Gedanken kamen bei der Bearbeitung des zweiten Buchteils auf?

Wie bist du mit diesen Herausforderungen umgegangen?

Welche(n) Führungsmuskel möchtest du stärken?

Warum hast du dich für diese(n) Führungsmuskel entschieden?

Wie trainierst du diese(n) Führungsmuskel, in welchen Zeitabständen, wie gehst du vor? Wer unterstützt dich dabei?

Was hast du aus dem Bereich der Führung ausprobiert und erfolgreich umgesetzt?

Welche Veränderungen an dir und deinem Umfeld nimmst du wahr?

Wie denkst du jetzt über Führung und dich als Führungspersönlichkeit?

Welche Inhalte, Übungen, Botschaften aus dem Buchteil Führung wirst du weitergeben und an wen?

1.2 Warm-up

Das Vorbild

Was ist eigentlich ein Vorbild? Wir nutzen es in den unterschiedlichsten Zusammenhängen. Salopp und selbstverständlich. Dabei ist es viel mehr als das. Es ist ein Ruf, ein Calling, mit dem wir bewusst und verantwortungsvoll umgehen sollten.

Im Englischen gibt es das, wie ich finde schönere Wort Role Model. Unterscheiden sich Vorbild und Role Model voneinander?

Wissenswert: Das Vorbild

Laut Duden ist ein Vorbild eine Person oder eine Sache, die als [idealisiertes] Muster, als Beispiel, angesehen wird, nach dem man sich richtet.[42]

Wissenswert: Das Role Model

Unter dem Begriff Role Model versteht man eine Person, die durch bestimmte Verhaltensweisen anderen als Identifikationsfigur oder als Vorbild in einer speziellen sozialen Funktion oder Rolle dient. Als Role Model im personalpoli-

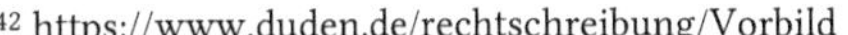

42 https://www.duden.de/rechtschreibung/Vorbild

tischen Sinn wird in der Regel eine Führungskraft mit Vorbildfunktion bezeichnet, die auch ein:e Meinungsbildner:in im Unternehmen sein kann.[43]

Welche Definition spricht dich an? Ich persönlich fühle mich zum Begriff des Role Models hingezogen, denn ich tue mich schwer mit dem „idealisierten Muster, nach dem man sich richtet".

Aus meiner Sicht ist es zu starr und zu eng gefasst. Vorbilder sind eben nicht das, nach dem wir uns richten sollten. Vorbilder wollen nicht idealisiert werden. Im Folgenden springe ich zwischen beiden Begriffen und meine dasselbe.

Wie siehst du dich? Bist du selbst auch ein Vorbild?

Wenn ja, warum? Wenn nein, warum nicht?

Wenn du dich für etwas interessierst, dich in einem bestimmten Lebensbereich weiterentwickelst, wachsen möchtest und nach Inspirationen suchst, findest du in vielen Bereichen deines Lebens Vorbilder oder eben Role Models. Viele Menschen haben ein sehr konkretes Bild von einem Vorbild. Es können Personen des öffentlichen Lebens sein, Stars, Politiker:innen, Schauspieler:innen, Musiker:innen, Wissenschaftler:innen, Vorständinnen.

Doch schau dich in deinem näheren Umfeld um. Sind Vorbilder nicht doch näher, als wir denken? Erreichbar, nahbarer, als wir es vermuten? Sind es nicht oft die „normalen" Menschen um uns herum, die auch meiner eigenen Lebensrealität entsprechen? Menschen, mit denen wir uns identifizieren? Die einen Weg gegangen sind, der uns machbar erscheint und uns zeigt, dass alles möglich ist? Es sind die kleinen Dinge, die Gedanken von „Wow, diesen Job hätte ich auch gern. Wie hat sie das nur geschafft? Oh, wie er mit seinen Mitarbeiter:innen spricht ist faszinierend. Wie souverän sie mit Herausforderungen umgeht."

Für mich sind es sowohl Menschen des öffentlichen Lebens als auch Menschen aus meinem direkten Umfeld. Im Bereich des öffentlichen Lebens schaue ich beispielsweise auf Tina Turner, obwohl ich gar kein großer Fan ihrer Musik bin und sie total fern meiner eigenen Lebensrealität ist. Dennoch ist sie für mich eine enorm inspirierende Frau. Ihre Biografie „My Love Story" hat mich so ins Herz getroffen. Sie hat mich dazu inspiriert, niemals aufzuhören mit meiner Arbeit. Ich habe so unendlich viele Fragen an Tina Turner und würde

[43] https://www.personalwirtschaft.de/produkte/hr-lexikon/detail/role-model.html
Quelle: Jahrbuch Personalentwicklung

sie so gern treffen. Vielleicht gehe ich das mal an – du wirst mitbekommen, wenn es so wäre. Wie war das? Groß denken! Jawoll, das kann ich.

Im Coachingbereich inspirieren mich vor allem Role Models aus den USA. Dort ist der Coachingmarkt enorm groß, hoch professionell und es ist normal, dass sich Menschen von Coaches auf ihrem Karriereweg unterstützen und begleiten lassen. Da haben wir in Deutschland noch ein enormes Defizit! Ich möchte dieses Denken nach Deutschland holen, denn ich sehe täglich in meinen eigenen Coachings, wie sehr diese Unterstützung gebraucht wird. Somit schaue ich mir viel von meinen US-Kolleginnen ab, arbeite mit ihnen zusammen, absolviere Lehrgänge, begebe mich in deren Energiefeld.

Ich differenziere hier: Meine Role Models, die eher aus dem „unnahbaren Bereich" stammen – wie eben Tina Turner – inspirieren mich auf der Meta-Ebene. Einerseits fühle ich mich sehr angesprochen davon, wie sie ihr Leben meistern, wie sie sich um sich selbst kümmern, wie sie das alles schaffen. Andererseits – und hier richte ich meine Aufmerksamkeit auf meine US-Coachingkolleginnen – schaue ich genau hin, wie sie bestimmte Dinge umsetzen, wie sie so erfolgreich werden konnten, was sie dafür getan haben, wer sie begleitet hat, welche Herausforderungen sie umschiffen mussten und so weiter.

Meine größten Vorbilder jedoch sind Menschen, die ich persönlich kenne. Mit denen ich reden und mich austauschen kann. Deren Wege meinem Weg ähneln, die eher ungewöhnliche Karrierewege gegangen sind und mutig große Herausforderungen in Möglichkeiten transformiert haben. Von ihnen kann ich direkt lernen. Sie inspirieren und ermutigen mich.

Wie denkst du über das Thema Vorbild? Wer sind deine Vorbilder? Warum sind sie für dich Vorbilder?

Wir geben Menschen den Status Vorbild oder Role Model, wenn sie unseren eigenen Zielen, Werten, Visionen nah sind oder wenn wir nach ihren Zielen, Werten und Visionen streben. Wenn wir uns in ihrem Leben spiegeln (wollen). Wenn sie schon das erreicht haben, was wir erreichen wollen oder wenn sie uns als Blaupause für unsere eigene Karriere dienen, ohne sie eins-zu-eins kopieren zu wollen. Vom Kopieren rate ich ab, das kann nur schiefgehen.

Es sind Menschen wie du und ich, die ihren Weg gehen, Widerstände aushalten, eine eigene Meinung haben und diese auch durchsetzen. Was auch immer es für dich ist: Ein Vorbild oder Role Model zu haben, ist eine feine und sehr inspirierende Sache.

Auch wenn dieses Buch vor allem Frauen anspricht, ist es mir wichtig zu ergänzen, dass Vorbilder alle Menschen einschließen – unabhängig von Geschlecht, Kultur, Herkunft, Sprache. Es muss keine Frau sein, nur weil du selbst eine bist. Ich bezeichne auch einige Männer aus meinem näheren Umfeld als Role Model. Als ich noch angestellt war, hatte ich einen Chef. Ich war seine Stellvertreterin. Dieser Mann war in seiner Rolle als Führungspersönlichkeit einfach unschlagbar gut! Er war empathisch, dem Team zugewandt, offen, ehrlich, verletzlich, sehr kommunikativ, überhaupt nicht konfliktscheu, sehr kritikfreudig und er hat ganz klare Prioritäten gesetzt. Diese Klarheit hat er auch kommuniziert, so dass wir immer wussten, woran wir sind. Er war (m)ein Vorbild in vielerlei Hinsicht und ich habe viel von ihm gelernt. Besonders beeindruckend fand ich, dass er als Familienvater von damals zwei Kindern mehrmals in der Woche am frühen Nachmittag nach Hause ging. Seine Frau und er teilten sich den „Kinderdienst" auf, so dass diese Verantwortung und zeitliche Ressource auf beiden Schultern lagen. Dies war nicht verhandelbar: keine Diskussionen, keine Termine in dieser Zeit. Das konnte jedoch nur funktionieren, weil er ganz klar mit sich war und dies an uns kommunizierte. Meist hat er am Abend noch gearbeitet. Er hat uns ein sehr modernes und flexibles Modell von Führung vorgelebt. Für mich hatte er alle Eigenschaften einer authentischen Führungspersönlichkeit:

- Klarheit und Konsistenz
- Empathie und Nähe zum Team
- Kommunikationsstärke
- Kritik- und Konfliktfähigkeit
- Freude am Führen
- einen hohen Selbstwert
- ein starkes Wertegerüst
- Entscheidungsstärke
- die Gabe, groß zu denken
- den Mut, aus vorhandenen Strukturen auszubrechen

Auch jede meiner Interviewpartnerinnen in diesem Buch ist ein Vorbild. Mich inspiriert jede Einzelne mit ihrem Wesen, ihrer Persönlichkeit, ihrem mal geraden, mal ungeraden Karriereweg – mit allen Höhen und Tiefen ihrer Karriere, sowie allen Ecken und Kanten ihrer Führungspersönlichkeit.

Vorbilder sind keine Held:innen. Sie sollten nicht glorifiziert oder kopiert werden, sondern uns Mut machen und inspirieren mit ihrem Erfahrungsschatz und ihrem Lebens- und Karriereweg. Wir laden sie in unser Leben ein, um uns selbst auf den Prüfstand zu stellen, zu reflektieren, mutig, klar und beherzt den nächsten Schritt zu gehen.

Doch gibt es *das* Vorbild?

Wie werden wir zu Vorbildern? Siehst du dich selbst als Vorbild?

Spannende Fragen, die ich meinen Gesprächspartnerinnen gestellt habe. Vor allem die einhellige Antwort auf die Frage „Siehst du dich selbst als Vorbild?“ bestätigt mein eigenes Denken darüber, dass wir zu Vorbildern gemacht werden und es kein Status ist, den wir uns selbst geben.

Hier einige Fragen und spannende Antworten meiner Interviewpartnerinnen.

Hast du selbst Vorbilder und sollte jeder Mensch ein Vorbild haben?

Simone Menne

„Nicht jeder Mensch muss ein Vorbild haben. Es gibt auch nicht nur ein Role Model. Wir verändern uns im Laufe unseres Lebens. Als ich in die Schule gekommen bin, war es jemand anderes als im weiteren Verlauf meiner Karriere. Dann war es ein Vorstand, später ein Schriftsteller. Es können mehrere Role Models sein, von denen wir uns etwas zusammenstellen. Wir wollen ja keine Kopie von jemandem sein. Es ist wichtig, Vorbilder sichtbar zu machen. Zum Beispiel zu zeigen: Es gibt Chirurginnen und nicht nur Chirurgen. Es gibt eine Bundeskanzlerin und eine EU-Kommissarin. Solche Modelle gibt es und da brauchen sich Frauen keine Sorgen machen, dass sie dies nicht auch selbst werden könnten. In diesem Sinne sind diese Frauen Role Models. Aber das heißt nicht, dass alle Frauen so werden sollten wie Frau *von der Leyen*[44] oder wie Frau *Merkel.*[45] Wir suchen uns das, was wir als Beispiel in bestimmten Lebensphasen brauchen.“

Fränzi Kühne

„Nein, ich habe keine Vorbilder. Ich schaue lieber auf mich und ob es mir gut geht. Ich habe maximal Leute, die mich inspirieren. Wenn ich mal etwas out of the box hören möchte, dann höre ich mir den Podcast mit *Matze Hielscher* an.[46] Er interviewt immer tolle Gästinnen und Gäste, die mich inspirieren. Aber sonst bin ich da sehr selbstorientiert.“

Christina Baier

„Ich finde Menschen grundsätzlich unfassbar faszinierend und liebe es schon immer, Biografien zu lesen. Ich kann mich für jede Lebensgeschichte begeistern, die nicht gerade verlaufen ist. Lebensgeschichten mit Brüchen und Herausforderungen, die diese Person als Sprungbrett für das nächste Level genutzt hat und wo man erkennen kann, diese Person ist gewachsen, hat sich weiterentwickelt. Mich faszinieren grundsätzlich vielschichtige Persönlichkeiten, die viele Interessen haben und sich nicht scheuen, da auch tief reinzugehen. Es ist schwierig, eine Person herauszupicken. Bei Künstlern zum Beispiel finde ich

---

44 Ursula von der Leyen: Deutsche Politikerin und zum Zeitpunkt des Interviews Präsidentin der Europäischen Kommission https://de.wikipedia.org/wiki/Ursula_von_der_Leyen

45 Angela Merkel: Deutsche Politikerin und zum Zeitpunkt des Interviews Bundeskanzlerin der Bundesrepublik Deutschland https://de.wikipedia.org/wiki/Angela_Merkel

46 https://mitvergnuegen.com/hotelmatze/

Madonna so wahnsinnig faszinierend! Jahrzehntelange Karriere. Ich weiß nicht, wie oft sich diese Frau neu erfunden hat – faszinierend hoch zehn. Wenn wir weiter zurückgehen: *Coco Chanel.* Unfassbare Unternehmerinpersönlichkeit und Künstlerin ihrer Zeit. *Audrey Hepburn, Maria Montessori* und so viele mehr. Es gibt natürlich auch viele großartige männliche Persönlichkeiten – aber siehst du, die Frauen sind mir zuerst in den Sinn gekommen."

Monika Schulz-Strelow

„*Rita Süssmuth,* weil sie in einem politischen Umfeld zu Hause ist, in der sie immer wieder ihre eigene Position klar gemacht hat. Sie jetzt zu sehen in ihrem Alter, in ihrer Verletzlichkeit, und dass sie nicht aufhört, ihre Stimme zu erheben, beeindruckt mich zutiefst. Wenn sie in der CDU nicht wäre, würde ich in der Partei ganz wenige Ankerfrauen sehen, die die Kraft haben, die Ausdauer und die Klarheit in der Ansprache. Sie hat immer zu sich gestanden. Vorbilder dieser Prägung würde ich mir weit mehr wünschen in allen Parteien und der Gesellschaft. Ein Vorbild ist auch Frau *von der Leyen.* Sie hat sich stark für Frauen eingesetzt und der Stufenplan, den sie 2009 für mehr Frauen in Führungspositionen vorgelegt hat, war ein wichtiges Signal. Ebenso haben mich Menschen aus den anderen europäischen Ländern geprägt, der Blick über die Grenze hat mir immer am meisten gebracht."

Verena Pausder

Auszug aus dem Stern-Podcast „Die Boss" – Verena im Gespräch mit Simone Menne.[47]

„Als ich Anfang 20 war, da war *Ann-Kristin Achleitner* schon Aufsichtsrätin. Sie hat auch in St. Gallen studiert und ich habe sie wahnsinnig bewundert. Wenn ich Frauen wie sie erlebt habe, habe ich immer gedacht: Vielleicht bin ich so gar nicht. Diese Frauen haben einfach Superkräfte. Wenn wir aber die Scheitermomente zuhalten, all die Zweifel und Momente, in denen wir auf dem Fußboden liegen und weinen – was sollen denn die jungen Frauen mitnehmen? Ich habe mir daher immer vorgenommen: Ich erzähle genauso die Seiten, die wehtun. Das sind auch die Role Models, die mich beeindrucken. Bei denen ich das Gefühl habe, sie sind nicht zu jedem Zeitpunkt perfekt und kriegen alles hin."

Brigitta Nelte

„Ganz klar seit frühester Jugend: *Madame Curie.* Sie hat mit ihrer eigenen Souveränität tolle Dinge entwickelt."

Tatjana Kiel

„Meine *Oma* ist tatsächlich mein größtes Role Model. Sie hat durch den Krieg und die schweren Zeiten gelernt, dass Hoffnung viel stärker ist als Angst und mir das so beigebracht. Unabhängig davon schaue ich mich sehr genau um,

[47] https://www.stern.de/wirtschaft/die-boss/verena-pausder-im-podcast-die-boss-mit-simone-menne--frauen-machen-unternehmen-besser-30739930.html

zum Beispiel auf LinkedIn.[48] Ich schaue, was große Persönlichkeiten an Erfahrungswerten und Karrierewegen teilen. Ich nehme mir dann heraus, was mich inspiriert. Es gibt für mich also nicht das eine Vorbild."

Denkst du, wir brauchen noch viel mehr Vorbilder?

Verena Pausder

„Ja, aber echte. Echte im Sinne von: echte Menschen. Menschen, die in ihren jeweiligen Bereichen Dinge tun, die andere inspirieren und zeigen, dass es geht. Die Menschen mitreißen, die aber auch echt und ehrlich sagen, was die Rückseite der Medaille ist, was die schweren Momente sind und wo hat's auch mal nicht geklappt. Um ein Role Model zu sein, von dem sich andere eine Scheibe abschneiden können, musst du dreidimensional sein und nicht zweidimensional. Das bist du nur dann, wenn du auch mal hinter die Fassade gucken lässt und sagst: So, Leute ich bin in zweiter Ehe verheiratet. Ich bin mit einem Unternehmen schonmal insolvent gegangen. Eine Geschäftsidee musste ich einstampfen, als schon die Hälfte des Investorengeldes ausgegeben war. Ich habe in meinem Familienumfeld gesundheitliche Themen, die dazu führen, dass ich phasenweise nicht die Kraft habe, die ich sonst hätte. Und so weiter. Das sind alles keine Schwächen. Das ist Menschlichkeit. Und diese Menschlichkeit muss in der Wirtschaft, in der Politik Einzug halten. Denn sonst schrecken Führungspositionen besonders Frauen ab, weil sie das Gefühl haben, sie müssten immer funktionieren. Viele denken, das sind alles Übermenschen ‚da oben'. Viele Frauen biegen dann vorher ab mit dem Gedanken: Das ist nichts für mich. Und das darf aus meiner Sicht nicht sein."

Brigitta Nelte

„Die Rückmeldung ist für die Frauen sehr wichtig. Mut machen, aber nicht spektakulär und nicht ein Riesenthema daraus machen."

Siehst du dich selbst als Role Model?

Antje Boetius

„Ich kriege das oft gesagt – sowohl von Frauen als auch von Männern, dass ich so gesehen werde. Sie sagen mir dann: Ich hätte das in meiner Karriere auch gern so wie du gemacht. Ich selbst achte nicht besonders darauf, wie ich sein muss, um Vorbild zu sein. Ich weiß aber natürlich, dass es essenziell ist, sichtbar zu sein. Gerade auch im MINT-Bereich[49] erben die Forscherinnen, die eine Karriere durchlaufen, automatisch die Aufgabe Rollenmodell, weil sie eben noch immer in der Minderheit sind. Es ist ganz essenziell, dass gerade Mädchen

---

[48] LinkedIn ist ein webbasiertes soziales global agierendes Netzwerk, das vor allem zur Pflege und zum Austausch beruflicher Kontakte genutzt wird. Stand heute (2021) hat es rund 750 Millionen Mitglieder.

[49] Ein Initialwort, das sich aus den Studienfachbereichen Mathematik, Informatik, Naturwissenschaften und Technik zusammensetzt.

eine Vielzahl von Bildern bekommen, die ihnen eine große Bandbreite von Berufen erreichbar machen. Ich fahre übrigens gerade zum Dreh, bei dem es um Berufsvielfalt der Barbie-Puppen geht. Nun gibt es die Barbie auch als Polar- und Meeresforscherin. Das ist für Mädchen nachgewiesen ein wichtiger Beitrag zum spielerischen Zugang zu Berufen über Rollenvielfalt."

Brigitta Nelte

„Ja. Teilweise auch für meine Söhne und für meine Enkel, da ich recht unaufgeregt Dinge anpacke."

Simone Menne

„Eigentlich nicht. Die meisten Frauen, mit denen ich rede, sehen sich nicht als Role Model, sondern als normale Menschen. Die meisten finden sich selbst nicht so toll, wie wir denken – auch eine Frau *von der Leyen* nicht. Ich kenne ja meine eigenen Schwächen und somit kann ich für mich selber nicht sagen, dass ich ein Role Model bin. Dennoch kann ich im Sinne der Inspiration auf andere wirken."

Verena Pausder

„Hmmm. Ich sehe mich als Antreiberin von Themen. Ich sehe mich als Gesprächspartnerin. Ich sehe mich als einen Menschen, der mehr gibt, als nimmt. Aber ob ich ein Vorbild bin, das möchte ich andere entscheiden lassen. Für manche bin ich vielleicht ein Vorbild, die sagen: „Genauso, wie Verena das macht, finde ich das total toll. Deswegen traue ich mir das jetzt auch zu." Vielleicht bin ich wiederum für andere total abschreckend, weil sie sagen: „Das ist zwar toll, was Verena alles macht. Aber ist überhaupt nicht mein Lebensentwurf. Ich möchte meine Kinder nicht so wenig sehen, wie sie. Ich möchte nicht so in der Öffentlichkeit stehen." Wenn ich jetzt sagen würde, ich bin ein Vorbild, dann erscheint mir das ein bisschen omni-geltend für alle. Und das sehe ich nicht so. Ich finde, jede und jeder sollte sich angucken, von wem kann ich mir was abschneiden und sich vielleicht ein paar Role Models rauspicken und sich von jedem etwas zusammenstellen. Da würde ich mich einreihen. Aber ich sehe mich jetzt nicht als die eine Lösung für jeden nach dem Motto: Wenn ihr mir folgt, dann wird alles gut. Dafür habe ich einfach auch zu viele Ecken und Kanten, die muss jetzt nicht jeder haben."

Christina Baier

„Ich denke, dass ich definitiv für Kunden, Klienten und Community in bestimmten Aspekten als Vorbild gesehen werde. Da bin ich mir ganz sicher."

Monika Schulz-Strelow

„Ich glaube, dass ich ein Vorbild bin. Ich habe in den letzten Jahren eines für mich klären müssen: Wie wirke ich auf jüngere Frauen, abgeleitet aus meiner Position und meines Alters. Doch die Rückmeldungen waren sehr klar. Ich bin weder alt im Kopf, noch im Handeln und im Denken. Das ist für mich die wichtigste Botschaft. Dass es mir gelingt, einen Zugang zu jungen Frauen zu haben, liegt an dem Informationsaustausch, dem Energieaustausch und der Zugewandtheit zu Menschen. Menschen sind für mich das Wichtigste, mich mit ihnen auszutauschen ist die größte Bereicherung.“

Die Rolle des Netzwerks

Meine Interviewpartnerin *Brigitta Nelte* ist eine Vorbildfrau. Sie hat eine steile Karriere im Vertrieb eines deutschen Autobauers hinter sich. Zudem arbeitet sie als Psychologin und ist seit vielen Jahren ehrenamtlich als Führungsfrau in der Vereinigung für Frauen im Management e.V. tätig. Mittlerweile ist Brigitta mehrfache Oma, denkt aber gar nicht daran, aufzuhören zu arbeiten und schon gar nicht damit, Frauen zu unterstützen und sichtbar zu machen.

Brigitta Nelte ist ein wundervolles Beispiel dafür, selbst Vorbild zu sein. Sie stellt den Wert eines funktionierenden Netzwerkes heraus, aus dem Frauen Inspiration, Mut und Umsetzungsstärke schöpfen. Zudem können sie in Netzwerken selbst für andere sichtbar sein. Brigitta vernetzt Frauen mit Unternehmen und Unternehmen mit Frauen und sieht darin ein großes Potenzial, die Frauen auf ihren Karrierewegen zu stärken.

„Ich möchte mein Wissen ständig erweitern und schaue mir an, wie andere Menschen bestimmte Aufgaben erledigen, die mir im Vergleich schwerfallen oder gut gelungen sind. Ich vernetze leidenschaftlich gern Menschen miteinander und versuche so, vor allem Frauen zur Sichtbarkeit zu ermutigen. Doch wir haben noch immer zu wenige Frauennetzwerke, die sich gegenseitig stärken. Wie oft sehe ich, dass viele Frauen sich eher in den Hintergrund stellen und die Hände hochreißen und sagen: Kann ich nicht. Will ich nicht.“

Netzwerke sind entscheidend für unsere Karriere – in jeglicher Hinsicht. Ich beobachte immer wieder, dass es vor allem Frauen sind, die den Wert eines Netzwerkes oft nicht verstehen und unterschätzen. Ich erinnere mich an zahlreiche Workshops, die ich für Unternehmen zum Thema „Wie netzwerke ich als weibliche Führungspersönlichkeit?“ gegeben habe. Mich überraschten ein gewisses Desinteresse und Halbwissen. Es kamen Fragen auf wie:

- Was ist eigentlich Netzwerken?
- Brauche ich das wirklich und warum?
- Was ist meine Rolle im Netzwerk und wie kann ich es als Karrieretool nutzen?

Nicht selten hörte ich Gemurmel: Ach was, das brauche ich nicht. BÄÄÄMM!

Oh doch! Du brauchst ein Netzwerk (mindestens eins). Du brauchst Menschen, die dich unterstützen, deine Expertise herausstellen, deine Wünsche und Ziele kommunizieren und deine Botschaften in der Welt verbreiten. In Netzwerken werden Vorbilder sichtbar. Du brauchst Menschen um dich herum, die ähnliche Herausforderungen haben und von deren Bewältigungsstrategien du lernen kannst.

Doch Vorsicht: Ich habe absolut nichts gegen Frauennetzwerke. Ich habe selbst einen Frauenverein geleitet.[50] Ich finde es jedoch sprachlich nicht richtig, von FRAUENnetzwerken zu reden. Sprache macht etwas mit uns und stößt in die Kerbe, die eh schon tief genug ist. Diese Sprache führt zu Mangeldenken und erzählt die Story, Frauen seien eine Minderheit, um die man(n) sich kümmern muss.

Die Netzwerkerin *Brigitta Nelte* sagt etwas Entscheidendes zum Netzwerken, das wir oft unterschätzen:

„Historisch gesehen, sind Frauennetzwerke weniger bekannt. Daher ist es wichtig, Frauen in sämtlichen Bereichen mit den unterschiedlichsten Herausforderungen zu unterstützen. Es fehlen noch immer Netzwerke in diesem Sinne."

Ich reagiere darauf sehr sensibel. Es gibt auch Frauenförderprogramme und die Frauenquote und viele andere Frauen-xyz's. Viele haben sicher ihre Berechtigung und sind wichtige Brücken zur Gleichstellung, Diversität und Inklusion. Doch übernehmen wir diese Begriffe oft unreflektiert. Mit diesen Worten möchte ich dich für Sprache und Vorbilder sensibilisieren. Du bist nun bereit für das erste Vorbild-Kapitel.

Lange war ich beispielsweise gegen die Frauenquote in den Aufsichtsräten und überhaupt: Dass wir sie brauchen, empfand ich lange als falsches Signal.

Ich fragte *Monika Schulz-Strelow*, Mitbegründerin von FidAR – Frauen in die Aufsichtsräte und somit auch der Quote, ob die Quote Frauen wirklich hilft.

„Das glaube ich schon. Männer können häufig nicht gut mit der Tatsache umgehen, dass sich Frauen nicht so schnell entscheiden. Frauen sind oft zögerlicher: Ich erfülle nicht alle Anforderungen, ich kann nur 80 Prozent. Und dann folgen viele weitere wichtige Überlegungen zum Beispiel zur Vereinbarkeit von Karriere und Familie. Frauen geben sich eine längere Bedenkzeit und lehnen häufiger ab."

Ich frage nach, wie wir das überwinden können.

„Das Signal von den Menschen, die diese Frauen für eine Führungsposition einstellen wollen, sollte viel klarer sein: Ich glaube an dich, sonst hätte ich dich nicht gefragt. So erhalten sie einen Vorschuss an Vertrauen und mehr Sicherheit. Das Spannende jedoch ist: Bei Frauen wird Kompetenz gefordert, bei Männern nach Geschlecht entschieden. Männer haben häufig eine genauere Vorstellung davon, wo sie in ihrer Karriere landen wollen. Frauen ist manchmal überhaupt nicht klar, wo sie landen können. Ich sehe aber eine Entwicklung: Die jungen Frauen haben heute ein sehr viel klareres Karrierebild. Doch leider gibt es viele Faktoren, die dieses Bild über den Haufen werfen: Wirt-

---

[50] Ich war drei Jahre Vorsitzende des Vereins fim – Frauen im Management e.V. für die Region Berlin-Brandenburg

schaftliche Krisen, Familienplanung, eine deutlich andere Erwartungshaltung generell an Karrieren und den Einsatz für den Beruf. Auch das Thema Präsenz, das sich gerade in der derzeitigen Lage enorm verändert, ist bedeutsam für den Karriereweg.[51] Es muss Wege geben, auch ohne Quote gesehen zu werden, mitbedacht zu werden."

Was macht denn die Quote genau?

„Die Quote bringt Frauen in die Position, dass sie eine ähnliche Ausgangssituation wie Männer für den nächsten Karriereschritt haben und dass ihnen Türen geöffnet werden, die ihnen ohne Quote nicht geöffnet würden. Das ist der Haupthebel für die Quote. Doch die Quote ist nur ein Hilfsinstrument. Die Unternehmen selbst haben lange nicht die Notwendigkeit gesehen, mehr Frauen in die Führungspositionen zu berufen, haben die freiwillige Selbstverpflichtung nicht ernst genommen und haben, so sie unter das Gesetz fielen, seit 2015 eine Quotenvorgabe zu erfüllen. Die Quote gilt allerdings nur für einen Bruchteil der Unternehmen, und daher ist die zahlenmäßige Wirksamkeit auch begrenzt. Welche Maßnahmen die Unternehmen für die notwendige Unternehmenskulturveränderung ergreifen, bleibt ihnen überlassen. Doch der Druck von außen wächst, wenn sie weiterhin als Arbeitgeber für Frauen interessant sein wollen. Was sie daraus machen, liegt an ihnen. Das ist das Fatale: Sie kennen die Probleme, gehen sie aber nicht proaktiv an. Beim Thema Gleichstellung gibt es noch zu wenige Unternehmen, die definiert haben, was das für ihr Unternehmen bedeutet und bis wann sie welches Ziel erreicht haben wollen."

Diese Argumente haben mich überzeugt. Die Frauenquote, wie sie so schön genannt wird, ist und bleibt solange erforderlich, bis sich Strukturen aufbrechen lassen und flexibler werden.

Kapitel 1

„Es ist das, was du im Schatten tust, was dich ins Licht stellt."

Eines der Lieblingszitate von Tatjana Kiel

Dein Ziel: Führe dich selbst und andere als Vorbild

Nicht jeder Mensch braucht ein Vorbild, um persönlich erfüllt oder beruflich erfolgreich zu sein. Falls du zu den Frauen gehörst, die Vorbilder nicht so wichtig finden, möchte ich dich an dieser Stelle zu einem kleinen Gedankenspiel einladen. Natürlich bist du auch eingeladen, wenn du hinter dem Vorbild-Konzept stehst.

Warum gibt es zu wenig Frauen in Führungspositionen?

Warum gibt es zu wenig Frauen in MINT-Berufen?

---

[51] Anmerkung: Pandemiezeit

Warum verzeichnen wir nur 17 Prozent Frauenanteil in IT-Berufen?[52]

Warum verlieren wir Frauen in der Wissenschaft, sobald sie ihr Studium abgeschlossen haben?

Warum liegt der Frauenanteil in den Vorständen der DAX-40-Unternehmen bei nur 18 Prozent?[53]

Warum ist bis heute noch keine einzige deutsche Frau ins All geflogen?[54]

Vereinbarkeit von Familie und Beruf

Die Antworten auf diese Fragen sind sehr komplex und ich werde sie an dieser Stelle auch nicht beantworten. Ein nach wie vor kritischer Punkt ist die Vereinbarkeit von Familie und Beruf. In fast all meinen Einzel-Coachings ist die Frage nach der Vereinbarkeit von Familie und Beruf relevant. Es ist für viele Frauen noch immer enorm schwer, beides zu vereinen, ohne darunter mental, psychisch und körperlich zu sehr zu leiden. Obwohl in Deutschland bezüglich der Elternzeit strukturell sehr viel bewegt wurde in den vergangenen Jahren, können Eltern zu einem Großteil noch lange nicht so flexibel sein, wie sie gern sein würden.

Auch wenn überwiegend die Mütter nach der Geburt eines Kindes zu Hause bleiben und einen Großteil der Elternzeit in Anspruch nehmen, steht auch Vätern dieselbe Zeit an Elternzeit zu, wie den Müttern: 36 Monate innerhalb der ersten acht Lebensjahre des Kindes, die auf drei Teile gesplittet werden können.[55]

Die Anzahl der Väter, die Elternzeit nehmen, hat sich zwar erhöht, doch sind es meines Erachtens noch immer zu wenige.[56] Zudem schöpfen sie laut statista.com die Länge nicht aus und bleiben nur wenige Monate zu Hause. Fehlt ihnen der Mut? Fehlen auch ihnen männliche Vorbilder, die demonstrieren, dass eine Auszeit möglich ist, ohne seinen Job zu verlieren? Sind sie zu traditionell? Haben sie vielleicht das Gefühl, nun noch mehr arbeiten gehen und für die Familie sorgen zu müssen? Die Gründe sind vielschichtig.

Ich beobachte und spüre eine große Unsicherheit sowohl bei den Frauen als auch bei den Männern. Ein nicht zu unterschätzendes Thema ist zudem ein ganz anderes: Loslassen. Viele Frauen in Führung habe ich erlebt, die sich felsenfest vorgenommen haben, die Elternzeit mit ihrem Partner zu teilen, um zügig wieder arbeiten zu gehen. Die wenigsten davon haben diesen Vorsatz umgesetzt – was ich durchaus verstehen und nachvollziehen kann.

---

[52] AllBright-Bericht September 2021, S. 18

[53] AllBright-Bericht September 2021, S. 18

[54] https://dieastronautin.de/ueber-uns/

[55] https://www.elterngeld.de/elternzeit-vater/#gref

[56] https://de.statista.com/infografik/24835/anteil-der-vaeter-in-deutschland-die-elterngeld-beziehen/

ABER dieses Buch ist kein people pleaser – das heißt: Es möchte nicht gefallen und dir zustimmen oder dich trösten. Du bist kein Opfer. Es möchte dir die Augen öffnen und dich ermutigen, dich auch mit unbequemen Wahrheiten auseinanderzusetzen, einen anderen Blick zu wagen und herauszutreten aus alten Gewohnheiten und Gedankengängen.

Es gibt sehr viele Frauen, die die in Deutschland gesetzlich geregelte Elternzeit von bis zu drei Jahren nicht in Anspruch nehmen und aus verschiedenen Gründen zügig in den Beruf zurückkehren. Sicher fällt es ihnen nicht leicht. Manchmal erlauben es das System oder die Strukturen nicht. Oft kommt es tatsächlich auf die konkrete Führungsposition an.

Bis Mitte des Jahres 2021 mussten beispielsweise Vorstandsmitglieder von Aktiengesellschaften, SE-Direktor:innen und GmbH-Geschäftsführer:innen ihr Amt niederlegen, wenn sie wegen der Geburt eines Kindes, längerer Krankheit oder wegen eines familiären Pflegefalls in der Familie vorübergehend ihr Amt nicht wahrnehmen konnten und die damit verbundenen Haftungsrisiken vermeiden wollten. Bist du selbst Vorständin, weißt du, was das bedeutet. Das heißt: Wurde eine Vorständin zum Beispiel Mutter, musste sie ihr Vorstandsmandat temporär niederlegen, wenn sie in Elternzeit ging. Während arbeitnehmende Mütter und Väter Anspruch auf drei Jahre Elternzeit[57] haben und Elterngeld beziehen, gab es bis Mitte 2021 für Vorstandsmitglieder keine Elternzeit als mögliches befristetes Fernbleiben mit Rückkehrrecht. Ich wünsche mir sehr, dass sich das schnell ändert und Frauen sichtbarer werden, die sowohl hoch verantwortliche Führungspositionen bekleiden und sich für eine Familie entscheiden.

Doch ich möchte nicht allzu kritisch sein. Es hat sich viel getan und es tut sich immer mehr. Schade, dass es für große Veränderungen oft erst einen schmerzlichen Auslöser geben muss. Vielleicht kennst du Westwing, Deutschlands erster und größter Shopping-Club für Home & Living.[58] Die Westwing-Gründerin *Delia Lachance* musste im Frühjahr 2020 ihren Vorstandsposten räumen, als sie Mutter wurde und ihre sechsmonatige Elternzeit antrat. Damals war sie Vorstandsmitglied und Chief Creative Officer des börsennotierten E-Commerce-Unternehmens. Dass Lachance gehen musste, brachte viele Menschen in Auruhr und führte zur Initiative #stayonboard[59] rund um die Unternehmerin *Verena Pausder* – eine meiner Interview-Gästinnen für dieses Buch. Unterstützer:innen aus Politik, Wirtschaft und Gesellschaft erarbeiteten eine Beschlussvorlage, die von der Großen Koalition beraten, angenommen und am 11.6.2021 vom Bundestag verabschiedet wurde. Somit wurde die Initiative #stayonboard Gesetz.

---

[57] Elternzeit ist eine geschützte, unbezahlte Freistellung vom Arbeitsplatz mit Anspruch auf Rückkehr

[58] https://www.westwing.de/about-us/

[59] https://stayonboard.org/

Durch die Neuregelung des FüPoG II[60] haben Vorstandsmitglieder von Aktiengesellschaften, SE-Direktor:innen und GmbH-Geschäftsführer:innen künftig Anspruch auf familiär bedingte und haftungsfreie Auszeiten[61]. Neben Mutterschutz und Elternzeit deckt das Gesetz auch die Pflege eines Familienangehörigen und auch den eigenen Krankheitsfall des Vorstandsmitglieds ab.

Hier schlagen wir den Bogen zum Vorbild und warum Vorbilder so wichtig sind. Die Initiative #stayonboard hat neue Vorbilder hervorgebracht und sichtbar gemacht. Auch wenn der Vorstandsbereich meist ein kleiner ist und mit nur wenigen Frauen besetzt ist, wurde damit ein wichtiges Zeichen gesetzt. Sowohl Delia Lachance als auch die Initiator:innen von #stayonboard haben sich für einen neuen Status quo eingesetzt: Führungsposition und Familie schließen sich nicht (mehr) aus – dürfen sich nicht mehr ausschließen. Es darf kein „entweder oder" geben, sondern nur noch ein „sowohl als auch".

Es ist so unfassbar wichtig, dass vor allem junge Frauen sehen, dass beides möglich ist. Eltern werden ist höchst emotional. Ein Lebensereignis, das zu großen Veränderungen führt – von der Hormonlage mal abgesehen. Auch wenn sich viele Eltern vornehmen, gelassen mit der Situation umzugehen, kommt es meist doch anders, wenn das kleine, nackte Baby im Arm der Eltern liegt. Ab dem Moment können sich vor allem viele Mütter nicht vorstellen, wieder früh in den Beruf einzusteigen. Erstens muss sich der Körper von der außergewöhnlichen Belastung erholen, was meist in der Ruhe des Wochenbetts geschieht. Zweitens dürfen wir die Kraft der Natur nicht unterschätzen. Die Natur hat immer Recht und überlässt nichts dem Zufall. Alles hat seinen Sinn.

Für eine starke Mutter-Kind-Beziehung sorgt die Natur. Durch das Bonding, dem wohl stärksten Zusammengehörigkeitsgefühl zwischen Mutter und Kind, wird eine enge Beziehung und tiefe Liebe aufgebaut, die das Überleben des Kindes sicherstellen soll. Das Bonding wird vor allem über Hormone geregelt. Bereits während der Schwangerschaft wird das Hormon Oxytocin ausgeschüttet und sorgt für den euphorischen Zustand der bedingungslosen Liebe und dem überwältigenden Drang, das Kind um alles in der Welt zu beschützen. Berührungen, Gerüche, Körperwärme, Augenkontakt, Kuscheln helfen dem Baby beim Aufbau dieser Bindung.

Bei all den natürlichen Mechanismen ist es nachvollziehbar, dass eine Mutter möglichst lange beim Baby bleiben möchte. Nach einer Zeit bauen sich die starken Hormone wieder ab und andere Themen rücken wieder in den Vordergrund – unter anderem das Berufsleben.

---

[60] https://www.bmfsfj.de/bmfsfj/service/gesetze/zweites-fuehrungspositionengesetz-fuepog-2-164226 Zweites Führungspositionen-Gesetz: Ziel ist es, den Anteil von Frauen in Führungspositionen zu erhöhen und verbindliche Vorgaben für die Wirtschaft und den öffentlichen Dienst zu machen.

[61] Auszug aus https://stayonboard.org/

Es ist eine Entscheidung

Abgesehen von der gesetzlichen Regelung für Vorstandsmitglieder gibt es viele Frauen in Führungspositionen oder Frauen in der Selbständigkeit, die Kinder haben und Karriere machen, ohne große Reibungsverluste. Es ist eine Entscheidung und bedarf einer guten Organisation. Oft nennt man Frauen, die nach der Geburt wieder zügig arbeiten gehen, Rabenmütter. Zu Unrecht, wie ich finde. Meine Mutter hat mich mit acht Wochen in die Kinderkrippe gegeben, weil es damals einfach so war. War sie eine Rabenmutter? Nein. Im Gegenteil. Sie hat mir und meinen zwei Brüdern ein normales und freies Leben vorgelebt. Nun sind acht Wochen wahrlich keine lange Zeit. Doch geschadet hat es mir nicht. Ich wurde gut betreut und hatte dadurch sehr früh soziale Kontakte. Jede Familie sollte in ärztlicher Absprache selbst entscheiden, was am besten für Mutter, Vater und Kind ist.

Ich habe meine Interview-Gästinnen gefragt:

Wie bringst du Karriere und Familie unter einen Hut?

Tatjana Kiel, Mutter eines Kindes und CEO

„Ego-Eco-Balance."

„Wir haben eine Fokusliste, sowohl im Unternehmen als auch privat. Auf der Fokusliste stehen die zwei wichtigsten Dinge, die ich am nächsten Tag erledigt haben muss. Zudem drei andere Dinge, die nice to have, aber nicht so wichtig sind. Das gibt mir am Abend das zufriedene Gefühl, zwei wirklich wichtige Dinge erledigt zu haben. Zufriedenheit ist mein höchstes Gut und beginnt damit, dass ich weiß, dass ich produktiv war. Diese wichtigen Aufgaben machen maximal zehn Prozent des Tages aus und der Rest ist entspannter.

Eine Work-Life-Balance gibt es nicht. Diese Unterscheidung von Arbeiten und Leben funktioniert für mich nicht. Stattdessen geht es um eine Ego-Eco-Balance: Ich, mit meinem Ego, muss mit meinen Werten und meinem Umfeld (Eco) ausgerichtet und in Balance sein. Das kann sowohl die Familie als auch das Unternehmen sein."

Karin Heinzl, Mutter von zwei Kindern, Gründerin und CEO

„Qualität statt Quantität."

„Manchmal fällt es leicht. Manchmal ist es aber auch ein Überleben, um nicht zu Ertrinken. Es steht und fällt mit der Betreuung und der Organisation. Auch wenn unsere Eltern nicht in unserer Nähe leben und nicht immer verfügbar sind, habe ich ein Auffangsystem. Ich rate allen Eltern, sich ein Auffangsystem zu etablieren aus Kita, Familie, Freunden, Nanny. Auch ich gehörte zu den Frauen, die sagten: Ich arbeite, um die Fremdbetreuung bezahlen zu können. Ich wollte arbeiten und gleichzeitig eine gute Mutter sein und so war ich oft im Zwiespalt. Die ersten beiden Jahre als Mutter hatte ich immer dieses schlechte Gewissen. Mittlerweile habe ich es nicht mehr. Ich habe mit vielen Frauen gesprochen, auch mit denen, die in Führung sind und weiterarbeiten wollten. In diesen Gesprächen habe ich etwas Wichtiges gelernt: Entscheidend ist die Qualität, die du mit deiner Familie und Kindern verbringst, nicht die Quantität. Ich versuche, fast alle Abende zu Hause zu sein, zu kochen und gemeinsam mit der Familie zu essen. In dieser Zeit ist das Handy aus und somit kann ich die Quality Time genießen.

Frauen, die Mütter werden, spüren schon in der Schwangerschaft, dass sie sehr stark sein müssen. Und sie werden stark. Ich bin auch stärker geworden. Das ist ja das Schöne – an Herausforderungen wachsen wir. Das heißt, Frauen, die Mütter sind, sind per se schon sehr starke Menschen."

Brigitta Nelte, Mutter von zwei erwachsenen Kindern, ehemalige Frau in Führung.

„Zeit ist die größte Herausforderung."

„Für mich stellte sich nie die Frage. Da bin ich sehr altmodisch. Für mich ist Liebe gleich Liebe. Da ordnet sich alles unter. Ob nun Karriere oder Kind zuerst, war für mich total untergeordnet. Es war selbstverständlich, beides zu haben. Für mich ist der Begriff Karriere negativ belegt. Persönlichkeitsentwicklung ist entscheidend. Wie entwickelt sich die einzelne Person aus all den Fähigkeiten und Talenten und was kann und will ich im Laufe meines Lebens daraus machen. Das ist entscheidend.

Karriere und Familie unter einen Hut zu bekommen, heißt auch, mit dem umzugehen, was dir die tägliche Arbeit an Aufgaben bietet. Du brauchst herausfordernde Arbeiten und tägliche Erfolge. Die Erfolge sind mir ganz gut gelungen. Die fachliche Kompetenz meine ich damit nicht. Ich konnte stets meine fünf Sinne einsetzen als Führungspersönlichkeit. 40 Männer musste ich klar führen. Die Herausforderungen lagen eher im Privaten und dass meine Familie da mitgezogen hat. Ich war nicht zu Hause, mein Mann war nicht zu Hause. Wir brauchten also ein Unterstützungssystem. Die Zeit war die größte Herausforderung. Hausaufgaben, was brennt."

Fränzi Kühne, Mutter von zwei Kindern, Gründerin

„Was für uns das Richtige ist, ist auch für das Kind das Richtige."

„Viel Organisation. Bei unserer ersten Tochter habe ich mir ein Kinderzimmer neben meinem Büro gemietet, um stillen zu können. Im ersten Jahr hat mich mein Partner stark unterstützt und mit acht Monaten haben wir sie in die Krippe gegeben. Ich habe noch nie von anderen Eltern gehört, dass sie es genauso gemacht haben. Ich kriege von allen Seiten eher den Spruch: Was? Das ist aber ganz schön früh. Das arme Kind. Wir fühlen aber, dass das für uns als Familie das Richtige ist, somit ist es auch für das Kind das Richtige. Da kommen immer wieder Sprüche, aber uns ist total egal, was andere sagen. Wichtig ist, sich ein sicheres Umfeld zu schaffen. Meine Mama ist stark eingebunden. Wir planen alle einen Monat im Voraus, wer wann wo und wie die Betreuung übernimmt. Der Spruch, für die Erziehung und das Aufziehen eines Kindes braucht es ein ganzes Dorf, stimmt bei uns definitiv. Ist das Kind beispielsweise krank, gehe ich arbeiten und mein Partner oder meine Mama übernehmen die Betreuung. Viele fragen mich dann, warum ich dann als Mama nicht zu Hause bleibe, wenn das Kind kränkelt. Weil es für mich die absolut gleiche Wertigkeit hat, wenn meine Mama oder mein Partner bei der Kleinen sind. Oder wenn ich ein Schwimmturnier verpasse. Ich kann damit leben, weil ich es bewusst so entscheide und wir damit total im Reinen sind. Hadern ist dabei ganz schwierig.

Wenn sich die Frau aber wohler fühlt, zu Hause bei dem Kind zu bleiben, ist das auch völlig ok. Wichtig ist es, sich bezüglich der weiteren Karriere über die Konsequenzen klar zu werden und sie dann auch zu tragen. Im Zweifel stockt die Karriere oder wir treiben sie trotz Muttersein voran. Das ist eine Entscheidung."

Claudia Kessler, Mutter eines erwachsenen Kindes, CEO der Astronautin GmbH

„Durchsetzungsstärke ist gefragt."

„Frauen in technischen Bereichen sind meist die Einzigen. Ich war in meinem Maschinenbaustudium eine von tausend Studierenden. Da lernst du schnell, dich durchzusetzen. Du wirst Dinge gefragt, die Männer nie gefragt werden. Wenn du zum Beispiel Kinder hast, kommt sofort die Frage: Wie organisieren Sie das mit den Kindern? Wie kriegen Sie Karriere und Familie unter einen Hut? Ich bin in einem Jobinterview mal gefragt worden: Wie wollen Sie sich denn hier durchsetzen? Ich war perplex – das war schon in den 2000er-Jahren und nicht in den 1980er-Jahren. Ich antwortete: ‚Wenn ich mich bis jetzt nicht durchgesetzt hätte, wäre ich wohl kaum in diesem Interview.' "

Ich selbst habe immer aufgeschaut zu meiner Mama, wie sie das alles gemeistert hat. Drei Kinder, einen hart arbeitenden Mann, sie selbst in einem sozialen Beruf tätig, der enorm viel Kraft gekostet und wenig Geld gebracht hat und dann noch der Haushalt. Für sie und für uns als Familie war es selbstverständlich, dass sie arbeiten geht. Sie hat uns von klein auf Eigenverantwortung gelehrt. Sie ist ein Vorbild dafür, dass beides vereinbar ist – auch wenn es nicht leicht ist, was auch niemand behauptet. Alles ist möglich, auch die Vereinbarkeit von Familie und Beruf. Doch es ist noch immer eine der größten Herausforderungen, die Frauen im Berufsleben und im Besonderen in Führungspositionen haben.

Simone Menne sieht das ähnlich. Ich habe sie gefragt, was die drei TOP-Herausforderungen von Frauen sind. Eine der TOP-Herausforderungen schildert sie hier:

„Eine der größten Herausforderungen ist es, Karriere und Familie unter einen Hut zu bringen, weil das naturgemäß bedeutet, Prioritäten setzen zu müssen.

Als Konsequenz müssen wir zudem aushalten, weniger Zeit mit der Familie zu verbringen, was oft mit einem schlechten Gewissen verbunden ist."

Simone Mennes Lösungsansatz, Karriere und Familie miteinander zu vereinen, ist simpel, komplex und inspirierend zugleich. Für mich ist ihr Ansatz eine unglaublich wichtige Kraftquelle vor allem für Frauen, die Mutter sind und eine Führungsrolle ausüben.

„Es gibt keine Work-Life-Balance oder Work-Life-Harmonie. Work is Life. Sobald wir Arbeit nicht als unser Leben verstehen, haben wir ein Thema. Dann leben wir nicht, weil wir die Arbeit von unserem Leben trennen. Ich denke, das Geheimnis ist zu erkennen, dass Arbeit und Familie feste Bestandteile unseres Lebens sind. Die Kunst ist es, Prioritäten für diese Lebensbereiche zu setzen. Ich zum Beispiel könnte aufhören zu arbeiten, ich bin 60. Ich habe einen Bekannten, der mit mir zur Schule ging. Er hat sich ein Motorrad gekauft, freut sich auf sein Rentenleben und macht nichts mehr. Für mich persönlich wäre das sehr unbefriedigend. Mich fragen Leute, warum tust du dir das Amt der Präsidentin der AmCham an,[62] es gibt kein Geld und so weiter. Weil das Leben ist und Leben bedeutet, Einfluss zu nehmen und Wertschätzung zu erfahren. In dem Sinne können wir Frauen das lösen, indem wir es kombinieren. Wir haben Wege gefunden, um das auch als Working Mom auszubalancieren. Zudem denke ich, dass das typisch deutsch ist. Wir lieben Gegensätze, dabei schließt das Eine das Andere nicht aus. In Frankreich beispielsweise ist es völlig normal, zu arbeiten und Kinder zu haben. Die Kunst ist es, dies harmonisch zusammenzuführen. Es kann uns eigentlich nichts Besseres passieren als eine Karriere-Mutter zu haben, die sich sehr intensiv um die Kinder kümmert, wenn sie da ist und die vorlebt, dass wir selbstbewusst unserem Beruf nachgehen können."

Diese kraftvolle Aussage kommt nicht von ungefähr. Simone Menne ist ähnlich wie meine Interviewpartnerinnen Fränzi Kühne, Tatjana Kiel und Monika Schulz-Strelow in einem Elternhaus aufgewachsen, in dem sie bestärkt wurde, ihren eigenen Weg zu gehen.

„Meine Eltern haben mir sehr viel Stärke mitgegeben. Wenn man als Kind schon sehr selbstbewusst ist und sich was traut, verstärkt sich das im Laufe des Lebens. Es gibt dann entsprechende Erfolge, nach und nach baut sich das Selbstbewusstsein weiter auf und dann wird es immer besser und einfacher. Ich kenne auch Frauen, die diese Stabilität aus dem Elternhaus nicht mitbekommen haben und immer klein gehalten wurden – sie brauchen sehr viel mehr Bestätigung. Beispielsweise zweifeln auch immer wieder Professorinnen an sich, die ein solches Elternhaus eben nicht hatten."

Auch *Verena Pausder* berichtet von ihren Eltern, die ihr einen unbändigen Mut zu Veränderungen mitgegeben haben:

---

[62] American Chamber of Commerce in Germany e.V. https://www.amcham.de/amcham-germany/organization-structure

„Ich bin sehr angstfrei, was sicher an einer sehr glücklichen Kindheit und Jugend liegt. Gesamtgesellschaftlich betrachtet bin ich sehr privilegiert aufgewachsen: Meine Eltern hatten zu jeder Zeit Arbeit. Mein Vater hat das Familienunternehmen geleitet, meine Mutter hat sich selbständig gemacht. Das heißt nicht, dass wir im Wohlstand geschwommen sind. Wir hatten aber nie die Sorge: Was ist, wenn es schiefgeht und ich ganz nach unten falle? Somit ist die Prägung durch das Elternhaus der eine Grund für meine Angstfreiheit. Der andere Grund ist meine Persönlichkeit. Ich springe ins Becken, ohne zu gucken, ob da Wasser drin ist. Meine Schwester, die ja dasselbe Elternhaus hat, ist ganz anders. Sie fühlt erst einmal vor. Ich habe immer dieses Gefühl von: Ach, das wird schon klappen. Und wenn ich es nicht versuche, weiß ich auch nicht, ob es funktioniert. Ich mache mir nicht so viele Gedanken darüber: Was ist, wenn es schiefgeht? Sondern ich denke eher darüber nach: Was ist, wenn es klappt."

Das hat Vorbildcharakter! Den Perspektivwechsel einzunehmen und darauf zu schauen, was alles möglich wäre und tatsächlich ist.

Monika Schulz-Strelow, keine Kinder, ehemalige FidAR-Präsidentin

„Neben all den Positionen und Aufgaben, die ich erfülle, gibt es mich ja auch noch. Da muss ich allerdings aufpassen. Was mir in all der Zeit nicht gelungen ist, den Raum, den ich für mich privat brauche, richtig ins Verhältnis zu setzen zu dem, was ich ehrenamtlich mache, was ich beruflich mache und wie ich Zeit mit Freunden verbringe. Da habe ich auf der Defizitliste einen großen roten Strich. Meine Freunde haben zu wenig Zeit von mir bekommen und ich frage mich: Moni, warum lässt du das zu? Warum lässt du dich so besetzen und warum ist es so wichtig, dass du Dinge unbedingt zu Ende bringen musst? Es gibt immer Dinge, die aktuell sind und sofort erledigt werden müssen. Doch meine eigene Balance beim Einsatz meiner verschiedenen Kräfte geht zu Lasten meiner Familie, meiner Freunde und meines eigenen Freiraums. Da ich es nicht geändert habe, habe ich mich akzeptiert."

Wie bringst du Work-Life in Harmonie?

„Schwierig. Da mir die Dinge, die ich mache, so viel Freude bereiten und ich einen enorm starken und leidenschaftlichen Antrieb zur Veränderung habe, ist die Fokussierung darauf so stark. Diese Dinge spielen dann mit in den Urlaub und in die Wochenenden hinein, sind Teil der Gespräche mit meinem Mann und den Freunden. Dann ist es auch ok so."

Führe dich selbst und andere als Vorbild

Wie du im Warm-up lesen konntest, sehen sich nicht alle meiner Interview-Gästinnen selbst als Vorbild. Wir haben festgestellt, dass jemandem die Rolle des Vorbilds von anderen Personen zugeschrieben wird. Auch wenn du dich selbst nicht als Vorbild oder Role Model siehst, solltest du dir dieser Rolle bewusst sein. Sobald du als Frau in Führung sichtbar bist, werden Menschen auf dich aufmerksam. Sie beobachten, was du tust, wie du es tust, wie du dich einsetzt und wer du bist.

Als Führungspersönlichkeit bist du für andere ein Vorbild – ob du das möchtest oder nicht. Es ist nicht deine Entscheidung. Somit solltest du dich, dein Verhalten und dein Handeln als Vorbild verstehen.

Dazu gehört es,

- dir deiner Werte bewusst zu sein und im Einklang dieser zu leben und zu arbeiten
- glaubwürdig und authentisch zu sein
- nicht nur Stärke, sondern auch Defizite zu zeigen
- offen für die Meinungen anderer zu sein
- in Möglichkeiten zu denken, nicht in Problemen
- lösungsorientiert zu sein
- andere zu unterstützen und sichtbar zu machen
- mit Persönlichkeit zu führen

Vergiss nicht, dass du für Andere ein Vorbild bist!

Unterschätze niemals den „Einfluss", den du auf andere Menschen hast.

Wenn du dich für Führung entscheidest, kommst du also nicht mehr raus aus der Nummer. Sowie dir das bewusst ist, wirst du dich vermehrt in deinem Umfeld umschauen, wer dich „beeinflusst" und als Vorbild dient.

Role Models können so deine eigene Inspiration und dein eigenes Wachstum ankurbeln. Schau dich um: Welche Menschen umgeben dich? Welche Werte, Eigenschaften, Fähigkeiten, Berufs- und Lebenskarrieren leben sie? Wo kommen sie her? Wo wollen sie hin? Wer sind sie, wer wollen sie sein?

Frage dich, mit welchen Menschen du dich umgeben möchtest. Welche Eigenschaften dürfen oder müssen sie aus deiner Sicht sogar mitbringen, damit sie Vorbildcharakter haben?

Sind es Menschen, die

- mutiger sind als du
- schon viel erreicht haben und schon da sind, wo du gern hinmöchtest
- groß denken
- dich fordern und fördern
- dir offenes, ehrliches und konstruktives Feedback geben
- ein Growth Mindset haben und kein Fixed Mindset[63]
- dich inspirieren und motivieren
- dir Selbstvertrauen geben und dich stärken
- dir jeden Erfolg gönnen und mit dir Erfolge feiern
- großzügig ihr Netzwerk für dich öffnen?

---

[63] Growth Mindset ist Wachstumsdenken und bezeichnet ein dynamisches und lernendes Selbstbild. Ein Fixed Mindset dagegen bezeichnet begrenztes Denken und somit ein statisches Selbstbild.

Sei dir der Menschen bewusst, die dich umgeben. Sei dir bewusst, wie sie dich beeinflussen – sind sie eher positiv und förderlich für deine Weiterentwicklung und dein Wachstum oder eher hinderlich? Schau genau hin und fühle hinein. Gehe keine Kompromisse (mehr) ein und suche dir ein Umfeld, das dich trägt und nicht aufhält.

1.1 Erkenntnis dieses Kapitels

Es gibt noch immer zu wenige Frauen, die mit ihren Erfolgen, ihren Herausforderungen und genutzten Möglichkeiten sichtbar werden.

Nicht jeder Mensch hat ein Vorbild im klassischen Sinne. Das zeigen auch die Aussagen meiner Interviewpartnerinnen. Ich möchte dich nicht dazu überreden, nach Role Models Ausschau zu halten. Doch gestatte mir einen Punkt: Wenn die Idee des Vorbilds in deinem Leben nicht vorkommt, gibt es doch sicher Menschen, die dich inspirieren und deren Lebens- und Karriereweg du spannend findest? Vielleicht bezeichnest du sie nicht Vorbild? Das ist auch gar nicht entscheidend. Ich möchte dich einladen, auf Entdeckungsreise zu gehen. Da sich noch immer zu wenige Frauen mit ihren Erfolgen zeigen, sich und ihre Kompetenzen unter den Scheffel stellen, braucht es Menschen wie dich und mich, die den Scheinwerfer auf eben diese Frauen richten. Für mich ist es selbstverständlich, anderen Frauen diese Bühne der Sichtbarkeit und Wertschätzung zu geben.

Somit lautet meine persönliche Erkenntnis dieses inspirierenden Kapitels:

- ★ Menschen, die schon dort sind, wo du dich hin entwickeln möchtest, können ein wichtiger Karrieremotor sein.
- ★ Menschen, die gewisse Eigenschaften oder Führungsmuskel haben, die du gern hättest oder weiterentwickeln möchtest, können inspirierend und für eine kleine Weile oder Lebensphase richtungsweisend sein.
- ★ Mütter und Väter, die Karriere machen, sind starke Vorbilder.

1.2 Deine Learnings

1. In deinem Umfeld gibt es viele inspirierende Menschen, von denen du lernen oder von deren Energie du dich anstecken lassen darfst, wenn du wieder mehr Drive brauchst oder in einem demotivierten Zustand bist. Profitiere von ihren Erfahrungswerten, ihren Herausforderungen und ihren Learnings.
2. Role Models sind nah- und erreichbar. Sie leben im selben Universum wie du und ich. Wenn du den Wunsch verspürst, mehr über ihren Karriereweg zu erfahren, sprich sie an. Jede meiner Interviewpartnerinnen steht für den Wert der gegenseitigen Unterstützung.
3. Sobald du in Führung gehst, bist du sichtbar.
4. Inspirierende und positive Menschen, die nach ähnlichen Werten leben, handeln und arbeiten wie du, geben dir den sicheren Raum deiner persönlichen und beruflichen Entfaltung. Sie nehmen dir deine Ängste, Zweifel und

Sorgen, schaffen neue Möglichkeiten und tragen dazu bei, dass du dich sicher weiterentwickelst. Das schafft viel Raum für Kreativität und lässt unendlich viel Energie frei.

Deine eigenen Learnings als Ergänzung:

Was hat dich am meisten angesprochen? Was ist nun besonders verankert?

Kapitel 2

„Ich fürchte, Anpassung ist nicht meine Stärke."

Diane Keaton, US-amerikanische Schauspielerin

Deine Ausgangslage: Ein starker Führungsmuskel, der andere stärkt

Stell dir vor, du sitzt mit zwei Freundinnen und einem Freund beim Abendessen. Ihr freut euch über das gemeinsam gekochte Essen und seid dankbar, dass ihr endlich wieder in dieser Freunde-Konstellation zusammen seid. Wie immer an solchen Abenden kommen erst der Nachtisch und dann die Themen mit Tiefgang auf den Tisch. Ihr sprecht über eure Arbeit, aktuelle Herausforderungen und manchmal fließen auch Tränen. Ihr unterstützt euch gegenseitig, was euch allesamt ein wohliges und sicheres Gefühl gibt. Von diesem Ort der Liebe und des inneren Friedens schlägst du ein Spiel vor. Es heißt: High Five Spotlight. Du machst darauf aufmerksam, dass es auch unangenehm werden könnte. Alle nicken und lassen sich darauf ein.

Probiere das Spiel gern in einer Gruppe wie deinem Team aus. Es macht Spaß und führt zu bahnbrechenden Aha-Momenten.

High Five Spotlight

Gruppenspiel. Ihr braucht:

- ⋆ Zettel und Stift
- ⋆ die innere Bereitschaft, euch mit unbequemen Fragen auseinanderzusetzen
- ⋆ die Vereinbarung mit dir selbst, die Fragen offen und ehrlich zu beantworten
- ⋆ Zeit

So geht's:

- ⋆ Bestimmt eine Person, die die Fragen stellt. Diese Person spielt wie alle anderen mit.
- ⋆ Jede Frage wird an jede Person gestellt. Ist die erste Frage reihum beantwortet, wird die nächste Frage gestellt. Das heißt, die erste Frage richtet sich an alle (auch an die Person, die fragt). Dann hat jede Person fünf Minuten Zeit, die Frage schriftlich auf einem Zettel zu beantworten.
- ⋆ Haben alle ihre Antworten aufgeschrieben, erzählen sich die Mitspielenden die Antworten nacheinander.
- ⋆ Weiter geht's mit Frage zwei und so weiter, bis die fünfte Frage beantwortet und erzählt ist.
- ⋆ Keine Frage darf ausgelassen werden, denn die Antworten bauen aufeinander auf und ergeben ein Gesamtbild über dich und dein Wirken – dein Spotlight, bestehend aus fünf soliden Antworten, mit dem du die Welt um dich herum erleuchtest.

Die High Five-Fragen

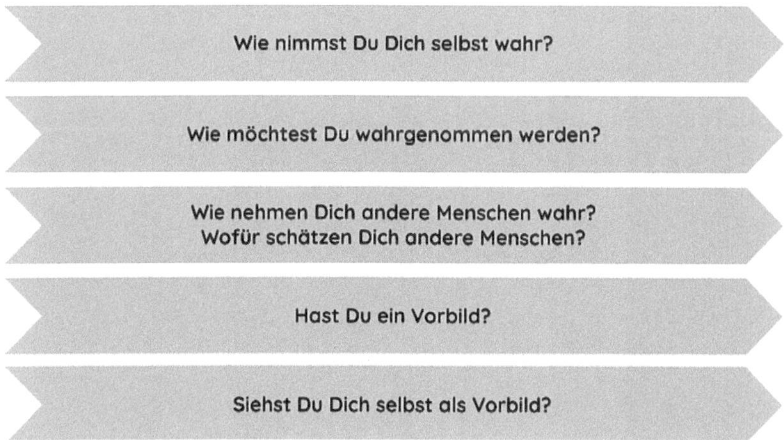

Nutze die folgenden Zeilen, um die Fragen für dich zu beantworten und / oder direkt mit anderen zu besprechen. Wenn der Platz nicht reicht, nimm dein Journal zur Hand.

1 Wie nimmst du dich selbst wahr?

Diese Frage erfordert absolute Ehrlichkeit. Keine Schönrederei, keine „ich würde gern so und so wahrgenommen werden wollen"-Antworten. Schreibe hier alles auf, was dir über dich einfällt und was du über dich zu sagen hast. Denke auch an deine Stärken, Fähigkeiten, Talente, Schwächen, Verletzlichkeiten, Herausforderungen. Oberste Regel: Keine Verurteilung! Keine Bewertung! Wenn du dich als Chaotin, Unordentliche, Entscheidungsschwache wahrnimmst – so what. Schreibe es auf. Lächle. Nimm es an. Akzeptiere es. Auch das bist du!

2 Wie möchtest du wahrgenommen werden?

Hier darfst du dich austoben. Die Frage „Wäre es nicht schön, wenn ich als XY wahrgenommen werde?" unterstützt dich dabei. Es ist eine Bestandsaufnahme, die keinerlei Aktivität erfordert. Du musst nichts ändern an dem, wie du bist.

3 *Wie nehmen dich andere Menschen wahr? Wofür schätzen dich andere Menschen?*

Stell dir vor, ich frage Menschen aus deinem Umfeld, wie sie dich wahrnehmen, worin du stark bist. Bekannte, Verwandte, Partner:innen, Kolleg:innen, nahestehende Menschen. Was würden diese wohl über dich sagen? Was würden sie herausstellen und über dich erzählen?

4 *Hast du ein Vorbild?*

Wie definierst du Vorbild? Warum dient dir diese Person als Role Model? Was schaust du dir ab und wofür ist das gut, was bringt dir das?

5 Siehst du dich selbst als Vorbild?

Woran machst du fest, dass du ein Vorbild bist?

Wie geht's dir nun nach dieser Coaching-Übung? Welche Ahas hattest du? Sehen andere dich so, wie du dich selbst siehst? Oder ist die Schere zwischen Selbst- und Fremdwahrnehmung ziemlich auseinandergespreizt? Hast du vielleicht den Impuls, etwas verändern zu wollen? Oder passt das alles so, wie es ist?

Ich stelle dir diese Fragen, weil sie wichtig sind für die Entdeckung und Weiterentwicklung deiner eigenen authentischen Führungspersönlichkeit. Mir liegt es am Herzen, dass du mit offenen Augen und Armen durch die Welt gehst und vor allem andere Frauen inspirierst. Nenne es Vorbild oder auch nicht. Du hast dich für dieses Buch entschieden, somit hast du dich auch für unsere gemeinsame Mission entschieden, andere Frauen sichtbar zu machen, sie zu ermutigen und ihnen das Universum für eigenes Wachstum zu Füßen zu legen.

Du bist ein Role Model – ob du willst oder nicht.

It's not your choice ...

Siehst du es anders? Wart's ab. Du wirst gleich schwindelerregend in deinem Role Model-Lebensnetz erleben, dass das so ist. Los geht's – auf zu neuen Erkenntnissen!

2.1 Dein Role Model-Lebensnetz

Dein Role Model-Lebensnetz wird dir deutlich aufzeigen, welche wundervollen Role Model-Qualitäten in dir stecken, in welchen Lebensbereichen du bereits ein Vorbild bist, eines sein möchtest oder ganz und gar keines sein willst. Lass alles zu, was kommt. Lass dich wie in den vorangegangenen zwei Buchteilen davontragen. Du kennst dich mittlerweile gut mit dem Konzept des Lebensnetzes aus.

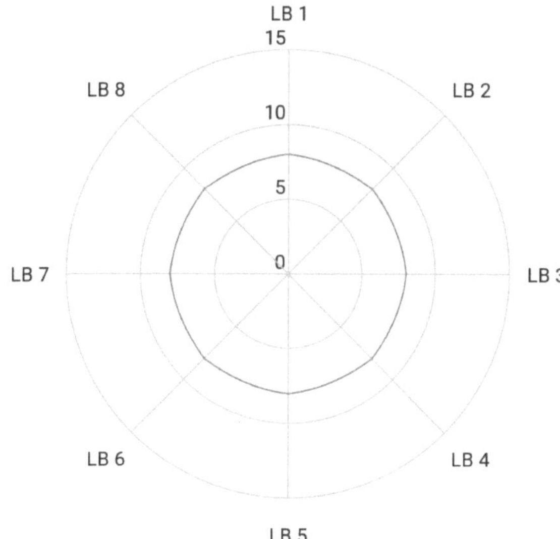

Abb. 21: Dein Role Model-Lebensnetz

Definiere als erstes, in welchen Lebensbereichen du deine Vorbild-Muskeln stärken möchtest. Blättere gern nochmal zurück in die Einleitung des Buches zum Abschnitt „Spot on: Du bist hier richtig!“, um das Lebensnetz-Konzept zu verinnerlichen, zu verstehen und anzuwenden. Ich führe dich Schritt für Schritt durch.

Schritt 1: Identifiziere die Lebensbereiche

Identifiziere die Lebensbereiche, in denen du dich selbst als Vorbild wahrnimmst und / oder von anderen als eines wahrgenommen wirst. Welche Bereiche möchtest du dahingehend stärken?

LB1 – LB8

- ⋆ In welchen Bereichen hast du bereits Vorbildcharakter? Schau dir noch einmal an, welche Lebensbereiche für dich wichtig sind (Einleitung des Buches im Abschnitt „Spot on: Du bist hier richtig!“).
- ⋆ In welchen Bereichen möchtest du darüber hinaus Vorbild sein und warum?

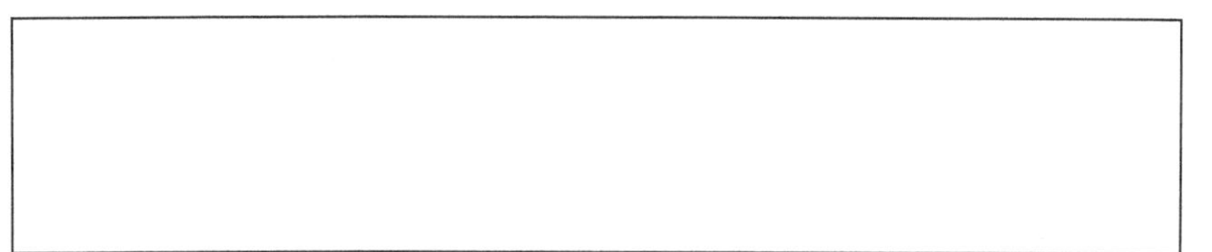

Schritt 2: Bestimme nun den Zufriedenheitsgrad

- Wie zufrieden bist du in den jeweiligen Lebensbereichen mit deiner Vorbildfunktion?
- Wähle in jedem Lebensbereich einen Wert zwischen 0 und 15
  0 = äußerst unzufrieden; 15 = sehr zufrieden
- Agierst du als Vorbild so, wie du es dir vorstellst? Gibt es Potenzial nach oben?

Male die Bereiche zwischen den Werten 0 bis 15 aus, so dass sich ein buntes Spinnennetz ergibt. Sie offenbaren deine Fülle und deine Potenziale.

Notiere hier deine Lebensbereiche und deine Potenzial-Gedanken dazu.

LB 1 = ...

LB 2 = ...

Schritt 3: Deine Erwartungen

- Bestimme auf dieser Basis deine Erwartungen und deine Wohlfühlzone. In welchem Lebensbereich möchtest du stärker als Vorbild agieren und sichtbar werden, in welchem vielleicht nicht?
- Um wieviel Wertpunkte möchtest du dein Potenzial in diesen Bereichen heben? Gehe Bereich für Bereich durch und mache dir Notizen in deinem Journal.
- Wie realistisch sind deine neuen Ziele? Sie sollten groß, aber erreichbar sein und dich ein Stück weit herausfordern.

Schritt 4: Deine konkreten Maßnahmen

- Überlege dir nun anhand deiner angestrebten „Verbesserungs- oder Veränderungsziele" konkrete Maßnahmen, wie du sie erreichen kannst. Was genau musst du tun, um deine Erwartungen zu erfüllen? Was brauchst du dafür? Wer kann dich dabei unterstützen? Welche Ressourcen hast du bereits in dir?
- Notiere die Maßnahmen, die deinem gewünschten Vorbild-Bild entsprechen.
- Frage dich immer wieder, *warum* du dich hier und dort verbessern möchtest. Ein starkes Warum, das aus unserer inneren Überzeugung entsteht, ist unser Motor für persönliche Erfüllung und beruflichen Erfolg.

Schritt 5: T.U.N. – Komm ins Machen und in die Umsetzung

- ★ Du hast dein Ziel, deine Meilensteine und Maßnahmen nun bestimmt.
- ★ Du kennst nun dein „Warum möchte ich hier und da ein stärkeres oder besseres oder sichtbares Vorbild sein?"
- ★ Reines Wünschen ist zu wenig. Du brauchst den Willen – einen wirklich starken Ruf nach Veränderung.

2.2 Erkenntnis dieses Kapitels

Ich bin ein Role Model – ob ich will oder nicht.

Ich verhalte mich gegenüber den Menschen wie ein Vorbild, die ich auf ihrem Lebens- und Karriereweg ermutigen und begleiten möchte.

Wunderbar! Dein Lebensnetz für den Bereich deiner Vorbildeigenschaften ist kunterbunt und fertig. Nimm dir einen Moment Zeit, um es dir genauer anzuschauen. Fühl dich hinein, ob alles stimmig ist. Wenn dem so ist, ergänze die folgenden Sätze:

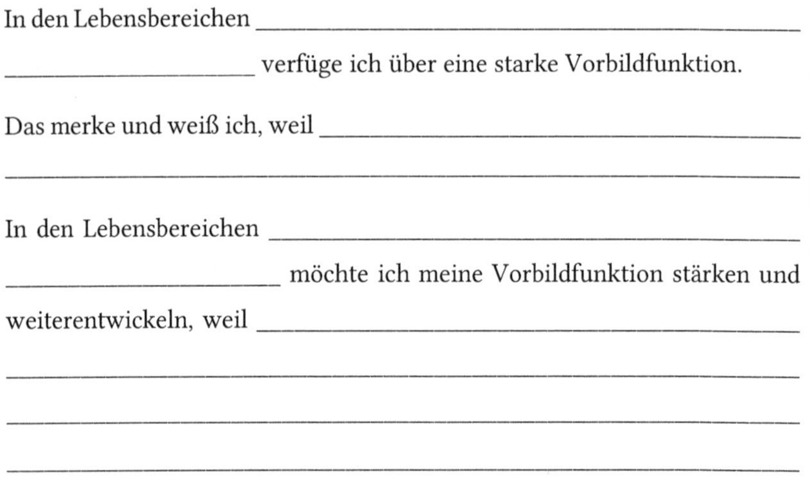

In den Lebensbereichen ______________________________

______________ verfüge ich über eine starke Vorbildfunktion.

Das merke und weiß ich, weil ______________________________

____

In den Lebensbereichen ______________________________

______________ möchte ich meine Vorbildfunktion stärken und weiterentwickeln, weil ______________________________

____

____

____

Folgende konkrete Maßnahmen werde ich ab sofort anwenden, um meinen Vorbildcharakter weiterzuentwickeln und zu stärken:

Lebensbereich ______________________________

Maßnahmen ______________________________

____

Lebensbereich ______________________________

Maßnahmen ______________________________

____

Lebensbereich ______________________________

Maßnahmen ______________________________

____

Mit diesen Maßnahmen stärke und trainiere ich vor allem den / die Role Model-Muskel/n:

2.3 Deine Learnings

1. Du kennst die Lebensbereiche, in denen du eine starke Vorbildfunktion hast.
2. Du weißt, mit welchen Maßnahmen du deinen Role Model-Charakter entwickeln kannst.
3. Du bist inspiriert, dich mit deiner Vorbildrolle anzufreunden und ein entsprechendes Mindset aufzubauen.

Deine eigenen Learnings als Ergänzung:

Was hat dich am meisten angesprochen? Was ist nun besonders verankert?

Kapitel 3

„Der Vogel, der am lautesten schreit, bekommt den Wurm."

zitiert von Karin Heinzl

Dein Weg: Von der Führungskraft zur Führungspersönlichkeit

Mit diesem Buch hast du bereits eine ordentliche Strecke in Richtung Führungspersönlichkeit zurückgelegt: Von der Selbstführung über die Führung bis zum Führen als Vorbild. Nun bist du dort angekommen. Dir ist bewusst geworden, dass auch du ein Vorbild bist, unabhängig davon, ob du es so siehst oder nicht. Durch diese bloße Wahrnehmung hast du vielleicht einen anderen Blick auf dein Wirken und Handeln. Je nachdem, wie dein Role Model-Lebensnetz aussieht, spürst du vielleicht hier und dort etwas mehr Verantwortung für dein eigenes Handeln? Vielleicht gehst du nun wacher durch die Welt und nimmst die Idee mit, dass du sichtbar bist für andere und dass du auf Menschen, Organisationen und Unternehmen Einfluss nehmen kannst oder könntest?

Falls du dich mit dem Gedanken, selbst Vorbild zu sein, noch nicht ganz anfreunden magst, habe ich ein schönes und sehr kraftvolles Werkzeug für dich: das „Rock'n'Role-Model".

Dein Rock'n'Role-Model

Die zentrale Frage, die dem Rock'n'Role-Model zugrunde liegt, lautet:

Wie würde Anita jetzt handeln?

Sicher fragst du dich, wie Anita dich dabei unterstützen kann, ein Role Model zu sein. Anita ist mir in einer Meditation begegnet und sichtbar geworden. Ich wollte in einer stillen Minute wissen, warum ich immer das Gefühl habe, höher-schneller-weiter zu denken, zu machen, zu rennen. Ständig war ich auf der Überholspur unterwegs, was immer anstrengender wurde. Ich wollte sie an den Haaren aus dem Schlamm ziehen, diese starke innere Stimme und Antreiberin. Ich wollte sie nackt vor mir sehen und ihr mal ordentlich meine Meinung geigen. Gesagt, getan. Ich stellte mir selbst also die Frage: Wer bist du, die mich durchs Leben jagt? Was bezweckst du damit? Womit habe ich dich verdient? Was willst du mir sagen? Tja, und schon stand sie vor mir: Anita. Langes schwarzes Haar, ein feuerrotes Kleid, blitzende, aber sanfte Augen, die mich liebevoll und herzerwärmend anschauten.

Anita ist mein *Alter Ego.* Der stärkste Anteil in mir, die lauteste Stimme meines inneren Rock-Konzerts. Sie hat dafür gesorgt, dass ich zu der Frau geworden bin, die ich immer sein wollte und heute bin. Die Geister, die ich rief – so meine Vermutung. Anita treibt mich an, zweifelt an mir, stellt mich an die Wand, öffnet mir die Augen, klärt meinen Geist. Sie nimmt mich in den Arm, ermutigt mich und entfacht eine unendliche Kreativität und Leidenschaft in mir. Diese starke Frau ist die starke Frau in mir, auf die ich mich in jeder Lebenssituation verlassen kann. Mein Role Model.

Auch du hast eine Anita in dir. Rufe sie, erwecke sie zum Leben, mach sie dir zu eigen. Frage sie um Rat, lass sie an deinem Leben teilhaben und gib ihr den Raum, den sie für deine Entfaltung braucht. Sie meint es nur gut mit dir.

Wenn dir diese Idee einer Anita zu vage und weit weg erscheint, biete ich dir eine Alternative an. Im Rock'n'Role-Model ist nicht nur Anita zu Hause. Dort tummeln sich viele andere großartige Menschen, die bereit sind, dich zu unterstützen.

So arbeitest du mit dem Rock'n'Role Model

Du brauchst:

- ⋆ ein DIN A6 Blanko-Karteikartenset oder mehrere DIN A4 Blanko-Seiten, die du jeweils in vier Teile zerschneidest
- ⋆ einen schönen Stift, mit dem du gerne schreibst
- ⋆ Muße für eine Gedankenreise

So geht's:

Lehne dich zurück, schließe die Augen, atme tief durch und verbinde dich mit dir selbst. Horch in dich hinein und denke nun an die Personen, die dich schon immer oder aktuell inspirieren oder beeindrucken. Denke intensiv an diese Personen, an ihren Lebens- und Karriereweg, was genau dich an sie fasziniert und inspiriert, was du von ihnen lernen möchtest, was für ein Leben sie führen, mit welchen Menschen sie sich umgeben, wie sie sich in bestimmten Situationen verhalten, welche Herausforderungen sie schon gemeistert haben, wie sie mit Alltagsthemen wie Work-Life umgehen, was sie über sich selbst sagen, was andere über sie sagen. Hol dir alles in deine Gedankenwelt über diese Person, das deine Inspiration und dein Kribbeln im Bauch verstärkt.

Nun schreibe die Namen dieser Personen auf jeweils eine Karteikarte oder ein Stück Papier und schreibe drei Schlagworte dazu, die beschreiben, wofür die Person in deinem Leben steht. Wenn es eine öffentliche Person ist, recherchiere nach einem frei verfügbaren Bild und klebe es zu dem Namen und den Schlagworten auf die Karteikarte oder aufs Papier.

Beispiel:

© Claudia Kessler

Claudia Kessler[64]

Mutig. Klar. Kämpferin.

Auf diese Art und Weise wächst dein Rock'n'Role-Model-Schatz zu einem wunderschönen Kartenset heran, aus dem du fortan schöpfen kannst.

Wenn du demnächst vor einer großen Herausforderung stehst, beispielsweise vor vielen Menschen sprichst, ein schwieriges Gespräch ansteht oder wenn du dich überfordert, nicht gesehen, nicht gut genug fühlst und dich Angst und Panik packen – dann wähle eine Karte aus deinem Rock'n'Role Model-Schatz. Schau dir die Person auf der Karte an, tauche ein in deine Gedankenwelt und frage dich, wie diese Person in eben dieser Situation denken, handeln und sich verhalten würde. Würde sie sich genauso fühlen, wie du dich gerade fühlst – klein, schwach, ängstlich, zweifelnd? Oder würde sie den Spieß umdrehen und aus dieser Angst etwas Aufregendes oder Abenteuerliches machen? Schnell wirst du einen Schub in dir spüren und feststellen, dass du alles andere als klein, schwach, ängstlich und zweifelnd bist, sondern dass in dir eine enorme Kraft liegt, die freigelegt werden möchte.

Frage die Karte: Wie würdest du in dieser Situation handeln?

Anschließend frage dich, wie du als die Person, die wirken und verändern möchte, von anderen wahrgenommen werden möchte, und richte deine Gedanken, dein Mindset auf genau dieses erwünschte Verhalten.

Habe ich mich beispielsweise entschieden, dass Claudia Kessler mich gedanklich unterstützen kann, frage ich: Liebe Claudia, wie würdest du dich in dieser Situation verhalten, wie würdest du handeln?

Vielleicht bringt sie ihre Mission ein, die sie täglich antreibt und inspiriert mich damit:

„Eine Astronautin oder ein Astronaut ist ein Riesenvorbild. Sozusagen Top of the Top. Das ist wichtig, denn diese Vorbilder können Mädchen und Frauen für Technik begeistern, um zu zeigen, dass sie das auch können. Es ist ganz wichtig, dass wir auch Frauen in diesen Positionen haben und dass wir zeigen, dass es da Vorbilder gibt. Deswegen liegt mir das so am Herzen. Das ist eine wirklich, wirklich wichtige Mission. Nur leider war ich immer im falschen Alter, zur falschen Zeit."

---

[64] Foto: Die Astronautin https://dieastronautin.de/team/

Auch wenn sie nie im All war, ist sie für mich im Bereich Female Leadership ein großes Vorbild, weil sie sich so stark für ihre Mission einsetzt.

Mit der folgenden Collage möchte ich dich inspirieren, deinen eigenen Rock'n' Role-Model-Schatz aufzubauen.[65]

Abb. 22: Mein Rock'n'Role-Model-Schatz

Denkst du zum Beispiel an eine Frau oder an einen Mann, die es in ihrer Karriere weit gebracht haben, die dich wahnsinnig inspiriert und von denen du gern was lernen möchtest, dann übe dich darin, immer wieder zu fragen:

Wie würde diese Person diese Situation meistern?

Hast du Antworten darauf gefunden, trainiere ein entsprechendes Mindset.

---

[65] Fotos in der Collage:

Verena Pausder ©Patryzia Lukas https://verenapausder.de/pressekit/

Simone Menne ©https://juergenmai.com , Simone Menne https://www.simonemenne.de/contact/

Antje Boetius ©AWI https://www.awi.de/ueber-uns/service/expertendatenbank/antje-boetius.html

Janine Tychsen und Claudia Kessler ©Gesine Born photographie https://www.gesine-born.de/

So gelingt dir der Mindset-Shift

Du kannst dein Gehirn und im Laufe der Zeit auch dein Unterbewusstsein umprogrammieren, indem du immer mehr in dein „neues" Denken, Fühlen, Handeln und Verhalten gehst. Was meine ich damit?

Fake it until you make it!

Nutze deinen wunderbaren Geist, um dich aus dem Modus einer vielleicht noch gefühlten Führungskraft, in eine selbstbewusste, klar sortierte Führungspersönlichkeit zu transformieren. Denke dich hinein in deine neue „Attitude". Fühle sie und sei diese Führungspersönlichkeit, auch wenn du noch nicht ganz überzeugt davon bist. In den ersten beiden Teilen des Buches hast du viele mentale und praktische Techniken gelernt – JETZT ist die Zeit, sie zu wiederholen und immer wieder anzuwenden.

Vorbilder können uns enorm dabei unterstützen, diese Führungspersönlichkeit zu werden. Sie erzeugen Bilder und verbinden diese mit starken Emotionen. Versetze dich so oft es geht in diese Bilder hinein, kehre ein in dir selbst, erzeuge erwünschte Emotionen, kreiere deine Führungspersönlichkeit.

So anstrengend unser Geist und unsere Gedankenwelt auch manchmal sein können – du hast gelernt, damit umzugehen. Die Gedankenspirale, dein Inneres Rock-Konzert oder das Journaling können wunderbare Begleiter und unterstützende Elemente sein. Das stärkste Instrument, das wir jedoch haben, ist unser Gehirn. Ein Geschenk der Natur, mit dem alles möglich ist! Mit ihm können wir unser Leben selbst gestalten, denn unser Gehirn ist ein großer Kochtopf blubbernder Gedanken und du darfst in jeder Sekunde deines Lebens entscheiden, welche Gedanken du haben möchtest, welche Gedanken dich unterstützen können.

Das Gehirn ist unglaublich faszinierend. Es unterscheidet beispielsweise nicht zwischen Vergangenheit, Gegenwart und Zukunft. Daher sind Visionen und Affirmationen auch so kraftvoll. Du fütterst dein Gehirn mit deiner Zukunft oder einem stark positiv aufgeladenen Leitsatz, erzählst deine Geschichte neu. Dein Unterbewusstsein beginnt, diese neue Geschichte einzupflanzen und die alte zu überschreiben. Achte darauf, womit du dein Unterbewusstsein fütterst und wohin du deine Aufmerksamkeit richtest.

Damals am Lagerfeuer war die Aufmerksamkeit bei den Feinden, dem Säbelzahntiger und der nackten Überlebensangst. Fight and Flight. Auch heute noch, vor allem im Berufsleben, befinden wir uns viel zu oft in diesem Modus, obwohl es in der heutigen westlichen Welt keine lauernden Tiger an der nächsten Straßenecke gibt. Fight und Flight ist nicht mehr unsere Realität, sollte keine Standardeinstellung sein. Doch unser Gehirn ist so sehr darauf programmiert, uns zu schützen, effizient, schnell und energiesparend zu sein, so dass dieser Modus selbst in den unbedeutendsten Situationen auf Alarmstufe Rot schaltet. Kein Wunder also, dass die Angst unsere treueste Begleiterin ist.

Zeige deinem Gehirn und deinem Geist, dass du einen anderen Weg gehen möchtest, und lege den Schalter um. Suche nach Beweisen, dass alles möglich ist in dieser Welt. In Vorbildern findest du sie. Reise in die Zukunft, versetze dich in die Führungspersönlichkeit, die du vielleicht heute noch nicht bist, die du aber sein wirst. Lasse keine Zweifel mehr zu.

3.1 Erkenntnis dieses Kapitels

Die wohl größte Erkenntnis ist, dass wir nicht allein sind. Es gibt Menschen um uns herum, die uns in schwierigen Situationen Orientierung schenken können – ob wir sie kennen oder nicht.

Eine weitere Erkenntnis ist, dass wir nicht Opfer unserer Gedanken und unseres Geistes sind. Wir können mit unseren Gedanken unser tägliches Tun, unser Wohlbefinden und unseren Erfolg beeinflussen und in die gewünschte Richtung lenken. Wir haben die Fähigkeit, Gedanken und Glaubenssätze „umzuprogrammieren". Dieses Phänomen ist kein WhooWhoo – es nennt sich Neuroplastizität. Neuroplastizität bezeichnet die Eigenschaft des Gehirns, sich durch regelmäßiges Training und Wiederholungen zu verändern. Das regelmäßige Üben verändert die Verbindungen zwischen den Nervenzellen. Dadurch werden sie stärker oder schwächer. Neuroplastizität ist das Fundament des Lernens.

Was das mit unserem Thema Vorbild zu tun hat? Eine ganze Menge.

Lerne von Menschen, die dich inspirieren. Etabliere neue Gewohnheiten, Rituale, Denkweisen und Gefühle, die das Potenzial haben, dich von der gestressten, ängstlichen, zweifelnden Führungskraft zu verabschieden und dich zu einer starken und klar ausgerichteten Führungspersönlichkeit werden lassen. Vorbilder sind Schätze der Transformation.

Lege sie ab, die Ritterrüstung, und befreie dich von ihr.

Wir nähern uns allmählich dem Ende deines Führungsmuskeltrainings und langsam wird es Zeit, darüber nachzudenken, wer du wirklich sein möchtest als Führungspersönlichkeit. Hast du vielleicht noch die viel zitierte Ritterrüstung an, die sich viele Frauen auf dem Weg in die Führungsetagen anlegen? Zwickt und kneift sie? Vielleicht ist jetzt der richtige Zeitpunkt, sie zu sprengen. Doch versprich mir, dass du dich nicht dafür verurteilst, dich lange angepasst zu haben, anstatt mit Persönlichkeit zu führen. Alles hat seine Zeit und alles ist richtig so, wie es ist. Wir sind immer am richtigen Ort zur richtigen Zeit.

Es hilft zu wissen, dass wir damit nicht allein sind und dass das nicht unbedingt nur ein weibliches Phänomen ist. *Simone Mennes* Perspektivwechsel nimmt Frauen, die sich eher an Strukturen und Systeme anpassen, eine große Last:

„Ich glaube nicht, dass das frauenspezifisch ist. Auch Männer passen sich an. Das ist menschlich. Wir versuchen, zu einer Gruppe dazuzugehören. Wenn diese Gruppe bestimmte Rituale hat, dann passen wir Menschen uns diesen

Ritualen an, um dazuzugehören. Das gilt sowohl für Frauen, die in Unternehmen Karriere machen wollen, als auch für Männer, die beispielsweise in einer Müttergruppe bestehen wollen. Das ist in unserem uralten Gehirn verankert. Diese Anpassung findet unbewusst statt. Unsere Aufgabe ist es, uns bewusst zu machen, dass diese Anpassung nicht mehr nötig ist."

Doch was braucht es, um weiblich zu führen und der Anpassungsfalle zu entkommen? Auch darauf hat Simone Menne eine Antwort:

„Ich würde es nicht geschlechtsspezifisch betrachten. Es gibt Frauen, die führen eher hierarchisch, genau wie Männer auch hierarchisch führen und es gibt absolute Teamplayer beiderlei Geschlechts. Die allererste Chefin oder der allererste Chef kann dabei sehr prägend sein. Oder die Schule als wesentlicher Inputgeber und die Lehrer:innen. Ich bin in einer sehr liberalen Schule groß geworden, mit sehr offenen Lehrern, die wenig hierarchisch waren. Später hatte ich einen Chef aus Sri Lanka, der buddhistisch geführt hat. Es ist aus meiner Sicht wirklich nicht geschlechtsspezifisch, sondern abhängig von dem System, in dem wir groß werden. Und wenn es ein System ist, in dem es sehr wenige Frauen gibt oder auch Männer, die anders führen wollen, dann sind diese meist schnell wieder weg, weil sie sich da nicht wohlfühlen. Dann hat dieses System einen eigenen Stil, der vielleicht nicht zu meiner Führungspersönlichkeit passt."

Es sind die Eltern, Lehrer:innen, die Menschen um uns herum und vor allem die Systeme und Strukturen, die unser Führungsverhalten prägen.

Verena Pausder sieht das ähnlich:

„Weil die Führungsstrukturen noch immer sehr männlich geprägt sind, haben wir oft das Gefühl: Um da mitzuspielen, müssen wir so sein wie sie. Für Andersartigkeit fehlen oft Role Models. Dann passen wir uns eher an, als einen anderen Weg zu wählen, weil wir wissen, dass es dann noch härter wird und wir den Gegenwind aushalten müssen. Das ist nachzuvollziehen und sehr menschlich."

Oft ist uns nicht bewusst, dass wir in die Anpassungsfalle getappt sind und die Ritterrüstung perfekt sitzt. Aus eigener Erfahrung weiß ich, dass dieses Bewusstsein und diese Erkenntnis erst im Laufe unseres Berufslebens zum Vorschein kommen.

Pro-Tipp von Verena Pausder

Verena Pausder hat einen großartigen Tipp für dich, um dir dieser Falle bewusst zu werden und schnell wieder dort herauszukommen:

„Ich würde nicht sagen, dass ich nie eine Ritterrüstung hatte. Warum ich aber heute keine Ritterrüstung mehr trage? Zum einen bringen das Alter und Erfahrung mit. Seit ich 40 Jahre alt bin, bin ich sehr viel gelassener geworden.[66] Ich bin nun alt genug, belächelt zu werden. Alt genug, um die Frage zu beantworten, ob ich dies und jenes schon kann. Ich habe oft genug bewiesen, dass ich was auf die Kette kriege. So – jetzt bin ich einfach auch ich selbst. Niemand

---

[66] zum Zeitpunkt des Interviews ist Verena Pausder 42 Jahre alt.

muss mich mögen. In meinen Zwanzigern wollte ich natürlich noch sehr viel mehr gefallen, es allen recht machen und mich viel mehr anpassen.

Nun haben junge Frauen noch nicht die Erfahrung und das Alter. Es ist aber auch keine gute Idee, noch zehn Jahre zu warten. Somit empfehle ich zum anderen konsequentes mentales Training: Die negativen Kommentare schiebe ich weg und die positiven nehme ich mir zu Herzen. Wir Frauen machen intuitiv genau das Gegenteil. Wenn mir zum Beispiel jemand sagt: Mensch, Frau Pausder, Sie sind ja gerade überall. Dann denke ich nicht mehr: Uh, geh ich dem auf den Keks? Heißt das, ich kümmere mich nicht genug um meine Kinder? Habe ich vielleicht doch nicht so viel zu sagen, dass ich überall sein dürfte? Stattdessen denke ich: sein Problem. Und wie cool, dass ich etwas Großartiges angestoßen habe. Das heißt nicht, dass ich nicht reflektiere oder nicht kritikfähig bin. Aber destruktive Kommentare, aus denen ich nicht viel herausziehen kann, lasse ich direkt durchlaufen."

Bähm! Großes Learning.

Was nimmst du mit aus diesem dritten Kapitel?

3.2 Deine Learnings

Du bist ein Vorbild mit einem Role Model Mindset. Den Rest überlasse ich dir selbst.

Wie wäre es mit dieser stärkenden Affirmation?

Ich bin ein Vorbild und denke wie eines.

Ich wirke auf andere Menschen und stoße Veränderungen an.

Deine eigenen Learnings als Ergänzung:

Was hat dich am meisten angesprochen? Was ist nun besonders verankert?

Dein 30-Tage-Trainingsplan

So stärkst du deine Role Model-Muskeln

In den kommenden 30 Tagen hast du die Möglichkeit, drei deiner wichtigsten Role Model-Muskel zu stärken. Stärke sie durch tägliches Üben. Nimm dir für jeden Muskel zehn Tage konsequentes Training vor. Am Ende dieses Buches findest du eine Auflistung aller Führungsgmuskel, die in diesem Buch besprochen wurden – aus meiner eigenen Erfahrung und aus den Erfahrungen meiner Interview-Gästinnen.

Ich habe die für mich drei wichtigsten und stärksten Role Model-Muskel herausgepickt. Feel free und finde deine eigenen Rock'n'Role Model-Muskel, die du stärken möchtest.

Role Model-Muskel 1

Selbstwahrnehmung

Inspiriert von den Aussagen meinen Interview-Gästinnen.

Komm ins Tun! Dein Zehn-Tage-Trainingsplan für Role Model-Muskel 1

In den kommenden zehn Tagen schreibst du jeden Tag zehn Minuten in dein Journal. Ausgehend von dem Gedanken, dass du ein Vorbild bist, nimmst du dich, deine Umgebung und die Reaktionen von den Menschen um dich herum wahr. Beantworte die Fragen so detailliert wie möglich. Schreibe deine Gedanken und Gefühle dazu auf – das ist enorm wichtig! Denn deine Gedanken sind die Stellschrauben für deine Gefühle und die Ergebnisse, die du erzielen möchtest. Tauche so intensiv wie möglich in deine Rolle als Vorbild ein und mache das neue Verhalten zu einer neuen Standardeinstellung deines Gehirns.

Frage dich in den unterschiedlichsten Situationen:

- ⋆ Wie trete ich auf? Wie ist meine Präsenz?
- ⋆ Wie kommuniziere ich? Was sage ich und wie sage ich es? Wie ist meine Körperhaltung?
- ⋆ Was denke ich, was fühle ich in diesen Situationen?
- ⋆ Wie reagieren die Menschen um mich herum? Wie ist deren Mimik, Gestik, Körpersprache? Was sagen sie über meine Worte, zu mir, zu meiner Arbeit?
- ⋆ Wie fühle ich mich, wenn ich mich in unterschiedlichen Situationen wie ein Vorbild verhalte – vielleicht wie eines, das ich aus meinem Rock'n'Role-Model-Kartenset gezogen habe? Was macht dieser Mindset-Shift mit mir? Fühle ich mich stärker, aufrechter, inspirierter?
- ⋆ Wirkt mein „neues" Verhalten auf meine Mitmenschen und woran merke ich das?

- ★ Habe ich Freude an der Rolle als Vorbild?
- ★ Was kann und möchte ich den Menschen um mich herum signalisieren, was mitgeben? Wie kann ich inspirieren?

Auch wenn du in diesen Momenten (noch) nicht daran glaubst, ein Role Model zu sein: Fake it until you make it. Wir haben festgestellt, dass du es bist, sobald du in Führung gehst, eine starke Meinung hast, sobald du wirkst und eigene Argumente einbringst.

Sieh diese zehn Tage als Fun-Projekt. Es ist ein Spiel mit dir und deinem Auftreten, deiner Person, deiner Führungspersönlichkeit. Du musst nicht zwingend in einer Führungsposition sein. Jedoch möchte ich dich dafür sensibilisieren, jeden Tag Selbstführung für dich zu übernehmen. Jeden Tag! Somit bist du jeden Tag in Führung.

Spiel einfach mit. Ich spiele täglich damit, denn ich finde dieses Rollenspiel einfach umwerfend und kraftvoll. In jeder herausfordernden Situation ziehe ich eine Rock'n'Role Model-Karte und befrage sie. Anschließend frage ich mich selbst, wie ich als die Person, die wirken und verändern möchte, von anderen wahrgenommen werden möchte.

Role Model-Muskel 2

Klarheit

Inspiriert von den Aussagen meinen Interview-Gästinnen.

Komm ins Tun! Dein Zehn-Tage-Trainingsplan für Role Model-Muskel 2

In den kommenden zehn Tagen übst du dich in absoluter Klarheit! Klarheit über dein Role Model-Dasein und dein Wirken als solches. Dafür ist es wichtig, dir über deine Gedanken, deine Gefühle, deine gewünschten Ergebnisse absolut klar zu sein. Schreibe täglich in dein Journal, um festzustellen, ob du klar genug bist in allem, was du tust. Vergiss nicht: du wirkst auf andere!

Die folgenden Fragen unterstützen dich darin, klarer zu werden:

- ★ Weiß ich, wann ich mich im Role Model-Modus befinde, und kann ich schnell die Rollen wechseln von der Privatperson zum Role Model?
- ★ Weiß ich immer genau, was ich will und was ich nicht will?
- ★ Wann weiß ich was ich will? Wann weiß ich was ich nicht will? Woran merke ich es?
- ★ Wenn mich jemand fragt, was ich beruflich tue: Kann ich in drei inspirierenden Sätzen erklären, was ich tue und damit begeistern? Wenn nicht: Wie kann ich klarer und deutlicher werden?

- ★ Bringe ich glasklar rüber, was ich wirklich meine? Kommuniziere ich klar genug?
- ★ Liefere ich mit meinen Botschaften und Beiträgen einen Mehrwert? Wirke ich und woran erkenne ich es?
- ★ Sehe ich ganz klar meinen Auftrag, den ich mir als Vorbild gegeben habe und lebe ich ihn überall dort, wo ich auftrete?
- ★ Ist das alles klar genug oder geht das auch einfacher?

Klarheit ist mein absoluter Lieblingsmuskel. Nicht nur im Bereich des Wirkens als Vorbild. Klarheit schenkt uns Freiheit. Je klarer wir denken, desto klarer können wir sehen und desto klarer erreichen wir unsere gesteckten Ziele. Unwichtiges lassen wir weg. Fokus tritt in den Vordergrund.

Nach diesen zehn Tagen der Klarheit, hast du eine sehr gute Idee davon, wann, wo und wie du als Role Model wirken kannst. Du nimmst dich und deine Umgebung sehr viel klarer wahr. Du justierst dich hier und da und erkennst, mit welchen Botschaften du welche Menschen erreichen kannst.

Verwechsle diese Form der Wahrnehmung und deines Auftretens nicht mit Manipulation. Du möchtest niemanden manipulieren. Du möchtest überzeugen – in deinem Wirken, deinem Sein, deinem Tun.

Role Model-Muskel 3

Sichtbarkeit

Inspiriert von den Aussagen all meiner Interview-Gästinnen

Komm ins Tun! Dein Zehn-Tage-Trainingsplan für Role Model-Muskel 3

In den kommenden zehn Tagen wirst du sichtbar als Role Model. Nachdem du dich zehn Tage lang in Selbstwahrnehmung und zehn Tage lang in Klarheit geübt hast, wird es Zeit, dich selbstbewusst mit deinem Wirken und deinen Botschaften zu zeigen.

- ★ Plane bewusst, immer dort als Vorbild aufzutreten, wo du deine Meinung, dein Tun, dein Sein, deine Profession, dein Denken vertrittst. Überall dort, wo du wirken möchtest.
- ★ Bereite dich mental, physisch und inhaltlich darauf vor.
- ★ Schlüpfe ganz bewusst in diese Rolle – immer, wenn du öffentlich auftrittst.
- ★ Erzeuge das Bild in den Köpfen der Menschen, das du erzeugen möchtest.

Nicht jeder Mensch muss und möchte als Role Model sichtbar werden. Das ist auch nicht die Idee.

Kannst du jedoch eine der folgenden Fragen mit Ja beantworten, bist du in dieser Rolle. Erinnere dich – der Status des Vorbilds wird dir von anderen Menschen zugeschrieben:

1. Du bist in einer Führungsposition.
2. Du möchtest mitgestalten, wirken, verändern und hast eine starke Meinung.
3. Du stehst in der Öffentlichkeit.

Mit Sichtbarkeit meine ich in diesem Zusammenhang nicht deine bewusst gewählte Präsenz. Vielmehr meine ich die subtile Sichtbarkeit. Die Sichtbarkeit, die du in den Köpfen bei anderen Menschen erzeugst. Warum nicht auch bewusst damit umgehen?

Selbst wenn du eher introvertiert bist, kannst du mit der Vorbereitung dieses Buches diese Rolle sein. Spürst du Widerstand nach dem Motto: „Ich bin kein Vorbild und möchte auch so nicht auftreten", dann bist du genau an dem Punkt angekommen, an dem du dich ehrlich fragen solltest, ob du deine Karriere wirklich vorantreiben, mitgestalten, verändern möchtest und die Konsequenzen dafür tragen möchtest und kannst. Oder ob es einfach nur schön wäre, deine Karriere wirklich voranzutreiben, mitzugestalten oder zu verändern und du dir vielleicht erzählst, dass du es aus irgendwelchen Gründen doch nicht kannst. Was du mit deinen Antworten machst, ist dir selbst überlassen. Dies nur als kleiner großer Gedankenschubser.

Fast alle großartig-wirkenden Menschen, wie auch meine Interviewpartnerinnen, sind nicht angetreten, um Role Model zu sein. Dies ist ein unvermeidbarer Nebeneffekt ihrer Arbeit. Diejenigen, die die Rolle des Vorbilds nicht annehmen, haben aus meiner Sicht einen kleineren Wirkradius, als diejenigen, die diese Rolle bewusst annehmen und bewusst selbst so gestalten, wie es ihren Vorstellungen entspricht.

Also worauf wartest du? Du hast nun alles, was du brauchst, dich mit dieser Rolle anzufreunden und sie auszufüllen mit deiner einzigartigen Führungspersönlichkeit.

Übrigens hat das Bewusstsein, ein Vorbild zu sein, noch einen ganz anderen und nicht zu unterschätzenden Effekt:

In dem Moment, in dem du selbst die Vorbildrolle für dich annimmst, kannst du alte limitierende Glaubenssätze auflösen.

Du fühltest dich zu lange in deinem Leben als nicht interessant genug?

Voilá – du bist Vorbild und Menschen schauen auf dich.

Dir wurde immer wieder vorgemacht, du seist nicht gut genug und hast es geglaubt?

Als Vorbild bist du immer gut genug.

Dein Leben lang dachtest du, du hättest eh nicht viel zu sagen?

Oh doch – sonst wärst du nicht dort, wo du bist.

Unterschätze diesen Effekt nicht. Er ist lebensverändernd und kann zu einer großen Erleichterung und inneren Freiheit führen.

Welche sind deine drei wichtigsten Role Model-Muskeln und warum?

Am Schluss dieses spannenden und sehr wichtigen Buchteils, versprich dir eins:

Sei dein eigenes Role Model. Wertschätze dich für das, was du bist, was du kannst, was du erreicht hast und was du dieser Welt als Führungspersönlichkeit gibst.

Eine persönliche Nachricht für dich

Christina Baier

Wenn ich darüber nachdenke, Führungsmuskeln zu trainieren, bin ich sofort wieder in der Selbstführung. Ein ganz grundlegender Muskel ist für mich Selbstbeobachtung. Meine Message ist: Beobachte dich, dein Verhalten, deine Gedanken, Glaubenssätze und Gefühle in sämtlichen Situationen. Analysiere dich und ziehe Schlüsse daraus.

Antje Boetius

Sei dir immer darüber bewusst, was dich stärkt. Wir haben nie Feierabend und müssen lernen, mit dieser inneren Stimme des Antriebs umzugehen. Somit ist es wichtig, dir ein Umfeld zu schaffen, das dich stützt.

Karin Heinzl

Berufliche Erfüllung ist eine Kombination aus Dingen, die Spaß machen und die uns fordern, an denen wir wachsen, aber auch scheitern können. Setze dir eigene und persönliche Ziele, denn „Karriere" ist absolut individuell. Es gibt keine einheitliche Karrieredefinition. Tue stets etwas, was dich fordert – es wird dir Erfüllung bringen. Warum wir das als Frauen anstreben sollten? Weil der Beruf ein sehr großer Teil unseres Lebens ist. Wir sollten deshalb im Privaten und im Beruflichen nach größtmöglicher Erfüllung und Erfolg streben.

Claudia Kessler

Mutig sein macht uns freier. Trainiere deinen Mutmuskel: Erkenne deine Muster und fange an, mit kleinen Schritten hier und da was Neues auszuprobieren. Gehe nach und nach über deine eigenen Grenzen hinaus.

Tatjana Kiel

Mein größtes Learning der vergangenen Monate ist es, sich immer wieder selbst herauszufordern, sich herausfordern zu lassen und sich immer wieder eine neue Herausforderung zu suchen, immer dranzubleiben.

Fränzi Kühne

Wenn du dich selbst sehr gut kennst, ist das die beste Basis für Führung. Und es ist die beste Basis dafür, dich selbst so führen zu können, dass du dich in der Führung nicht verlierst. Das Wichtigste ist also, dich selbst gut zu verstehen, um auch bei dir bleiben zu können.

Simone Menne

Als Führungspersönlichkeit müssen wir auch unschöne Entscheidungen treffen. Diese müssen gut überlegt sein. Stehst du vor schwierigen Entscheidungen, sei dir sicher, dass das die einzige Alternative ist. Wäge sehr gut ab und kommuniziere so transparent wie möglich, warum dieser Schritt erforderlich ist. Entscheidungsstärke ist einer der wichtigsten Führungsmuskel.

Brigitta Nelte

Gehe mit einer geordneten Selbstverständlichkeit in eine Führungsposition. Lass dich nicht beeindrucken, dass es bisher immer ein Mann gemacht hat. Der Inhalt ist der gleiche. Selbstverständlich kannst du die Aufgaben, die dein männlicher Kollege wahrnimmt, genauso gut erfüllen. Das ist weder Unterordnen noch Wegducken. Als Zweites: Bitte erzieht eure Kinder, eure Mädchen nicht so, wie es unsere Großmütter gemacht haben. Es waren andere Zeiten und damals war die Erziehung eine andere. Als Frau auch dazu stehen, gemeinsame Kindererziehung anzustreben. Die Frauen sind in der Arbeitswelt genauso wertvoll wie die Männer.

Verena Pausder

Das Leben wird vorwärts gelebt und rückwärts verstanden. Du kannst dein Leben nur nach vorne leben. Ob das zu diesem Zeitpunkt richtig ist oder Sinn macht, wirst du erst im Nachhinein erfahren. Also sitz damit nicht zu lange, rätsele, rationalisiere und zweifle, sondern lebe. Dann holst du das Meiste raus.

Monika Schulz-Strelow

Bewahre dir die Freude an dem, was du tust. Vertraue darauf, dass du das, was auf dich zukommt, verstehen wirst.

Epilog

Ist die Zukunft der Führung wirklich weiblich? Ich hoffe nicht! Denn dann hetzen wir der falschen Vision hinterher und alle Mühe war umsonst. Die Zukunft ist weder das eine noch das andere. Es darf kein „Entweder-oder“ mehr geben! Die Zukunft ist ein herzhaftes „Sowohl-als-auch”, das alles und alle einschließt – mit allen Konsequenzen, Herausforderungen und Möglichkeiten, die grenzenlose Vielfalt eben mit sich bringt.

Dennoch: Du kannst dafür sorgen, dass die Führungsetagen diverser und bunter werden.

- ⋆ Weil du dir mit diesem Buch die Pole-Position gesichert hast. Schließlich brauchen wir in Führungspositionen viel mehr Frauen, die selbstbestimmt, klar und sichtbar werden mit allen Herausforderungen und allem Glamour. Du bist nun bereit dafür!
- ⋆ Weil du dich selbst stärker als Frau in Führung positionieren möchtest.
- ⋆ Weil du solides Rüstzeug für Selbstführung und Führung gesucht und mit diesem Buch gefunden hast.
- ⋆ Weil du durch dieses Buch inspiriert und motiviert bist, mehr Selbstbewusstsein, Durchsetzungsstärke und Mut erlangt hast, um endlich Zweifel und Ängste abzulegen.
- ⋆ Weil du endlich einfach dein Ding machen kannst, ohne ständig das Gefühl zu haben, dich als Frau rechtfertigen zu müssen.
- ⋆ Weil du ein Vorbild für andere Frauen sein kannst – mit allem, was dazu gehört.
- ⋆ Weil du das „System Führung“ mit deiner Weiblichkeit bereichern und alte Strukturen aufbrechen kannst.

Aus welchen Gründen auch immer du dich für dieses Buch entschieden hast:

Es war goldrichtig. Dafür danke ich dir so sehr – Worte sind zu schwach für dieses Geschenk, das du mir damit gemacht hast.

Indem du dich wie viele andere Frauen mit deiner Selbstführung und der Führung von Menschen bewusster auseinandersetzt und dich selbstverständlich in die Front Row setzt, verändern wir gemeinsam das „System Führung“ in einen farbenfrohen Ort diverser Persönlichkeiten. Auch wenn du und ich Frauen sind. Es ist wichtig zu verstehen, dass das große Ganze nicht den Fokus auf Frauen richtet, sondern auf den Menschen in all seiner Gänze – unabhängig vom Geschlecht.

Antje Boetius bringt es noch einmal auf den Punkt:

„Mich umgeben sowohl in meinem Privat- als auch Berufsleben Menschen, die den Regenbogenfarben entsprechen, die auch keine typische binäre Genderidentität einnehmen. Ich nehme die ganze Vielfalt wahr. Diese binäre Sichtweise stört mich auch, wenn wir über Chancengleichheit reden. In jedem Menschen existieren sowohl weibliche als auch männliche Anteile und die Vielfalt in unserem Verhalten ist schon viel größer, als es die Einordnung in Frau und Mann hergibt. Diese Vielfalt sollten wir viel mehr wahrnehmen und feiern, weil sie im Team und zur Erreichung der Ziele enorm wichtig ist. Das bedeutet für mich, auch genau bei Frauen hinzuschauen, welcher Typ Frau es ist. Wenn beispielsweise nur die Frauen im System gefiltert werden, die am Ende männliches Verhalten als dominantes Verhalten haben, dann zahlt das nicht unbedingt auf die Vielfalt von Perspektiven und Erfahrungen ein, die wir haben wollen. Erst wenn das geschafft ist, erschließen wir den größtmöglichen Wissens-Pool der Gesellschaft. Somit wäre es doch viel spannender, die Vielfalt der Charaktere wie die weiblichen Männer, die männlichen Frauen oder alles, was dazwischen ist, zu fördern. Vielfalt in der Frauenbeteiligung wäre zum Beispiel, wenn wir genauso viele Mütter, Alleinstehende, Frauen mit oder ohne Kinder hätten."

Um diese Buntheit, die Chancengleichheit und Meinungsvielfalt in den Führungsetagen zu erreichen, müssen wir wohl noch eine Zeit lang an einer der wichtigsten Stellschrauben ansetzen, sonst haben wir keine Chance, das „System Führung" zu verändern. Nämlich genau hier: Frauen ermutigen, sich selbst und andere solide, authentisch und mit größtmöglicher Selbstverständlichkeit zu führen. Ohne sichtbare Frauen an der Spitze werden wir keine diversen Führungsstrukturen aufbauen können. Solange es zu wenige Frauen in Führung gibt, bleiben wir genau hier dran.

Frauen in Führung sind Chance und Herausforderung zugleich. Wenn du so willst, sind wir das oft zitierte und ungeliebte Bottleneck – das wir im Übrigen mit verzapft haben. Wir sind ein großer Hebel, den wir als Gesellschaft in Bewegung setzen müssen, um die schweren Türen der Vorstandsetagen zu öffnen für eine diverse Führungskultur.

Auch wenn Michael-Thomas-Andreas in den obersten Etagen der Unternehmen die Zähne knirschen: Wir Frauen haben das unbändige Zeug, den Thomas-Kreislauf zu durchbrechen und der Welt zu zeigen, dass Unternehmen noch viel erfolgreicher sein können, wenn sie nicht nur über Diversität reden, sondern endlich auch Diversität mit allen Konsequenzen leben. Keine Sorge, liebe Männer. Wir wollen keinen Susanne-Leonie-Katrin-Kreislauf. Wir wollen alles. Gemischt. Für Meinungsvielfalt, Entscheidungsspielraum, globalen Wettbewerb.

Diversität heißt nicht, dass wir Frauen fördern und Quoten erfüllen. Mich ärgert diese Kurzsichtigkeit enorm! Diversität ist nicht damit erledigt, dass wir 50 Prozent Frauen und 50 Prozent Männer in Führungsetagen installieren. Frauen brauchen keine Förderung. Frauen brauchen Möglichkeiten! Nicht den weißen Ritter, der an der Tür klingelt, ihr in die Ritterrüstung hilft und sie für den Erfolg abholt. Diese Ritterrüstung muss gesprengt werden – von Frauen selbst. Wir sind Frauen der Tat und Lebens-Meisterinnen. Wollen wir unsere

Super Power nicht endlich auch dort einsetzen, wo sie sich kraftvoll entfalten kann – mutig, selbstbestimmt, kreativ und klar für unsere Karriere?

Um diese starken und nicht verhandelbaren Worte in Taten zu verwandeln, braucht es vor allem: Einsicht, dass bereits alles in uns ist. Schau genau hin! Fühl dich rein! Du brauchst nichts weiter – keine Förderung, kein Female Empowerment von außen, keine Guidelines über Führung. Nur dich, innere Sicherheit und Stärke, Mut, Umsetzungsenergie und eine starke innere Stimme.

Dieses Buch ist mein erstes Werk als Autorin, es wird vielleicht mein wichtigstes sein. Du siehst mich selbst darin. Meine Zweifel, Ängste, Unsicherheiten und meinen Optimismus, meine Stärke und meine Liebe zur bunten Komplexität unserer Weiblichkeit.

Mit diesem Buch schenke ich dir Gewissheit, Vertrauen und unbändige Stärke. Wir sind sowas von mutig! Versprich mir, dass du dir ab heute nichts mehr einreden lässt, sondern auf deine innere Stärke und Intuition vertraust – du hast nun alle wichtigen Tools, die du dafür brauchst. Fange an, relevant zu werden: Für dich selbst und für andere. Starte noch heute – nein JETZT – mit bedingungsloser Selbstbestimmung und Selbstliebe. Nicht mehr und nicht weniger.

Trage dich und deine Botschaften in die Welt! Deine erste Aufgabe ist es nun, dich mit dir und deiner Führungspersönlichkeit auseinanderzusetzen und deine eigene Vision von Führung zu entwickeln, kompromisslos zu sein. Inspiriere andere, dir zuzuhören und wiederum ihre eigene Reise in die Selbstführung und die Führung anderer Menschen anzutreten – mit einem breiten Lächeln im Gesicht und Zuversicht im Herzen.

Sorge mit mir und allen Menschen, die dieses Buch lesen, dafür, dass wir keine Gender-Diskussion, Frauenförderung und Frauenquoten mehr brauchen. Wir haben nicht viel Zeit! Entscheide ab heute für dich und deinen Weg – proaktiv. Du musst nicht in Führung gehen. Frauen sind oft zu smart, um sich dieses schwierige, aber erfüllende Unterfangen ans Bein zu binden. Aber entscheide dich für dich – für Selbstführung.

Ich belade dich mit dieser großen Verantwortung und weiß, dass du sie mit stolzer Brust und erhobenen Hauptes annimmst.

Frau, geh in Führung! Und nimm andere mit.

„Frauen, die nichts fordern, werden beim Wort genommen – sie bekommen nichts.“

Simone de Beauvoir, Philosophin und Feministin

Führungsmuskel-ABC

	Inspiriert von meinen Interviewgästinnen und von mir	Deine eigenen Führungsmuskeln
A	Achtsamkeit Affirmationen aktiv nachfragen aktiv zuhören Akzeptanz Anita Anti-Prokrastinieren Arbeitsorganisation	
B	Bewusstheit Bewusstsein Beziehungen	
C	Chancen erkennen Commitment	
D	Dankbarkeit Durchsetzungsstärke	
E	Ehrlichkeit Empathie Energie Entscheidungsfreude Entscheidungsstärke Entspannung Erfolge	
F	Familie Fehlerkultur Female Empowerment	
G	Gedanken Geduld Gesundheit Gewissheit Gewohnheiten Grenzen setzen	
H	Herausforderungen Herkunft Hin zu, anstatt weg von	

I	ICH Integrität	
J	Ja sagen zu dir selbst Journaling	
K	Klarheit Kommunikation Konfliktbereitschaft Kreativität Kritikfähigkeit	
L	Lernbereitschaft Loyalität	
M	Mantras Mission Mitgefühl Möglichkeiten Mut	
N	Nein sagen Netzwerk Neugier	
O	Offenheit	
P	Power Präsenz	
Q	Qualität statt Quantität	
R	Reflexionsfähigkeit Resilienz Rituale Role Model	
S	Selbstbeobachtung Selbstbestimmung Selbsterkenntnis Selbstführung Selbstliebe Selbstreflexion Selbstwahrnehmung Self-Empowerment Self-Talk Sichtbarkeit	

T	Teamführung transparente Kommunikation	
U	Umsetzungsenergie Unterstützung	
V	Verantwortung Verbindlichkeit Verletzlichkeit Vielfalt Vision Vorbild	
W	Werte Willenskraft Work-Life-Harmonie	
Y	Yes, I can	
Z	Zeitmanagement Ziele Zukunft Zuverlässigkeit Zuversicht	

Danke, dass du dich für Führung entscheidest.

Bring dein Licht in diese Welt und stecke andere Menschen damit an.

Führe dich selbst und andere so, wie es deiner Führungspersönlichkeit entspricht.

From a place called LOVE.

Janine

E.N.D.E.

Stichwortverzeichnis